Leitfaden für Laserschutzbeauftragte

Claudia Schneeweiss · Jürgen Eichler ·
Martin Brose

Leitfaden für Laserschutzbeauftragte

Ausbildung und Praxis

2. Auflage

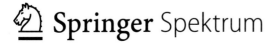
Springer Spektrum

Claudia Schneeweiss
Berliner Hochschule für Technik
Berlin, Deutschland

Jürgen Eichler
Berliner Hochschule für Technik
Berlin, Deutschland

Martin Brose
Fachkompetenzcenter Strahlenschutz, BG
Energie Textil Elektro Medienerzeugnisse
Köln, Deutschland

ISBN 978-3-662-63197-3   ISBN 978-3-662-63198-0   (eBook)
https://doi.org/10.1007/978-3-662-63198-0

Die Deutsche Nationalbibliothek verzeichnet diese Publikation in der Deutschen Nationalbibliografie; detaillierte bibliografische Daten sind im Internet über http://dnb.d-nb.de abrufbar.

Planung/Lektorat: Margit Maly
Springer Spektrum ist ein Imprint der eingetragenen Gesellschaft Springer-Verlag GmbH, DE und ist ein Teil von Springer Nature.
Die Anschrift der Gesellschaft ist: Heidelberger Platz 3, 14197 Berlin, Germany

Vorwort

Der Arbeitsschutz in Deutschland zählt zu den Errungenschaften unserer modernen Welt. Damit dies auch so gesehen wird, ist eine enge Kooperation zwischen Vorgesetzten, Beschäftigten und Arbeitssicherheitsexperten wie dem Laserschutzbeauftragten nötig. Die Einbindung der Beschäftigten bereits in den Anschaffungsprozess eines Arbeitsmittels und die frühzeitige Diskussion über Gefährdungen und Schutzmaßnahmen erzeugen in der Regel ein hohes Maß an Einsicht, Akzeptanz und Disziplin in der betrieblichen Umsetzung. Die Funktion der Laserschutzbeauftragten hat einen hohen Stellenwert, da deren verantwortungsvolle Tätigkeit dazu beiträgt, die Beschäftigten in Sachen Laserschutz zu sensibilisieren und dadurch schwere Unfälle, bis hin zur Erblindung, zu verhindern.

Dieses Buch richtet sich an angehende und praktizierende Laserschutzbeauftragte aller Bereiche, in denen der Laser als Arbeitsmittel eingesetzt wird. Es soll zum einen als Grundlage für die Ausbildung dienen und zum anderen ein Nachschlagewerk sein, in dem die wichtigsten Themen des Laserschutzes leicht verständlich vorgestellt werden. Weiterhin soll es die Neugier wecken, sich mit weiterführender Literatur zum Thema Laserschutz zu beschäftigen und das Wissen regelmäßig zu vertiefen, um die Gefährdungen durch Laserstrahlung zu verstehen und die in der Gefährdungsbeurteilung festgelegten Schutzmaßnahmen richtig umsetzen zu können. Das Buch umfasst 10 Kapitel, an deren jeweiligem Ende das Wissen durch Fragen zum Thema überprüft werden kann.

Das Kernstück des Arbeitsschutzes ist die Erstellung einer Gefährdungsbeurteilung eines Arbeitsplatzes. Diese wird von fachkundigen Personen erarbeitet, welche der Unternehmer selbst oder von ihm beauftragte Personen sein können. In der Gefährdungsbeurteilung werden alle möglichen Gefährdungen aufgelistet und dazu Schutzmaßnahmen entwickelt, welche dann von den Laserschutzbeauftragten in die Praxis umgesetzt werden. Die Laserschutzbeauftragten sind an der Erstellung der Gefährdungsbeurteilung beteiligt und müssen deshalb mit den Inhalten vertraut sein.

Der Aufbau des Buches ist eng an die *Verordnung zum Schutz der Beschäftigten vor Gefährdungen durch künstliche optische Strahlung (Arbeitsschutzverordnung zu künstlicher optischer Strahlung – OStrV)* angelehnt und entspricht den Ausbildungsinhalten unserer Laserschutzkurse. Das Buch ist daher auch gut geeignet, gesetzlich gefordertes Wissen aufzufrischen und zu ergänzen. Wir haben versucht, weitestgehend auf komplizierte Darstellungen und Berechnungen zu verzichten, da diese eher in den Aufgabenbereich der sogenannten fachkundigen Personen gehören. Das Material für das Buch stammt aus Büchern und Veröffentlichungen, welche hinter jedem Kapitel in einer Literaturliste angegeben werden.

Als Einstieg in das Thema werden in Kap. 1 die physikalischen Grundlagen der Laserstrahlung erläutert. Dieses Wissen ist notwendig, da die besonderen Eigenschaften der Laserstrahlung wie z. B. die Wellenlänge, die geringe Divergenz, hohe Leistungs- bzw. Energiedichten zum einen die vielfachen Anwendungen des Lasereinsatzes ermöglichen, zum anderen aber auch die Grundlage des Gefährdungspotenzials darstellen. Nach einer kurzen Einführung in die Begrifflichkeit und die Funktion des Lasers werden dessen Eigenschaften erläutert und der Unterschied zwischen kohärenter und inkohärenter Strahlung beschrieben. Danach wird auf den Aufbau und die Funktion eingegangen. Weiterhin werden verschiedene Lasersysteme vorgestellt, es werden die Strahlparameter wie Strahlradius und Strahldivergenz beschrieben und die Strahlführung durch Linsen und Fasern bearbeitet.

Kap. 2 beschäftigt sich mit den biologischen Wirkungen der Laserstrahlung, welche zum Verständnis der Entstehung eines Laserschadens benötigt werden. Zunächst wird auf die optischen Eigenschaften von Gewebe wie Absorption, Streuung und Reflexion von optischer Strahlung eingegangen und im Anschluss daran ein Überblick über die verschiedenen Wechselwirkungen von Laserstrahlung mit Gewebe gegeben. Je nach Bestrahlungsdauer und Leistungs- bzw. Energiedichte kommt es zu unterschiedlichen Gewebsreaktionen wie der thermischen Wirkung, der photochemischen Wirkung und nichtlinearen Effekten, welche bei sehr hohen Intensitäten auftreten können. Da die Art der Wirkung auch von der Eindringtiefe und somit von der Wellenlänge der Strahlung abhängt, wird auch darauf intensiv eingegangen. Weiterhin wird eine Übersicht über den Schadensort (Auge oder Haut) und die jeweilige Wirkung gegeben. Übungen und Lösungen runden das Thema ab.

Die meisten Anforderungen im Arbeitsschutz ergeben sich aus gesetzlichen Bestimmungen. Kap. 3 liefert hierzu wichtige Informationen der rechtlichen Grundlagen des Laserschutzes. Es werden die wesentlichen Merkmale des dualen Arbeitsschutzsystems in Deutschland erklärt, die wichtigsten Gesetze und Verordnungen betrachtet und im Anschluss daran wird auf die im Laserschutz spezifischen Regelungen eingegangen. Von großer Bedeutung ist hierbei die Verordnung zum Schutz der Arbeitnehmer vor künstlicher optischer Strahlung (OStrV) und deren Konkretisierung durch die *Technischen Regeln Laserstrahlung (TROS Laser)*, deren Inhalte beschrieben werden. Die aktuelle OStrV findet man auch im Anhang A. Eine weitere wichtige Rolle im Arbeitsschutz spielt die Deutsche Gesetzliche Unfallversicherung (DGUV), deren Vorschriften, Informationen und Regeln ebenfalls aufgezeigt und besprochen werden. Abgerundet wird das Kapitel mit Informationen zu den im Laserschutz anwendbaren Normen, welche vor allem für die Hersteller von Laseranlagen von Bedeutung sind, aber auch den Laserschutzbeauftragten wichtige Informationen liefern können.

Ein wirkungsvolles Instrument, die Beschäftigten vor Gefährdungen zu schützen, ist die Beachtung von Grenzwerten. In Kap. 4 wird zunächst der Grenzwert der zugänglichen Strahlung (GZS) eingeführt. Dieser hängt in komplizierter Art und Weise von der Bestrahlungsstärke bzw. der Energiedichte und der Bestrahlungsdauer ab und wird vom Laserhersteller angewandt, um die Laser bzw. Lasersysteme in sogenannte Laserklassen einzuteilen. Für die Anwender sind die Laserklassen ein erster Hinweis auf die Gefährdung, die von dem Lasergerät ausgehen kann. Es wurde ein System von 8 Laserklassen entwickelt, wobei die Gefährdung von unten (Klasse 1) nach oben (Klasse 4) steigt. Für eine bessere Verständlichkeit werden die Voraussetzungen für die Laserklassen beschrieben und beispielhaft Grenzwerte berechnet und aufgezeigt. Die Klassifizierung ist sehr aufwendig und erfordert viel Fachwissen und die nötige Infrastruktur zur Messung der Laserstrahlung. Daher wird diese Aufgabe meist von Experten übernommen. Um einen kleinen Einblick zu bekommen, wird in Anhang A.2 ein einfaches Beispiel einer Klassifizierung beschrieben.

Der für die Laserschutzbeauftragten wichtigere Grenzwert ist der in Kap. 5 beschriebene sogenannte Expositionsgrenzwert (EGW), welcher die Grenzen von Leistungs- bzw. Energiedichte angibt, ab welchen mit einem Augen- bzw. Hautschaden zu rechnen ist. Es werden typische Expositionsdauern aufgezeigt und die sogenannte „scheinbare Quelle" erklärt, welche die Größe des Netzhautbildes bestimmt und Einfluss auf die Höhe des EGW hat. Im Anschluss daran wird erklärt, wie Expositionsgrenzwerte sowohl anhand einer vereinfachten Tabelle als auch ausführlichen Tabellen aus der *TROS Laserstrahlung* (Teil 2) ermittelt werden können. Dies wird anhand eines Beispiels verdeutlicht. Abschließend werden die Einflüsse der Expositionsdauer und mehrerer Wellenlängen auf den EGW skizziert.

Kap. 6 beschreibt mögliche Gefährdungen durch Laserstrahlung, welche die Grundlage der Gefährdungsbeurteilung eines Laserarbeitsplatzes darstellen. Es wird zwischen direkter und indirekter Gefährdung unterschieden. Die direkte Gefährdung entsteht durch direkte, reflektierte oder gestreute Laserstrahlung. Sie betrifft nur die Augen und die Haut, da die Laserstrahlung relativ schnell vom Gewebe absorbiert wird und nicht zu den Organen vordringen kann. Der Schaden wird durch die Laserstrahlung selbst verursacht und kann je nach Wellenlänge unterschiedliche Bereiche betreffen. Es wird beschrieben, welche Gefährdungen bei der Einwirkung von Laserstrahlung im UV-Bereich, im sichtbaren- und im infraroten Bereich auf Auge und Haut auftreten und welche Wirkung diese haben kann.

Daneben gibt es noch weitere Handlungsfelder durch verschiedene indirekte Gefährdungen, die beim Einsatz von Laseranlagen auftreten können. Da jeder Laser ein elektrisches Gerät ist, muss die elektrische Sicherheit beachtet werden. Dies ist jedoch nicht die Aufgabe der Laserschutzbeauftragten, sondern die von Fachkräften für elektrische Sicherheit. In Expertenkreisen inzwischen unbestritten ist die indirekte Gefährdung durch die Blendung im sichtbaren Wellenlängenbereich. Bereits sehr kleine Laserleistungen können dazu führen, dass Personen nach einer Bestrahlung der Augen einige Minuten lang nichts sehen. Dies ist in verschiedenen Arbeitssituationen wie z. B. dem Führen eines Fahrzeugs oder dem Arbeiten auf Leitern ein ernst zu nehmendes Problem, da die Sehbehinderung zu einem Unfall führen kann. Eine weitere indirekte Gefährdung kann durch inkohärente optische Strahlung entstehen, wie sie z. B. beim Schweißen von Materialien entsteht. Dort, wo mit extrem kurz gepulster Laserstrahlung gearbeitet wird, ist außerdem mit der Entstehung von Röntgenstrahlung zu rechnen. Kann dies nicht ausgeschlossen werden, so ist ein Strahlenschutzbeauftragter hinzuzuziehen, der die Gefährdung beurteilen und gegebenenfalls Schutzmaßnahmen festlegen muss. Weitere nicht zu unterschätzende Gefährdungen bestehen in der Brand- und Explosionsgefahr von Stoffen und Gemischen, welche durch Laserstrahlung in Brand gesetzt bzw. zur Explosion gebracht werden können, und die Entstehung von toxischen und infektiösen Stoffen bei der Einwirkung von Laserstrahlung.

Wurde im Unternehmen festgestellt, dass vom Laserarbeitsplatz Gefährdungen ausgehen, so müssen dementsprechende Schutzmaßnahmen getroffen werden, welche in Kap. 7 beschrieben sind. Bereits im Arbeitsschutzgesetz ist festgelegt, in welcher Reihenfolge Schutzmaßnahmen zu treffen sind. Es wird das sogenannte TOP-Prinzip gefordert, welches bedeutet, dass zunächst technische und bauliche, dann organisatorische und zuallerletzt persönliche Schutzmaßnahmen getroffen werden sollen. Im Laserschutz wurde dem TOP-Prinzip noch die sogenannte Substitution vorangestellt, was bedeutet, dass der Unternehmer vor dem Kauf bzw. Einsatz eines Arbeitsmittels prüfen soll, ob es ein geeignetes anderes Arbeitsmittel mit geringerer Gefährdung gibt, und dieses dementsprechend einsetzt. Die Struktur dieses Kapitels ist so aufgebaut, dass zunächst die Substitution mit Beispielen erklärt wird und dann verschiedene technische Schutzmaßnahmen beschrieben werden, welche aber nur eine Auswahl darstellen. Danach beschäftigt sich das Kapitel mit den organisatorischen Schutzmaßnahmen wie der Bestellung der Laserschutzbeauftragten, dem wichtigen Thema der Unterweisung der Mitarbeiter, dem Abgrenzen und Kennzeichnen des Laserbereichs sowie dessen Zugangsregelung. Es wird beschrieben, wie eine Betriebsanweisung für die Beschäftigten auszusehen hat, wann die Verordnung zur arbeitsmedizinischen Vorsorge Anwendung findet und wie man sich nach einem Unfall verhalten muss. Der letzte Abschnitt widmet sich dem Thema der persönlichen Schutzmaßnahmen mit dem Schwerpunkt auf Laserschutzbrillen und Laserjustierbrillen. Um die richtigen Brillen anschaffen und beurteilen zu können, ist einiges an Wissen erforderlich. Es wird erklärt, nach welchem Prinzip Schutzbrillen arbeiten und was sich hinter der Kennzeichnung auf dem Gestell oder den Filtern verbirgt. Weiterhin werden beispielhaft mithilfe von Tabellen Schutzstufen von Brillen für den Schutz vor Strahlung aus Dauerstrich- und Impulslasern ermittelt. Zum Schluss werden Hinweise zum Arbeiten mit Schutzbrillen im Laserbereich gegeben und kurz auf Schutzkleidung eingegangen.

Kap. 8 beschäftigt sich mit den Aufgaben und der Verantwortung der Laserschutzbeauftragten. Es wird ein Überblick über die Themen der Bestellung der Laserschutzbeauftragten, deren erforderlichen Kenntnissen, den Aufgaben und der Verantwortung gegeben. Auf die in vielen Jahren immer wieder auftauchenden Fragen aus der Praxis der Laserschutzbeauftragten wird, zusammen mit den Antworten, am Ende des Kapitels eingegangen.

In Kap. 9 wird das Thema Gefährdungsbeurteilung bearbeitet. Es wird geklärt, was darunter zu verstehen ist, welche Inhalte sie laut OStrV haben muss und wer an der Durchführung beteiligt wird. Die Gefährdungsbeurteilung muss nach § 3 und § 5 der OStrV von sogenannten fachkundigen Personen durchgeführt werden. Es wird beschrieben, wer eine solche Person ist und welche Kenntnisse sie haben muss. Weiterhin wird darauf eingegangen, nach welchen Grundsätzen man zu handeln hat, wie Informationen ermittelt werden und wie die Gefährdungsbeurteilung durchzuführen, zu dokumentieren und zu aktualisieren ist.

Das letzte Kap. 10 befasst sich mit den Bestimmungen für besondere Laseranwendungen. Es wird darauf eingegangen, welche speziellen Schutzmaßnahmen für Showlaser, Vermessungslaser, Laser zu Unterrichtszwecken, medizinische Laser und Laser für Lichtwellenleiterkommunikationssysteme zu treffen sind.

Um den Laserschutzbeauftragten die Arbeit zu erleichtern, wurden einige nützliche Dokumente entworfen und zusammengetragen, welche im Anhang zu finden sind. So findet man dort zum Beispiel den Entwurf einer tabellarischen Gefährdungsbeurteilung. Weiterhin gibt es Beispiele für die Bestellung von Laserschutzbeauftragten, für eine Betriebsanweisung und ein Unterweisungsprotokoll. Neben der OStrV findet man dort auch Tabellen, mit deren Hilfe Expositionsgrenzwerte berechnet werden können, Berechnungsbeispiele und eine Formelsammlung, in der die wichtigsten Berechnungsformeln zum Laserschutz zusammengetragen wurden.

Die Autorin und die Autoren haben sich mit dem Genderaspekt der Sprache befasst und soweit wie möglich genderneutrale Formen benutzt. Wo dies aus Gründen der Lesbarkeit nicht möglich ist, sind bei der Benutzung der männlichen Form immer auch die Frauen mit gemeint.

Berlin und Köln   Claudia Schneeweiss
im Frühling 2021   Jürgen Eichler
                                                                  Martin Brose

Danksagung

Die Basis dieses Buches wurde durch eine langjährige Tätigkeit im Labor für Laseranwendungen der Beuth Hochschule für Technik Berlin gelegt und durch einen Kooperationsvertrag zwischen der Beuth Hochschule und der Akademie für Lasersicherheit gefördert. An der Entwicklung dieses Buches waren neben den Autoren viele weitere Menschen beteiligt, die durch thematische Diskussionen, Vorarbeiten auf dem Gebiet des Laserschutzes und mit Korrekturen geholfen haben, das Buch zu verwirklichen.

Ganz besonders möchten wir uns bei unseren Ansprechpartnerinnen vom Springer Verlag, Frau Margit Maly und Frau Stella Schmoll bedanken, die uns während des Entstehungsprozesses des Buches begleitet haben und uns immer mit Rat und Tat zur Seite standen.

Ein großer Dank geht an Herrn Prof. Dr. Tassilo Seidler von der Beuth Hochschule für Technik Berlin, der uns mit Kompetenz und Fachwissen zum Thema biologische Wirkungen beraten hat.

Ein weiterer Dank richtet sich an Prof. Dr. Hans-Dieter Reidenbach von der Fachhochschule Köln, der uns fachkundig unterstützt hat und dessen jahrelange Forschungen auf dem Gebiet des Laserschutzes zum Inhalt dieses Buches beigetragen haben.

Bedanken möchten wir uns auch bei Herrn Christian Schäfer für die technische Unterstützung und bei Herrn Dr. Wolfgang Grothaus für seine stets hilfreiche Kritik und Anregungen.

Wichtige Unterstützung und Informationen haben wir in den vergangenen Jahren von Herrn Carsten Stoldt, Malte Gomolka und Thomas Kerkhoff von der BG ETEM, sowie von Frau Dr. Ljiljana Udovicic und Herrn Günter Ott von der Bundesanstalt für Arbeitsschutz und Arbeitsmedizin erhalten, wofür wir uns herzlich bedanken.

Einige Bilder wurden uns von Firmen überlassen, die in den jeweiligen Bildlegenden zitiert sind. Auch ihnen gehört unser Dank.

Dieses Buch basiert auf den Kursen der Akademie für Lasersicherheit Berlin Brandenburg

Wir bilden Sie zu Laserschutzbeuftragten und Fachkundigen aus

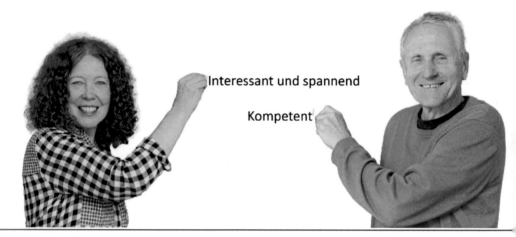

Interessant und spannend

Kompetent

Die Akademie bietet Ihnen wöchentlich Online und in Präsenz an:

- Allgemeine Laserschutzkurse
- Anwendungsbezogene Laserschutzkurse
- Auffrischungskurse
- Fachkundekurse
- Inhouseschulungen

AKADEMIE FÜR LASERSICHERHEIT BERLIN

Informationen und Anmeldung unter
www.laserstrahlenschutz.com

Wir freuen uns auf Sie

Inhaltsverzeichnis

Physikalische Eigenschaften von Laserstrahlung

1

Inhaltsverzeichnis

© Springer-Verlag GmbH Deutschland, ein Teil von Springer Nature 2021
C. Schneeweiss et al., *Leitfaden für Laserschutzbeauftragte,*
https://doi.org/10.1007/978-3-662-63198-0_1

Die physikalischen Eigenschaften der Laserstrahlung bilden eine der Grundlagen des Laserstrahlenschutzes. In diesem Kapitel werden die Natur und das Verhalten der optischen Strahlung im ultravioletten, sichtbaren und infraroten Spektralbereich mit Wellenlängen von 100 nm bis 1 mm beschrieben. Es wird auf den Unterschied zwischen der inkohärenten Strahlung aus normalen Lichtquellen und der kohärenten Laserstrahlung eingegangen. Nach der Beschreibung des prinzipiellen Aufbaus der Laser wird ein Überblick über die häufigsten kommerziellen Lasertypen und deren Einsatzgebiete gegeben.

Die wichtigsten Parameter von kontinuierlicher Laserstrahlung sind neben der Wellenlänge die Laserleistung, der Strahlradius und die Bestrahlungsdauer. Aus der Laserleistung und dem Strahlradius bzw. der Strahlfläche errechnet man die Leistungsdichte (Leistung/Fläche), die man auch Bestrahlungsstärke E nennt. Im Fall eines Unfalls bestimmt diese Größe zusammen mit der Bestrahlungsdauer und der Wellenlänge das Ausmaß der Schädigung.

Die Beschreibung gepulster Strahlung erfordert zusätzliche Angaben wie mittlere Leistung, Impulsenergie, Impulsdauer und Impulsfolgefrequenz. Aus der Impulsenergie und der Strahlfläche errechnet man die Energiedichte H (Energie/Fläche) für einen Einzelimpuls.

Weiterhin wird die Ausbreitung von Laserstrahlung beschrieben, die durch die Strahldivergenz bestimmt wird. Es wird kurz auf Formeln für die Fokussierung durch Linsen und den Sicherheitsabstand NOHD eingegangen.

1.1 Eigenschaften von optischer Strahlung

Um den Laser zu entwickeln, waren theoretische und experimentelle Untersuchungen zur Natur des Lichtes eine wichtige Voraussetzung. Bereits im 17. Jahrhundert standen sich die Teilchentheorie von Newton und die Wellentheorie von Huygens gegenüber. Die aktuelle Erklärung, was Licht darstellt, begann im Jahre 1905 mit der Theorie von Einstein, welche die Teilchen- und Wellentheorie des Lichts zusammenführt. Diesen doppelten Charakter von Licht nennt man Dualismus. Licht ist demnach eine Kombination aus Teilchen und Wellen. In manchen Situationen treten die Welleneigenschaften hervor, in anderen der Teilchencharakter. Die Lichtteilchen nennt man Photonen. Für die Lasersicherheit reicht es aus, sich mit den Welleneigenschaften des Lichtes zu beschäftigen. Unter Licht oder optischer Strahlung verstehen wir im Folgenden auch die benachbarten Bereiche im infraroten und ultravioletten Bereich.

1.1.1 Wellenoptik

Licht, beziehungsweise optische Strahlung im Allgemeinen, stellt eine elektromagnetische Welle dar, ähnlich wie eine Radiowelle. Allerdings ist die Wellenlänge von Licht kürzer. Die Wellenlänge wird im Folgenden in Nanometer, abgekürzt nm, angegeben ($1\,\text{nm} = 10^{-9}\,\text{m} = 0{,}000\ 000\ 001\,\text{m}$). Alle elektro-

BESTIMMUNG DER LASER-PULSENERGIE

Steigend mit der Anzahl an Lasern und Laser-Technologien auf dem Markt nimmt die Vielseitigkeit in der Anwendung zu. Neben CW Lasern werden für bestimmte Anwendungen gepulste Laser eingesetzt, die für hohe Spitzenleistungen sorgen, aber aufgrund von Betriebseffizienz oder Sicherheitsaspekten eine geringe durchschnittliche Leistung aufweisen müssen. Wichtige Kenngrößen in der Anwendung sind die Spitzenleistung und die Pulsverlaufsform. Mit diesen Werten kann die Einzelpulsenergie bestimmt werden.

Anwendungsfelder mit gepulsten Laserstrahlen sind beispielsweise in der Strahlentherapie in der Medizintechnik zu finden, in der Fertigungstechnik und Materialbearbeitung, in der optischen Datenübertragung oder in LIDAR Systemen zur Entfernungsmessung. In LIDAR Systemen finden neben Kantenemittern (EEL) auch Oberflächenemitter (VCSEL) Ihren Einsatz. Hohe Spitzenleistungen über 100W oder im kW-Bereich sind gefordert, um die Reichweite zu erhöhen und geringe Pulsdauern im ns-Bereich, um eine gute Auflösung in der Entfernungsmessung zu gewährleisten. Das Messsystem bestehend aus dem Ulbrichtkugeldetektor ISD-1.6-SP-V01 mit der Auslese- und Anzeigeeinheit P-9710-4 zur Bestimmung der relevanten Kenngrößen mit Fokus auf LIDAR Anwendungen bietet folgende Funktionen.

Features:

- 850 nm, 905 nm, 940 nm, 1550 nm / Silizium und InGaAs Detektor Technologie
- Pulsverlaufsformmessung im ns-Bereich mit externem Oszilloskop
- Systemintegration in Hardware- und Softwareumgebung
- Bestimmung der Laserpulsenergie [W*s], [J]
- Hoher Dynamikbereich, > 9 Dekaden
- Pulsspitzenleistung bis zu 300W

Konstruktion:

- Leistungsmessung der Photodiode [W] rückführbar kalibriert
- Miniatur-Ulbrichtkugel und Photodiode mit schneller Anstiegszeit zur Pulsverlaufsformmessung im ns-Bereich
- 7 mm Eingangsapertur zur Augensicherheitsmessung nach DIN 62471-2009 EN 60825-1
- SMA-Anschluss für Spektrometer [W/nm]

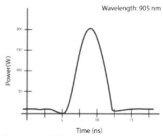

Pulsverlaufsform

Kundenspezifische Lösungen:

Größe, Portanordnung, Portdesign, Spektrometer, Hilfslampe, Messgerät/Anzeigengerät, Software, Wellenlänge (UV/VIS/IR), Kalibrierbedingung

ISD-1.6-SP-V01 mit P-9710-4

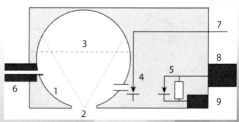

ISD-1.6-SP-V01 Schematische Darstellung

Gigahertz Optik GmbH
An der Kälberweide 12 • 82299 Türkenfeld • Tel 08193-93700-0

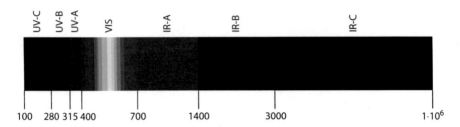

Abb. 1.1 Wellenlängen von ultravioletter, sichtbarer und infraroter Strahlung. Alle Angaben in nm. Der Laserschutz umfasst die Wellenlängen von 100 nm bis 1 mm [1]

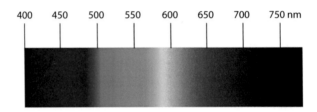

Abb. 1.2 Im Laserschutz wird die sichtbare Laserstrahlung im Bereich VIS von 400 bis 700 nm [1] definiert. In verschiedenen Dokumenten (z. B. CIE 018.2–1983, The Basis of Physical Photometry, 2. Auflage (Nachdruck 1996) [2]) wird der sichtbare Bereich jedoch von 380 bis 780 nm festgelegt

magnetischen Wellen breiten sich mit der sogenannten Lichtgeschwindigkeit c von rund 300.000 km/s $= 3 \cdot 10^8$ m/s aus. Dieser Wert gilt für Vakuum und Luft. In optischen (durchsichtigen) Werkstoffen ist die Geschwindigkeit des Lichtes um eine Materialkonstante n kleiner, wobei n die Brechzahl oder den Brechungsindex darstellt (z. B. Glas $n \approx 1,5$). Im Folgenden werden die Bereiche der optischen Strahlung, die in der Lasertechnik von Bedeutung sind, dargestellt.

Sichtbares Licht VIS
Im Laserschutz wird das sichtbare Licht in einem Bereich von 400 bis 700 nm definiert [1]. Diesen Bereich kürzt man mit VIS (*visible* = sichtbar) ab. Er erstreckt sich von violett über blau, grün, gelb bis rot (Abb. 1.1 und 1.2). Die spektrale Empfindlichkeit des Auges ist in Abb. 1.3 dargestellt. Die Grenzen des sichtbaren Bereiches sind nicht scharf und man sieht auch Strahlung außerhalb dieser Grenzen, allerdings mit sehr geringer Empfindlichkeit.

Ultraviolette Strahlung UV
Unterhalb von 400 nm schließt sich der ultraviolette Bereich UV mit den Teilbereichen A, B und C an [1]. Ultraviolette Strahlung UV-A umfasst 315–400 nm, UV-B 280–315 nm und UV-C100–280 nm (Abb. 1.1). Während UV-A etwas tiefer in die Haut eindringt und u. a. für die vorübergehende Bräunung und für die Alterung der Haut verantwortlich ist, wird UV-B in den oberen Hautschichten

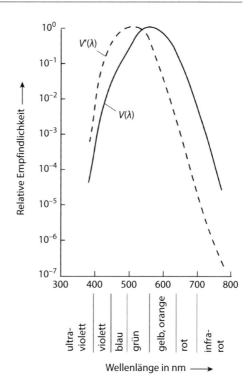

Abb. 1.3 Relative spektrale Empfindlichkeit des Auges in Abhängigkeit von der Wellenlänge für Tagsehen V und Nachtsehen V' (aus [3])

absorbiert und erzeugt eine dauerhafte Bräunung. Dieser Bereich ist direkter als UV-A für das Entstehen von Hautkrebs verantwortlich. Die UV-C-Strahlung der Sonne wird in der Lufthülle absorbiert, sodass sie nicht bis zur Erdoberfläche vordringt. Sie entsteht jedoch in Lasern und anderen künstlichen Quellen und stellt dabei eine bedeutende Gefährdung dar.

Infrarote Strahlung IR
Oberhalb von 700 nm beginnt der infrarote Bereich IR mit den Teilbereichen A, B und C. Die IR-A-Strahlung reicht von 700 bis 1400 nm [1]. Diese Strahlung dringt zumindest teilweise bis zur Netzhaut vor. Der IR-B Bereich umfasst Wellenlängen von 1400 bis 3000 nm, darüber liegt die IR-C-Strahlung.

1.1.2 Inkohärente Strahlung (normale Lichtquellen)

In den Texten zum Schutz vor optischer Strahlung wird zwischen *inkohärenter* und *kohärenter* Strahlung unterschieden [1, 4]. Normale künstliche Lichtquellen und die Sonne erzeugen inkohärente Strahlung, die reine Laserstrahlung ist dagegen kohärent.

Licht wird in Atomen oder Molekülen erzeugt. Voraussetzung dafür ist, dass diese Teilchen vorher Energie aufnehmen. Bei der Energieaufnahme werden Elektronen aus einem niedrigeren in einen höheren Energiezustand gebracht. Man sagt auch, die Elektronen bewegen sich auf einer höheren Umlaufbahn um den jeweiligen Atomkern. Diese Bahn ist instabil und die Elektronen gehen wieder auf eine tiefere Bahn bzw. in einen niedrigeren Energiezustand zurück. Bei diesem Prozess wird die aufgenommene Energie wieder frei und als Strahlung oder Lichtwelle abgegeben. Dabei strahlt jedes einzelne Atom eine Lichtwelle ab. Diese Lichtwelle von einem Atom wird als Lichtteilchen oder Photon bezeichnet. Bei inkohärenter Strahlung strahlen die einzelnen Atome ihre Livchtwellen spontan und chaotisch in den Raum, zu verschiedenen Zeiten, in alle Richtungen und mit unterschiedlichen Wellenlängen (Abb. 1.4) ab. Diesen Vorgang nennt man *spontane Emission*. Es entsteht ein nicht zusammenhängender (=inkohärenter) Wellenzug. Normales Licht stellt somit eine unregelmäßige Wellenbewegung dar [3, 5–8].

1.1.3 Kohärente Strahlung (Laser)

Wie bei der inkohärenten Strahlung müssen die Atome bei der kohärenten Strahlung zunächst Energie aufnehmen. Die kohärente Strahlung wird hierbei durch *stimulierte Emission* erzeugt. Bei der stimulierten Emission sind die Atome synchronisiert, d. h. sie strahlen im gleichen Takt, in die gleiche Richtung und mit gleicher Wellenlänge. Durch die Überlagerung dieser einzelnen gleichartigen Wellen entsteht ein sehr gleichmäßiger Wellenzug, der sich nahezu parallel ausbreiten kann (Abb. 1.4). Diese zusammenhängende Welle bezeichnet man als kohärent (=zusammenhängend) [3, 6–8]. Während normale Lichtquellen inkohärente Strahlung abgeben [4], ist Laserstrahlung kohärent [1].

1.1.4 Spontane Emission (normale Lichtquellen)

Die inkohärente Strahlung wird durch spontane Emission erzeugt. Durch Energiezufuhr (z. B. thermische Anregung, elektrischer Strom) werden in Atomen/

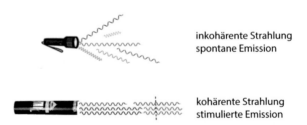

inkohärente Strahlung
spontane Emission

kohärente Strahlung
stimulierte Emission

Abb. 1.4 Unterschied zwischen der inkohärenten Strahlung von normalen Lichtquellen und kohärenter Strahlung aus einem Laser

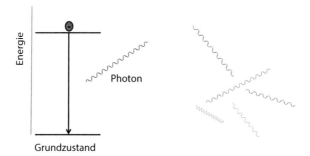

Abb. 1.5 Spontane Emission von Licht bei normalen (inkohärenten) Lichtquellen: **a** Beim Übergang eines Atoms von einem höheren Energiezustand in einen tieferen wird Licht abgestrahlt. **b** Einzelne Atome strahlen die Wellen (Photonen) unabhängig voneinander in verschiedene Richtungen

Molekülen höhere oder angeregte Energiezustände besetzt (Abb. 1.5). Diese entsprechen weiter außen liegenden Elektronenbahnen um das Atom. Diese höheren Zustände gehen nach einer kurzen Zeit unter Aussendung einer Lichtwelle in den unteren Zustand über. Die dabei emittierte Lichtwelle kann als Photon angesehen werden. Es lässt sich nur statistisch vorhersagen, wann und in welche Richtung das Licht abgestrahlt wird. Man spricht daher von spontaner Emission.

1.1.5 Stimulierte Emission (Laser)

Lichtverstärkung
Das Wort Laser ist ein Kunstwort aus den ersten Buchstaben des amerikanischen Begriffs *Light Amplification by Stimulated Emission of Radiation.* Übersetzt bedeutet dies: Lichtverstärkung durch stimulierte Emission von Strahlung. Der Laser mit seiner kohärenten Strahlung beruht also auf der stimulierten Emission. Im Gegensatz zur spontanen Emission strahlt das Atom nicht von allein, sondern durch eine Einwirkung von außen. Trifft eine Lichtwelle auf ein Atom, welches sich in einem energiereichen Zustand befindet, so kann die Welle das Atom synchronisieren. Infolgedessen strahlt das Atom seine Energie im gleichen Takt und in gleicher Richtung wie die einfallende Welle ab. Die Wellenzüge der einzelnen Atome überlagern sich zu einer gleichmäßigen Wellenbewegung. Voraussetzung dafür ist, dass die Wellenlänge des eingestrahlten Lichtes genau auf den Energiezustand des Atoms abgestimmt ist (Abb. 1.6). Durch die stimulierte Emission findet also eine Verstärkung von Licht statt. Es entsteht kohärente Strahlung. Im Teilchenbild kann man auch sagen: Aus einem Photon werden zwei, die exakt gleich sind.

Eine Lichtverstärkung tritt dann auf, wenn die entstehende Lichtwelle nicht wieder von den Atomen absorbiert wird. Die stimulierte Emission muss also häufiger auftreten als die Absorption. Dies kann nur durch Erzeugung einer

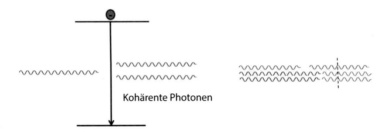

Kohärente Photonen

Abb. 1.6 Stimulierte Emission von Licht im Laser: **a** Durch die Wirkung einer einfallenden Lichtwelle (Photon) wird das Atom synchronisiert und zur Abstrahlung von Licht gezwungen. **b** Die Atome strahlen in die gleiche Richtung mit gleicher Wellenlänge und im gleichen Takt. Die Wellen überlagern sich zu einer gleichmäßigen kohärenten Gesamtwelle, dem Laserstrahl

sogenannten Inversion erreicht werden. Eine Inversion liegt dann vor, wenn sich mehr Atome im energiereichen als im unteren energieärmeren Zustand befinden. Dies kann durch ganz bestimmte Mechanismen der Energiezufuhr erreicht werden.

Laser
Die stimulierte Emission erklärt die Verstärkung von Licht, wie sie im Wort Laser angedeutet wird. Sie stellt also den grundlegenden Effekt dar, der zum Laser führt. Auf dieser Basis können im Folgenden der Aufbau und die Funktion eines Lasers erklärt werden [3, 6–8].

1.2   Aufbau und Funktion eines Lasers

1.2.1   Lasermedium

Ein Laser besteht im Prinzip aus dem sogenannten Lasermedium (oder aktivem Medium), dem Resonator und der Energiezufuhr. Die Strahlung entsteht im Lasermedium. Dieses besteht aus Atomen oder Molekülen im Zustand eines Gases, eines Festkörpers, eines Halbleiters oder einer Flüssigkeit. Das Lasermedium hat in der Regel eine längliche Form (Abb. 1.7). Die Atome oder Moleküle werden in diesem Material durch Zufuhr von Energie angeregt, d. h. sie nehmen Energie auf. Dieser energiereiche Zustand ist instabil und die Atome können die Energie in Form von Strahlung wieder abgeben. Dies kann durch spontane oder stimulierte Emission geschehen.

Inversion
Beim Laser erfolgt eine sehr intensive Anregung, sodass sich mehr Atome im energiereichen als im normalen energiearmen Zustand befinden. Diese sogenannte Inversion hat zur Folge, dass die stimulierte Emission stark wird und die Absorption gering. Damit ist das Lasermedium in der Lage, Licht durch die

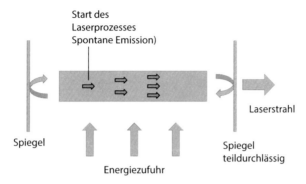

Abb. 1.7 Aufbau eines Lasers. Der Laser besteht aus einem Lasermedium, einer Energiezufuhr sowie zwei Spiegeln (Resonator), wobei der eine Spiegel vollständig reflektiert und der andere Spiegel teildurchlässig ist. Die vom Lasermedium aufgenommene Energie wird bevorzugt durch stimulierte Emission abgestrahlt. Durch den Resonator wird die Strahlung hin und her gespiegelt, wodurch die Verstärkung des Laserstrahls erhöht wird. Der externe Laserstrahl tritt aus dem teildurchlässigen Spiegel aus

stimulierte Emission zu verstärken. Das Lasermedium stellt also einen Lichtverstärker dar. Hierbei bleibt zunächst die Frage offen, wie der Laser startet.

Start des Lasers
Im Lasermedium tritt natürlich auch spontane Emission auf, die nicht zur Laserstrahlung beiträgt und somit zu Energieverlusten führt. Das Lasermedium ist daher so gewählt, dass die spontane Emission klein bleibt – aber sie bleibt stets vorhanden, wenn auch nur schwach.

Diese schwache spontane Emission gibt das Startsignal für den Laser. Per Zufall strahlt ein Atom spontan genau in axialer Richtung des Lasermediums (Abb. 1.7). Diese Startwelle wird nun durch stimulierte Emission verstärkt und läuft durch das Material, wobei sie längs des Weges laufend stärker wird.

1.2.2 Resonator

Laserspiegel
Um den Weg und damit die Verstärkung weiter zu vergrößern, stellt man einen Spiegel auf, der den Strahl wieder in das Lasermedium zurück reflektiert (Abb. 1.7). Ein zweiter Spiegel auf der anderen Seite des Mediums hat die gleiche Aufgabe. Der Laserstrahl läuft also zwischen den beiden Spiegeln hin und her und wird dabei verstärkt, bis sich ein Gleichgewichtszustand eingestellt hat. Der Start des Lasers durch die spontane Emission läuft unmessbar schnell ab, also praktisch sofort.

Die beiden Laserspiegel bilden den sogenannten Resonator, der die geometrischen Daten des Laserstrahls bestimmt. Zur Vereinfachung der Justierung und zur Strahlformung benutzt man Hohlspiegel mit großem Krümmungsradius. Der eine Spiegel hat einen Reflexionsgrad von 100 % und der andere, an dem der Laserstrahl austritt, einen Reflexionsgrad unterhalb von 100 %. Beträgt der Reflexionsgrad beispielsweise 95 %, tritt die Differenz zu 100 %, also 5 %, aus dem Resonator aus.

1.2.3   Energiezufuhr

Zur Anregung der Atome oder Moleküle im Lasermedium (Gas, Festkörper, Halbleiter, Flüssigkeit) muss diesen Energie zugeführt werden. Diesen Vorgang nennt man Pumpen. Bei Gaslasern fließt ein elektrischer Strom durch das Gas, wodurch eine elektrische Entladung entsteht und Energie auf die Atome oder Moleküle übertragen wird. Festkörperlaser sind Isolatoren und die Energiezufuhr wird optisch durch Einstrahlung von Licht erreicht. Bei Halbleiterlasern erfolgt eine Anregung, ähnlich wie bei Leuchtdioden, direkt durch elektrischen Strom.

1.2.4   Beschreibung von Lasertypen

Entsprechend dem jeweiligen Lasermedium unterscheidet man:

- Gaslaser,
- Festkörperlaser,
- Halbleiter oder Diodenlaser,
- Flüssigkeitslaser.

Die verschiedenen Lasersysteme werden im Folgenden beschrieben und in Tab. 1.1 beispielhaft zusammengefasst.

1.2.5   Gaslaser

Übersicht

Gaslaser bestehen im Prinzip aus einem Glas- oder Keramikrohr, welches das Lasermedium als Gas enthält und dessen Enden abgeschlossen sind. In das Gas werden zwei metallische Elektroden eingeführt, welche an eine Stromquelle angeschlossen sind (Abb. 1.8). Durch das Gas fließt ein elektrischer Strom, sodass sich eine Gasentladung ausbildet. In dieser Entladung nehmen die laseraktiven Atome oder Moleküle Energie auf, die sie dann durch stimulierte Emission als Laserstrahlung abgeben können. Die Entladung kann durch Gleich- oder Wechselstrom oder auch mit Hochfrequenz betrieben werden. Das Rohr befindet sich zwischen zwei Spiegeln, die den Resonator bilden. Die Spiegel können auch direkt an den Enden des Laserrohres angebracht sein. Der Laserstrahl tritt

Tab. 1.1 Vereinfachte Übersicht über die Eigenschaften und Anwendungen von wichtigen kommerziellen Lasern [3]

Laser	Wellenlänge [nm]	Leistung [W]	Impuls-energie [J]	Anwendungen
Gaslaser				
Excimerlaser	193–351		0,1–1	Augenheilkunde, Spektroskopie, Materialbearbeitung
He–Ne-Laser	633	mW		Messtechnik
Argonlaser (Ar)	351–523	mW–W		Messtechnik, Spektroskopie
Stickstofflaser (N_2)	337		mJ	Pumplaser, Spektroskopie
CO_2-Laser	10.600	W–kW		Materialbearbeitung, Medizin
Festkörperlaser				
Alexandritlaser	755		J	Medizin, Kosmetik
Rubinlaser	694		J	Kosmetik
Nd-Laser	1064 u. a	W–kW	mJ–J	Materialbearbeitung, Medizin
Faserlaser	Typisch 1030–1070 nm	W	mJ–J	Materialbearbeitung
Ho-Laser	2000		J	Urologie
Er-Laser	1550 u. 3000		mJ–J	Telekommunikation, Medizin
Frequenzvervielfach. Festkörperlaser	VIS bis UV	mW–W	mJ–J	Spektroskopie, Medizin, Show
Ti:Saphir-Laser	700–950		mJ	Erzeugung von fs- und ps-Impulsen
Halbleiterlaser				
Verschiedene	380–2000	mW–kW		Nahezu alle Bereiche
Farbstofflaser				
Verschiedene	300–3000	W	mJ–J	Abstimmbar, Dermatologie, Spektroskopie

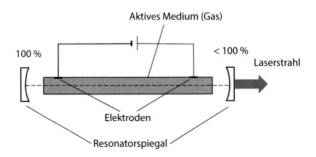

Abb. 1.8 Prinzipieller Aufbau eines Gaslasers. Das Lasermedium ist ein Gas, welches in einer Gasentladung Energie aufnimmt. Die Gasentladung wird durch eine Stromquelle, die an die Elektroden angelegt wird, erzeugt

an dem Spiegel mit dem Reflexionsgrad <100 % aus. Im Folgenden werden die wichtigsten kommerziellen Gaslaser kurz beschrieben.

Beispiele für Gaslaser sind:

Excimerlaser

Der Begriff Excimer leitet sich aus der Kurzform „excited dimer" (angeregtes 2-atomiges Molekül mit kurzer Lebensdauer) her. Das Lasergas ist eine Mischung aus einem Edelgas und einem Halogen, z. B. Argon und Fluor (ArF). Die Strahlung liegt im Ultravioletten, beispielsweise bei 193 nm für den ArF-Laser, mit Impulsdauern von einigen Nanosekunden (1 ns = 10^{-9} s). Die mittlere Leistung liegt im Wattbereich bei Impulsenergien in der Größenordnung von Millijoule bis Joule. Es handelt sich um die wichtigsten UV-Laser, die aber zunehmend durch Festkörperlaser mit Frequenzvervielfachung ersetzt werden.

CO_2-Laser

Die Wellenlänge dieses Lasers liegt im Infraroten IR-C bei 10.600 nm. Es handelt sich um einen der wichtigsten industriellen und medizinischen Laser. Die typische Leistung kontinuierlicher Laser reicht von einigen Watt in der Medizin bis zu mehreren Kilowatt in der industriellen Fertigung. Die Strahlung wird von Materialien, auch von Gläsern, sehr stark absorbiert und es gibt nur wenige spezielle Werkstoffe für die optischen Komponenten des Lasers.

Stickstofflaser

Dieser Laser strahlt im Ultravioletten bei 337 nm und wird vor allem in der Spektroskopie eingesetzt.

Argonlaser

Dieser Laser strahlt im Blauen (488 nm) und Grünen (514 nm) im Milliwatt- bis Wattbereich. Da er einen schlechten Wirkungsgrad hat und kompliziert aufgebaut ist, wird er zunehmend durch Festkörperlaser mit Frequenzvervielfachung ersetzt.

He–Ne-Laser
Dieser Laser strahlt im roten Bereich (633 nm) und wird gelegentlich noch mit Leistungen von wenigen Milliwatt als Justierlaser und in der Messtechnik eingesetzt.

1.2.6 Festkörperlaser

Übersicht
Die Dichte der Atome in Festkörpern ist größer als in Gasen, was für Festkörperlaser von Vorteil ist. Das Lasermedium dieses Lasertyps besteht aus einem durchsichtigen Kristall, der mit laseraktiven Atomen dotiert ist. Der häufigste Festkörperlaser besteht aus dem Kristall YAG (Yttrium–Aluminium-Granat, $Y_3Al_5O_{12}$), dem bei der Herstellung einige Prozent von Neodym (Nd) beigegeben werden (Nd:YAG-Laser). Die Zugabe von Nd erfolgt in der Schmelze, aus der der Kristall gezogen wird. Die Energiezufuhr (Pumpen) erfolgt entweder mit Entladungslampen oder heute zunehmend mit Laserdioden.

Anregung mit Lampen
Ein typischer Laserkristall hat einen Durchmesser von wenigen Millimetern und eine Länge im Zentimeterbereich, bei einer Leistung um 100 W bis mehreren Kilowatt. Der Kristall befindet sich innerhalb eines Resonators (Abb. 1.9). Die Energiezufuhr erfolgt durch Einstrahlung von Licht. Bei kontinuierlichen Lasern werden Bogenlampen und bei gepulsten Lasern Blitzlampen eingesetzt, deren Licht seitlich in den Kristall gestrahlt wird (Abb. 1.9).

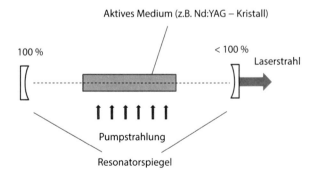

Abb. 1.9 Das aktive Medium eines Festkörperlasers ist ein kleiner Kristallstab, der bei der Herstellung beispielsweise mit Neodymatomen (Nd) dotiert wurde. Die Anregung erfolgt mit dem Licht aus Bogenlampen (kontinuierliche Laser) oder Blitzlampen (gepulste Laser). Besonders effektiv ist die Anregung durch Halbleiterlaser

Anregung mit Laserdioden

Bei sogenannten DPSS-Lasern (*diode pumped solid state laser*) wird die Strahlung aus Halbleiterlasern (Laserdioden) zur Anregung der Laseratome eingesetzt. Dabei kann die Strahlung aus mehreren Halbleiterlasern seitlich, wie in Abb. 1.9 dargestellt, eingestrahlt werden. Bei anderen Konstruktionen erfolgt die Einstrahlung in axialer Richtung. DPSS-Laser zeichnen sich durch einen hohen Wirkungsgrad und eine kompakte Bauweise aus.

Beispiele für Festkörperlaser sind:

Nd-Laser

Das häufigste Laseratom ist Neodym (Nd), das in verschiedene Kristalle oder Glas eingebettet werden kann. Die häufigsten Systeme dieser Art sind der Nd:YAG- und der Nd:YVO-Laser (Yttriumvanadat, YVO_4) mit einer Wellenlänge von 1064 nm und kontinuierlichen Leistungen im Watt- bis Kilowattbereich. Im Impulsbetrieb sind Impulsenergien in der Größenordnung von Millijoule bis Joule üblich. Weitere wichtige Wellenlängen liegen bei 1318 und 946 nm.

Ho-Laser

Die Wellenlänge des Holmiumlasers liegt bei etwa 2000 nm. Er wird insbesondere in der Urologie und in der Materialbearbeitung eingesetzt.

Er-Laser

Der Erbiumlaser strahlt mit 3000 nm Wellenlänge und er ähnelt im Aufbau dem Nd- und dem Ho-Laser. Er wird in der Medizin, in der Materialbearbeitung und im Bereich der Telekommunikation als Er-Laserverstärker um 1550 nm eingesetzt.

Ti-Saphir-Laser

Dieser Laser kann in einem breiten Wellenlängenbereich von 700 bis 1100 nm strahlen. Er ist geeignet, ultrakurze Impulse im Pico- und Femtosekundenbereich ($1\ ps = 10^{-12}\ s$, $1\ fs = 10^{-15}\ s$) zu erzeugen, die für Wissenschaft, Medizin und Technik von Bedeutung sind. Das Verfahren zur Erzeugung dieser Impulse nennt man Modenkopplung. Aus diesem Grund wird der Buchstabe M auf Laserschutzbrillen zur Kennzeichnung kurzer Impulse unterhalb von 1 ns benutzt.

Alexandritlaser

Dieser gepulst betriebene Festkörperlaser strahlt im Roten bei 755 nm. Er wird in der Kosmetik zur Haarentfernung und manchmal zur Steinzertrümmerung in der Urologie eingesetzt.

Rubinlaser

Es handelt sich um den ersten Laser überhaupt. Die Wellenlänge liegt im Roten bei 655 nm. Er wird heute manchmal noch zur Entfernung von Tattoos eingesetzt.

Frequenzvervielfachte Laser

Durch spezielle Kristalle kann die Wellenlänge der Laserstrahlung halbiert, gedrittelt, geviertelt, usw. werden. Damit wird die infrarote Strahlung der Festkörperlaser ins Sichtbare und Ultraviolette umgesetzt. Oft wird von verschiedenen Wellenlängen des Nd-Lasers bei 946, 1064 und 1318 nm ausgegangen. Man kann damit durch Halbierung der Wellenlängen Strahlung im Blauen, Grünen und Roten erzeugen. Besonders bekannt ist der grün strahlende Laser bei 532 nm. Durch Drittelung und Viertelung erhält man ultraviolette Strahlung.

Kurze Impulse (ns)
Bei gepulster Strahlung kann die Wärmeleitung in das bestrahlte Objekt reduziert werden und es können durch spezielle (nichtlineare) Wechselwirkungen spezielle Effekte erzielt werden. Normale Impulse entstehen dadurch, dass man die Energiezufuhr pulst. Man erhält dabei Impulsdauern im Milli- und Mikrosekundenbereich. Durch sogenannte Güteschalter (Q-Switch) im Resonator können Impulsdauern von einigen Nanosekunden erreicht werden.

Ultrakurze Impulse (<1 ps)
Noch kürzere Impulse, sogenannte ultrakurze Impulse im Pico- und Femtosekundenbereich, ermöglicht die sogenannte Technik der Modenkopplung. Hierbei schwingen im Resonator viele Eigenfrequenzen (Moden) an, welche synchronisiert werden und durch die Überlagerung zu einem extrem kurzen Impuls führen.

1.2.7 Faserlaser

Aktive Lichtleitfasern
Bei den oben beschriebenen Festkörperlasern befinden sich die laseraktiven Atome in Kristallen oder Glasstäben. Alternativ dazu werden sie einer Glasschmelze zugegeben, aus der eine optischen Faser gezogen wird. Diese dient dann als Lichtleiter, in welchem Laserstrahlung durch stimulierte Emission erzeugt werden kann. An den Enden der Faser befinden sich die beiden Laserspiegel (Abb. 1.10).

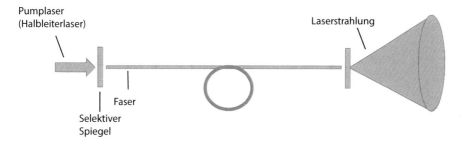

Abb. 1.10 Das aktive Medium ist eine Lichtleitfaser, die mit Laseratomen, beispielsweise Neodym (Nd, 1064 nm), dotiert ist. Die Anregung erfolgt durch die axiale Einstrahlung mit einem Halbleiterlaser. Die divergente Strahlung aus dem Faserlaser wird durch eine nicht gezeigte Linse nahezu parallel geformt. Die Faser kann zu einer Spule gewickelt werden

Die Energiezufuhr erfolgt longitudinal durch Halbleiterlaser, wobei die Strahlung in die optische Faser gebündelt wird. Dabei durchläuft die Pumpstrahlung den Resonatorspiegel, der für die Anregungsstrahlung durchlässig ist.

Da die Faser als Lichtleiter wirkt, kann der Faserlaser zu einer kleinen Spule gewickelt werden, sodass die Bauweise sehr kompakt ist. Die Laserstrahlung aus Lichtleitfasern tritt divergent aus der Stirnfläche aus. Der Abstrahlwinkel beträgt etwa 10–20°. Diese Eigenschaft ist beim Faserlaser kein Nachteil, da die Laserstrahlung durch eine Linse gebündelt werden kann und dadurch ein nahezu paralleler Laserstrahl wie bei anderen Lasern entsteht. Urologen verwenden häufig den Thulium-Faserlaser um 2000 nm. In der Telekommunikation wird der Erbium-Faserlaser bei 1550 nm eingesetzt. Im Sichtbaren gibt es Faserlaser mit verschiedenen Wellenlängen.

1.2.8   Scheibenlaser

Im Lasermedium entsteht neben der Laserstrahlung auch Wärme, die zu einer thermischen Ausdehnung der optischen Systeme führen kann. Dadurch wird die Stabilität der Wellenlänge und der Abstrahlrichtung etwas reduziert, was insbesondere bei Lasern im Kilowattbereich auftreten kann. Daher hat man für derartige Laser Systeme entwickelt, bei denen das Lasermedium eine Scheibe ist, die direkt auf einen Kühlkörper geklebt wird. Dadurch wird der sogenannte Scheibenlaser auf konstanter Temperatur gehalten, sodass die Strahleigenschaften sehr stabil sind.

1.2.9   Halbleiter- oder Diodenlaser

Leuchtdioden LED
Bei einer normalen Leuchtdiode wird die Strahlung durch spontane Emission erzeugt. Die Diode besteht aus einem kleinen Kristall, dessen beide Hälften bei der Herstellung unterschiedlich mit Fremdatomen versehen wurden (Dotierung). Die eine Seite (n-dotiert) hat einen Überschuss an Leitungselektronen, während sie auf der anderen Seite (p-dotiert) fehlen. Durch Anlegen einer Spannung strömen die überschüssigen Elektronen aus dem n-Bereich in den p-Bereich. Dabei verlieren sie Energie, die an der Grenzschicht beider Hälften als Strahlung abgegeben wird.

Diodenlaser
Die Diodenlaser oder Halbleiterlaser sind eine Weiterentwicklung der Leuchtdioden mit dem Ziel, durch stimulierte Emission Laserstrahlung zu erzeugen. Man erreicht dies durch eine stärkere Dotierung, wodurch auf der einen Seite des Kristalls sehr viele Leitungselektronen vorhanden sind und auf der anderen nur

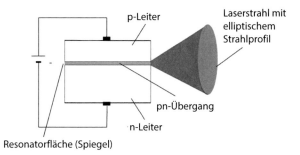

Abb. 1.11 Der Halbleiterlaser strahlt an der Grenzschicht zwischen dem n- und p-Bereich einer Diode (n = Überschuss an Leitungselektronen, p = Mangel an Elektronen). Bei Anlegen einer Spannung fließen die Elektronen aus dem n-Bereich in den p-Bereich und geben dabei ihre Energie in Form von Laserstrahlung ab. Die divergente Strahlung aus dem Laser wird durch ein nicht gezeigtes Linsensystem parallel geformt

sehr wenige. Dadurch entsteht beim Fließen eines Stromes eine Inversion, die eine Voraussetzung für stimulierte Emission ist. Weiterhin wird die Grenzschicht, die das Licht emittiert, mit Spiegelflächen nach Abb. 1.11 versehen, sodass ein Resonator entsteht.

Zu Beginn der Entwicklung der Diodenlaser strahlten diese hauptsächlich im infraroten Bereich zwischen 700 und 1500 nm. Inzwischen gibt es sie auch im sichtbaren Bereich in vielen Farben zwischen blau und rot. Da die Laserstrahlung in einer dünnen Schicht entsteht, verlässt sie den Resonator stark divergent mit einem Öffnungswinkel zwischen 10 und 20°. Oft merkt der Anwender davon nichts, da die Strahlung durch ein optisches Linsensystem nahezu parallel geformt wird. Die Leistungen der Diodenlaser liegen im Milliwatt- bis Wattbereich. Durch Zusammenfassung verschiedener Diodenlaser auf einem Kristall zu einem „Stack" werden Leistungen bis in den Kilowattbereich erreicht. Diodenlaser können auch gepulst betrieben werden.

1.2.10 Flüssigkeits- oder Farbstofflaser

Spezielle organische Moleküle in Lösungen, die man Farbstoffe nennt, können auch als Lasermedium dienen. Flüssigkeits- oder Farbstofflaser werden nur noch selten und vor allem in der Spektroskopie eingesetzt, da die Flüssigkeit bisweilen ausgetauscht werden muss. Die Anregung erfolgt oft durch eine Blitzlampe, ähnlich wie bei manchen Festkörperlasern. Das Licht der Anregung wird in einer relativ dünnen Schicht absorbiert, die dann das Lasermedium darstellt.

1.3   Eigenschaften von Laserstrahlung

1.3.1   Allgemeine Eigenschaften

Laserstrahlung stellt eine gleichmäßige kohärente Lichtwelle dar, die sich durch verschiedene Eigenschaften von normalem Licht unterscheidet [3, 6–9]. Diese Eigenschaften sollen im Folgenden unter dem Aspekt des Laserstrahlenschutzes aufgezählt werden.

Einfarbige (monochromatische) Strahlung
Laserstrahlung kann sich durch eine sehr genau definierte Lichtwellenlänge auszeichnen, sie kann also extrem einfarbig sein (monochromatisch). Die Wellenlänge bestimmt die Eindringtiefe in die verschiedenen Gewebearten. Im Auge können dadurch je nach Wellenlänge unterschiedliche Bereiche geschädigt werden. In der Haut ist die Eindringtiefe im sogenannten optischen Fenster (700–900 nm) am größten.

Geringe Divergenz
Laserstrahlung kann sich nahezu parallel ausbreiten, sodass sich der Strahldurchmesser mit der Entfernung vom Laser nur sehr wenig vergrößert. Ein typischer Wert für die Divergenz (s. a. Abschn. 1.4.2) ist $\varphi = 1{:}1000 = 0{,}001$ (1 mrad) (Abb. 1.14). Dies bedeutet, dass sich der Strahldurchmesser um ein Tausendstel der Entfernung aufweitet. Beispielsweise vergrößert sich der Strahldurchmesser bei einer Entfernung von 1 m (=1000 mm) um 1 mm. Diese Eigenschaft der Laserstrahlung hat zur Folge, dass Laserstrahlung auch noch in sehr großer Entfernung vom Laserausgang einen Schaden hervorrufen kann.

Gute Fokussierbarkeit
Parallele Strahlung kann durch Linsen auf sehr kleine Durchmesser fokussiert werden. Die theoretische Grenze des Fokusdurchmessers liegt im Bereich der Lichtwellenlänge, also bei einigen 100 nm (=0,1 μm). Für wissenschaftliche, medizinische und technische Anwendung ist die gute Fokussierbarkeit ein wesentlicher Vorteil, für den Laserschutz verursacht sie eine hohe Gefährdung. Die Strahlung im sichtbaren und infraroten Bereich IR-A kann durch das System aus Augenlinse und Hornhaut auf einen minimalen Durchmesser von nur ca. 25 μm auf der Netzhaut fokussiert werden. Durch diese starke Bündelung kann schon bei sehr kleinen Leistungen ein Augenschaden entstehen.

Hohe Leistungsdichte
Die Frage, ob das Auge oder die Haut durch Laserstrahlung geschädigt werden, hängt von der Leistung des Lasers und dem Strahldurchmesser ab. Aus beiden Größen ergibt sich die Bestrahlungsstärke oder Leistungsdichte $E = $ Leistung/Fläche. Da Laserstrahlung oft kleine Strahldurchmesser und damit kleine Strahlflächen aufweist, kann die Leistungsdichte in einem Laserstrahl sehr hoch sein.

Ein Laser mit 1 W und einer Strahlfläche von 1 mm² $= 0,000.001$ m² $= 10^{-6}$ m² hat beispielsweise eine Leistungsdichte von $E = 10^6$ W/m². Laserstrahlung im sichtbareren und infraroten Bereich IR-A fokussiert das Auge bis auf einen Durchmesser von ca. 25 μm. Dadurch steigt die Leistungsdichte um ungefähr den Faktor 100.000 an und die Gefährdung erhöht sich enorm. Somit können schon Laserleistungen von 1 mW und darunter zu einer Überschreitung der Expositionsgrenzwerte führen.

Kurze Impulse
Laser können sehr kurze Impulse aussenden, die spezielle Anwendungen ermöglichen. Seit mehreren Jahrzehnten gibt es insbesondere bei Festkörperlasern durch die sogenannte Güteschaltung Impulsbreiten im Nanosekundenbereich (1 ns $= 1$ 0^{-9} s $= 0,000.000.001$ s). Noch kürzere Impulse werden durch das Verfahren der Modenkopplung erzielt, wobei Picosekunden (1 ps $= 10^{-12}$ s) oder sogar Femtosekunden (1 fs $= 10^{-15}$ s) erreicht werden. Zur Charakterisierung von Impulslasern gibt man die Impulsenergie Q an. Die Impulsspitzenleistung errechnet sich aus Leistung $P =$ Energie Q / Impulsdauer t_H. Beispielsweise erhält man während eines kurzen Impulses mit der Energie von $Q = 1$ J und der Dauer $t_H = 10^{-12}$ s ($=1$ ps) eine kaum vorstellbare Impulsspitzenleistung von $P_p = 10^{12}$ W, allerdings nur während einer sehr kurzen Zeit. Bei kurzen Laserpulsen kann also die Impulsleistung und damit auch die Leistungsdichte sehr hoch sein. Daher können Impulsenergien von unterhalb von 0,2 μJ bereits zu einer Überschreitung der Expositionsgrenzwerte führen.

1.3.2 Dauerstrichlaser: Leistung und Leistungsdichte

Bei kontinuierlich strahlenden Lasern (cw $=$ continous wave) wird die Laserleistung P (in W $=$ Watt) angegeben. Aus der Strahlfläche A kann daraus die Bestrahlungsstärke E berechnet werden, aus welcher sich die Gefährdung ergibt [1].

Laserleistung P
Anders als bei normalen Lichtquellen wird bei Lasern nicht die elektrische Leistung, sondern die optische Leistung angegeben:

$$\text{Leistung } P \text{ in W} = \frac{J}{s} \qquad (1.1)$$

Bestrahlungsstärke E
Die Expositionsgrenzwerte, welche die Schwelle für eine Schädigung des Auges oder der Haut angeben, werden bei Dauerstrichlasern durch die Leistungsdichte oder Bestrahlungsstärke E beschrieben [1]. Diese ergibt sich aus der Leistung P und der Strahlfläche A_{63}:

$$\text{Bestrahlungsstärke } E = \frac{P}{A_{63}} \text{ in } \frac{W}{m^2} \qquad (1.2)$$

Häufig ist die Strahlfläche A_{63} von Lasern ein Kreis mit dem Radius r_{63} bzw. Durchmesser d_{63} (Definition von A_{63} und $r_{63.}$):

$$\text{Kreisfläche } A_{63} = r_{63}^2 \pi = \frac{d_{63}^2}{4} \pi \text{ in m}^2 \tag{1.3}$$

Die Bedeutung des Index 63 bezieht sich auf die speziellen Vorschriften im Laserschutz und wird in Abschn. 1.4.1 erklärt.

1.3.3 Impulslaser: Energie und Energiedichte

Die Charakterisierung von gepulster Laserstrahlung ist etwas komplizierter als bei Dauerstrichlasern. Die wichtigsten Parameter sind die Impulsenergie Q und die Impulsdauer t_H. Daraus kann die Impulsspitzenleistung P_P berechnet werden. Aus der Impulsfolgefrequenz f, d. h. der Zahl der Impulse pro Sekunde, können der Impulsabstand t_P und die mittlere Leistung P_m berechnet werden (Abb. 1.12).

Impulsenergie Q und Impulsdauer t_H
Gepulste Laser werden durch die Impulsenergie Q charakterisiert, die in Joule (1 J = 1 Ws) angegeben wird. Diese Information wird durch die Angabe der Impulsdauer t_H in s ergänzt. Der Index H steht für Halbwertsbreite.

Impulsfolgefrequenz f und Impulsabstand t_P
Die Anzahl N der Impulse pro Zeit t stellt die Impulsfolgefrequenz f dar:

$$\text{Impulsfolgefrequenz} f = \frac{N}{t} \text{ in } \frac{1}{s} = \text{Hz} \tag{1.4}$$

Der Impulsabstand t_P hängt mit der Impulsfolgefrequenz f wie folgt zusammen:

$$\text{Impulsabstand } t_P = \frac{1}{f} \text{ in s} \tag{1.5}$$

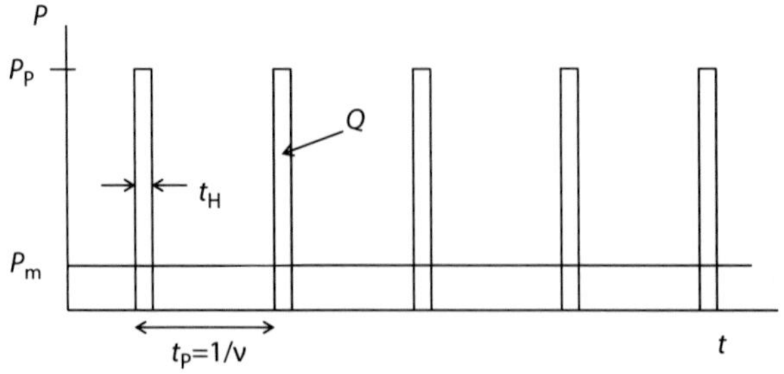

Abb. 1.12 Verlauf der Leistung P bei gepulster Laserstrahlung in Abhängigkeit von der Zeit t. Die mittlere Leistung P_m ergibt sich aus der Impulsspitzenleistung P_P durch folgende Bedingung: Die Flächen unter dem Kurvenverlauf von P_P und P_m sind gleich. Die Impulsenergie Q ist die Fläche unter dem Kurvenverlauf von P_P. Weitere Parameter sind: die Impulsdauer t_H, der Impulsabstand t_P und die Impulsfolgefrequenz $f = \nu = \frac{1}{t_P}$

Impulsspitzenleistung P_P
Die maximale Leistung oder die Impulsspitzenleistung P_P bei gepulster Strahlung errechnet sich aus der Impulsenergie Q und der Impulsdauer t_H nach der Regel „Leistung ist gleich Energie durch Zeit":

$$\text{Impulsspitzenleistung } P_P = \frac{Q}{t_H} \text{ in W} \tag{1.6}$$

Mittlere Leistung P_m
Bei gepulsten Lasern ist die Impulsspitzenleistung P_p oft sehr hoch, die mittlere Leistung P_m jedoch viel kleiner. Die mittlere Leistung errechnet man aus der Impulsenergie Q und der Impulsfolgefrequenz f:

$$\text{MittlereLeistung } P_m = Q \cdot f \text{ in W} \tag{1.7}$$

1.3.4 Parameter bei der Exposition

Die Expositionsgrenzwerte, d. h. die Grenzen für einen Augen- oder Hautschaden durch Laserstrahlung, werden durch die physikalischen Größen wie Bestrahlungsstärke E (in W/m^2) oder Bestrahlung H (in J/m^2) beschrieben. Kennt man die Bestrahlungsdauer t, können beide Größen ineinander umgerechnet werden.

Bestrahlungsstärke E
Die Leistungsdichte oder Bestrahlungsstärke E ergibt sich aus der Leistung P und der Strahlfläche A_{63}:

$$\text{Bestrahlungsstärke } E = \frac{P}{A_{63}} \text{ in } \frac{\text{W}}{\text{m}^2} \tag{1.8}$$

Den Grenzwert für einen Augen- oder Hautschaden nennt man Expositionsgrenzwert:

$$\text{Expositionsgrenzwert } E_{EGW} \text{ in } \frac{\text{W}}{\text{m}^2} \tag{1.9}$$

Bestrahlung H
Die Energiedichte oder Bestrahlung H ergibt sich aus der Energie Q und der Strahlfläche A_{63}:

$$\text{Bestrahlung } H = \frac{Q}{A_{63}} \text{ in } \frac{\text{J}}{\text{m}^2} \tag{1.10}$$

Der Grenzwert für einen Augen- oder Hautschaden wird als Bestrahlungsstärke E_{EGW} oder Bestrahlung H_{EGW} angegeben. Für die Bestrahlung benutzt man folgende Bezeichnung:

$$\text{Expositionsgrenzwert } H_{EGW} \text{ in } \frac{\text{J}}{\text{m}^2} \tag{1.11}$$

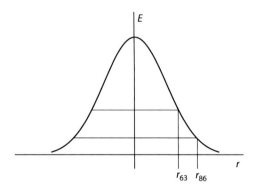

Abb. 1.13 Profil eines Laserstrahls in der Grundmode. Im Laserstrahlenschutz wird der Strahldurchmesser r_{63} angegeben. Durch eine Blende mit diesem Radius fallen 63 % der Laserleistung. Dagegen wird in der Lasertechnik der größere Strahlradius r_{86} verwendet (E = Leistungsdichte bzw. Bestrahlungsstärke, r = radiale Koordinate)

Umrechnung E und H
Kennt man die Bestrahlungsdauer t, kann die Bestrahlung H aus der Bestrahlungsstärke E errechnet werden und umgekehrt. Dabei wird die Beziehung „Energie ist gleich Leistung mal Zeit" angewendet:

$$\text{Bestrahlung und Bestrahlungsstärke} \quad H = E \cdot t \tag{1.12}$$

1.4 Strahlparameter und Ausbreitung von Laserstrahlung

1.4.1 Strahlradius

Strahlprofil
Der Laserstrahl hat im Allgemeinen die Intensitätsverteilung in Form einer Glockenkurve (Abb. 1.13). Die meisten kommerziellen Laser strahlen im sogenannten Monomode- oder Grundmoden-Betrieb. In diesem Fall ist die radiale Verteilung der Bestrahlungsstärke E gegeben durch:

$$\text{Bestrahlungsstärke im Strahl} \quad E = E_0 e^{-\left(\frac{r}{r_{63}}\right)^2} \tag{1.13}$$

wobei E_0 die maximale Bestrahlungsstärke im Zentrum des Laserstrahls und r die radiale Koordinate darstellen. Der Strahlradius r_{63} gibt die Stelle im Strahl an, bei welcher die Bestrahlungsstärke auf $E_0/e = 0{,}37 \cdot E_0$ gefallen ist. Durch eine Blende mit dem Strahlradius r_{63} fallen 63 % der gesamten Laserleistung P. Man kann die maximale Bestrahlungsstärke E_0 aus der Laserleistung und dem Strahlradius r_{63} berechnen:

$$\text{Maximale Bestrahlungsstärke} \quad E_0 = \frac{P}{\pi r_{63}^2} \tag{1.14}$$

Strahlradius r_{63}

Im Laserstrahlenschutz wird der Strahlradius r_{63} an der Stelle gemessen, bei der die Bestrahlungsstärke auf $1/e = 37\,\%$ des Maximalwertes E_0 gefallen ist. In der Fläche mit diesem Strahlradius sind 63 % der Laserleistung enthalten. In der Lasertechnik wird ein größerer Strahlradius angegeben, an dem die Bestrahlungsstärke auf $1/e^2 = 13{,}5\,\%$ des Maximalwertes gefallen ist. Dieser Wert wird mit r_{86} bezeichnet, da in der Fläche mit diesem Strahlradius 86,5 % der Laserleistung enthalten sind.

Beide Definitionen unterscheiden sich um den Faktor $\sqrt{2} = 1{,}41$

$$r_{63} = \frac{r_{86}}{\sqrt{2}} \qquad (1.15)$$

Der Grund für die Verwendung von r_{63} im Laserstrahlenschutz liegt darin, dass sich bei Benutzung von r_{63} zur Berechnung der Bestrahlungsstärke ein höherer und damit sicherer Wert als bei Verwendung von r_{87} ergibt.

1.4.2 Strahldivergenz

Ein Laserstrahl breitet sich oft nahezu parallel mit einem nur kleinen Divergenzwinkel φ aus (Abschn. 1.3.1 und Abb. 1.14). Da im Laserschutz der Strahlradius r_{63} verwendet wird, bezieht sich der Divergenzwinkel auch auf die Vergrößerung von r_{63}. Man schreibt für den Divergenzwinkel φ_{63}.

Bogenmaß

Der Divergenzwinkel φ_{63} wird meist im Bogenmaß angegeben. Um dies zu kennzeichnen, kann man den Begriff rad oder mrad (=0,001 rad) hinter den Zahlenwert des Winkels schreiben. Eine Divergenz von beispielsweise $\varphi_{63} = 1$ mrad $= 0{,}001 = 1/1000$ bedeutet, dass sich der Strahldurchmesser nach 1000 mm um 1 mm vergrößert.

Der Zusammenhang zwischen dem Bogenmaß und dem Gradmaß ist gegeben durch:

$$360^{\circ} = 2\pi \text{ rad } 1^{\circ} = 0{,}0175\text{rad } 1 \text{ rad} = \quad 57{,}3^{\circ}. \qquad (1.16)$$

Strahldivergenz φ_{63}

Die Strahldivergenz φ_{63} kann nach Abb. 1.14 ermittelt werden. Dabei wird der Strahldurchmesser an zwei Entfernungen vom Laser $d_{63} = 2\,r_{63}$ und $d'_{63} = 2\,r'_{63}$ im

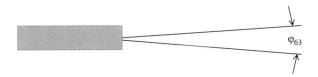

Abb. 1.14 Ein Laserstrahl breitet sich mit dem Divergenzwinkel φ_{63} aus

Strahl gemessen, die einen Abstand x voneinander haben. Näherungsweise erhält man für die Strahldivergenz:

$$\varphi_{63} = \frac{d'_{63} - d_{63}}{x} \text{ oder genauer } \varphi_{63} = 2 \arctan \frac{d'_{63} - d_{63}}{2x} \qquad (1.17)$$

1.4.3 Fokussierung durch eine Linse

Bei vielen Anwendungen wird die Laserstrahlung durch eine Linse fokussiert. Für Laserstrahlung in der Grundmode wird der Strahldurchmesser d'_{63} im Fokus einer Linse durch die Brennweite f, die Wellenlänge λ und den Strahldurchmesser d_{63} an der Linse bestimmt:

$$d'_{63} = \frac{\lambda f}{\pi d_{63}} \qquad (1.18)$$

Der Divergenzwinkel (Bogenmaß) hinter dem Brennpunkt ist näherungsweise gegeben durch:

$$\varphi_{63} = \frac{d'_{63}}{f} \qquad (1.19)$$

1.4.4 Austritt aus einer optischen Faser

Bisweilen wird der Laserstrahl in einer optischen Faser geführt und tritt dann direkt aus der Endfläche aus. Der Abstrahl- oder Divergenzwinkel φ liegt typischerweise im Bereich von einigen 10°. Oft wird statt des vollen Abstrahlwinkels die numerische Apertur N_A angegeben:

$$\text{Numerische Apertur } N_A = \sin \varphi \qquad (1.20)$$

1.4.5 Sicherheitsabstand (NOHD)

In günstigen Fällen weitet sich der Laserstrahl mit zunehmender Entfernung so stark auf, dass in einem bestimmten Abstand vom Laser der Expositionsgrenzwert für das Auge oder die Haut unterschritten wird. Der Sicherheitsabstand gibt die Entfernung vom Laser an, ab welcher der Laser keinen Augenschaden mehr verursachen kann. In der englischsprachigen Literatur wird der Sicherheitsabstand als NOHD (*nominal ocular hazard distance*) bezeichnet. Der Sicherheitsabstand NOHD hängt von der Laserleistung P, dem Expositionsgrenzwert für einen Augen- oder Hautschaden E_{EGW} und der Strahldivergenz φ_{63} ab:

$$\text{Sicherheitsabstand NOHD} = \frac{\sqrt{\frac{4P}{\pi E_{\text{EGW}}}} - d_{63}}{\tan \varphi_{63}} \approx \frac{\sqrt{\frac{4P}{\pi E_{\text{EGW}}}}}{\varphi_{63}} \qquad (1.21)$$

Dabei sind d_{63} der Strahldurchmesser am Laserausgang und φ_{63} die Divergenz des Laserstrahls. In der Näherung wurden kleine Winkel (z. B. $\varphi_{63} \approx 0{,}01$) und ein kleiner Strahldurchmesser (z. B. d_{63} im Millimeterbereich) angenommen. Bei gepulster Strahlung sind die Laserleistung P durch die Impulsenergie Q und der Expositionsgrenzwert E_{EGW} durch H_{EGW} zu ersetzen.

1.5 Übungen

Aufgaben

1.1 Was bedeutet in die der Praxis: (a) kohärente optische Strahlung, (b) inkohärente optische Strahlung?

1.2 In welchem Wellenlängenbereich liegt sichtbares Licht (VIS)?

1.3 In welchen optischen Bereichen liegt optische Strahlung mit einer Wellenlänge von: 150, 350, 450, 660, 900, 3.000 und 10.000 nm?

1.4 Welche Lasertypen gibt es?

1.5 Berechnen Sie die Bestrahlungsstärke E (Leistungsdichte) in einem kontinuierlichem Laserstrahl mit einer Leistung von $P = 2$ mW und einer Querschnittsfläche von $A_{63} = 1$ mm^2.

1.6 Ein Laserstrahl mit $P = 1,5$ W strahlt $t_H = 0,1$ s lang. Wie hoch ist die Impulsenergie Q?

1.7 Ein Laserstrahl hat eine Impulsenergie $Q = 0,5$ J und ein Impulsfolgefrequenz von $f = 2$ kHz. Wie groß sind die mittlere Leistung P_m und der Impulsabstand t_P?

1.8 Ein Laserstrahl hat eine Impulsenergie $Q = 0,5$ J und eine Impulsdauer von 1 ns. Wie groß ist die Impulsspitzenleistung P_P?

1.9 Berechnen Sie aus dem Grenzwert für die Bestrahlungsstärke $E_{EGW} = 10$ W/m^2 den entsprechenden Grenzwert H_{EGW} für eine Bestrahlungszeit $t = 5$ s.

1.10 Wie groß ist der Sicherheitsabstand (NOHD) von einem „illegalen Laserpointer" mit einer Leistung von $P = 500$ mW und einer Strahldivergenz von 1 mrad ($\varphi_{63} = 0,001$) bei einem Expositionsgrenzwert von $E_{EGW} = 10$ W/m^2 ?

Lösungen

1.1 (a) Laserstrahlung ist kohärent, (b) normale Strahlungsquellen strahlen inkohärent. Einige kommerzielle Laser haben auch inkohärente optische Strahlungsanteile.

1.2 Sichtbares Licht besitzt Wellenlängen zwischen 400 und 700 nm. (Die DIN-Normen gehen von einer anderen Definition aus: 380 bis 780 nm.)

1.3 150 nm – UV-C, 350 nm – UV-A, 450 nm und 660 nm – VIS, 900 nm – IR-A, 3000 nm – IR-B und 10.000 nm – IR-C.

1.4 Entsprechend dem Lasermedium gibt es: Gaslaser, Festkörperlaser (einschließlich Faserlaser), Halbleiterlaser oder Diodenlaser, Flüssigkeitslaser.

1.5   Die Bestrahlungsstärke E beträgt:

$$E = \frac{P}{A_{63}} = \frac{2 \cdot 10^{-3}\,\text{W}}{10^{-6}\text{m}^2} = 2000\,\frac{\text{W}}{\text{m}^2}.$$

1.6   Die Impulsenergie Q beträgt:

$$Q = P\,t_{\text{H}} = 1,5 \cdot 0,1\text{Ws} = 0,15\,\text{J}$$

1.7   Die mittlere Leistung P_{m} und der Impulsabstand t_{p} betragen

$$P_{\text{m}} = Q \cdot f = 0,5 \cdot 2000\text{W} = 1000\,\text{W} \quad\text{und}\quad t_P = \frac{1}{F} = \frac{1}{2000}\text{s} = 0,5\text{ms}$$

1.8   Die Impulsspitzenleistung P_{p} beträgt:

$$P_P = \frac{Q}{t_{\text{H}}} = \frac{0,5}{10^{-9}}\text{W} = 0,5\,\text{GW}$$

1.9   Aus $H_{\text{EGW}} = E_{\text{EGW}}t$ folgt $H_{\text{EGW}} = 50\frac{\text{J}}{\text{m}^2}$.

1.10   Man rechnet: NOHD $\approx \dfrac{\sqrt{\frac{4P}{\pi E_{EGW}}}}{\varphi_{63}} = \dfrac{\sqrt{\frac{2}{\pi 10}}}{0,001}\text{m} = 252\text{ m}.$

Literatur

1. Technische Regeln Laserstrahlung (TROS Laserstrahlung), Bundesministerium für Arbeit und Soziales, Bonn (2016)
2. CIE 018.2–1983: The Basis of Physical Photometry, 2. Aufl. (Nachdruck 1996)
3. Eichler, H.J., Eichler, J.: Laser: Bauformen, Strahlführung. Anwendungen. Springer, Wiesbaden (2015)
4. Technische Regeln Inkohärente optische Strahlung (TROS IOS), Bundesministerium für Arbeit und Soziales, Bonn (2014)
5. Sutter E.: Schutz vor optischer Strahlung. VDI Schriftenreihe 104 (2002)
6. Kneubühl, F.K., Sigrist, M.W.: Laser. Teubner Studienbücher. Springer, Wiesbaden (2008)
7. Meschede, D.: Optik. Licht und Laser Vieweg Teubner, Wiesbaden (2008)
8. Bäuerle, D.: Laser: Grundlagen in Fotonik, Technik. Medizin und Kunst. Wiley VCH Verlag, Weinheim (2009)
9. Henderson, R., Schulmeister, K.: Laser Safety. Institute of Physics Publishing, New York (2004)

Biologische Wirkung von Laserstrahlung

2

Inhaltsverzeichnis

Bei der Anwendung von Lasern tritt in der Regel eine wesentlich höhere Bestrahlungsstärke und Bestrahlung als bei normalen Lichtquellen auf. Daher ist das Arbeiten mit Lasern mit besonderen Gefährdungen verbunden, die ohne Sicherheitsvorkehrungen zu ernsten Unfällen und Gesundheitsschädigungen führen können. In diesem Kapitel werden anfangs die Wirkungsmechanismen von Laserstrahlung auf Gewebe beschrieben. Diese bilden die Grundlage, um Schäden

© Springer-Verlag GmbH Deutschland, ein Teil von Springer Nature 2021   27
C. Schneeweiss et al., *Leitfaden für Laserschutzbeauftragte,*
https://doi.org/10.1007/978-3-662-63198-0_2

bei Unfällen zu beschreiben, zu verstehen und zu vermeiden. Die häufigsten Unfälle oder Schädigungen werden durch die *thermische Wirkung* verursacht, die durch die Absorption der Strahlung im Gewebe entsteht. Im ultravioletten und im Bereich 400–600 nm tritt zusätzlich die *fotochemische Wirkung* auf, die besonders kleine Expositionsgrenzwerte zeigt. Bei kurzen Pulsen im Nano-, Pico- und Femtosekundenbereich treten nichtlineare optische Effekte auf, die zu Verletzungen durch *Fotoablation (Fotoabtragung)* und *Fotodisruption* (Fotodurchbruch) führen können.

Die meisten Unfälle durch Laserstrahlung betreffen das Auge. Diese Schädigungen sind oft irreversibel oder bleiben stark. Im sichtbaren (VIS) und im nahen infraroten Bereich (IR-A) wird bei einem Unfall je nach Laserleistung hauptsächlich die Netzhaut geschädigt. In den ultravioletten (UV-A, UV-B UV-C) und infraroten Bereichen (IR-B und IR-C) können die vorderen Abschnitte des Auges, wie Augenlinse und Hornhaut, verletzt werden. Es treten jedoch auch Unfälle bei ungewollter Bestrahlung der Haut auf. Die Gefährdung von Auge und Haut kann sowohl durch den direkten als auch durch den reflektierten und diffus gestreuten Laserstrahl auftreten.

2.1 Optische Eigenschaften von Gewebe

Laserstrahlung kann auf Gewebe treffen und sich dort ausbreiten (Abb. 2.1). Die Schädigung des Gewebes erfolgt durch die *Absorption* der Strahlung, wobei dafür oft Proteine, Pigmente des Gewebes und Gewebswasser verantwortlich sind. Meist entsteht dabei Wärme, aber es können auch andere Mechanismen auftreten, die im nächsten Abschnitt beschrieben werden. Die Absorption hängt stark von der Wellenlänge der Strahlung und der Art des Gewebes ab.

Daneben tritt auch *Streuung* auf, bei der das Licht aus seiner Richtung abgelenkt wird. Die Streuung erfolgt aufgrund von Inhomogenitäten der Brechzahl im Gewebe an sogenannten Streuzentren.

Ein Teil der auf das Gewebe fallenden Strahlung wird an der Oberfläche reflektiert. Dabei handelt es sich neben der direkten Reflexion auch um Strahlung,

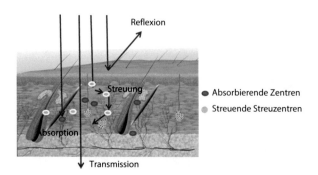

Abb. 2.1 Ausbreitung von Laserstrahlung im Gewebe mit Absorption, Streuung, Reflexion und Transmission in Haut. (Bild: © Sagittaria/Fotolia)

die durch die Streuung aus dem Gewebe heraustritt. Die *Reflexion* ist also überwiegend eine Rückstreuung.

Bei dünnen Gewebsschichten tritt auch eine *Transmission* auf, d. h. die
Strahlung durchdringt die Schicht. Dabei wird die durchtretende Strahlung durch
die Streuung diffus aufgeweitet. Eine Ausnahme bilden durchsichtige Strukturen
des Auges, die normalerweise frei von der Streuung sind.

In Abb. 2.1 sind folgende Prozesse dargestellt [1–6]:

- Absorption,
- Streuung,
- Reflexion,
- Transmission.

In der Abbildung ist als Beispiel die Haut gezeigt. Ähnliches gilt auch für die
Netzhaut des Auges, aber nicht für die durchsichtigen Strukturen des Augapfels.

2.1.1 Absorption

Die Absorption von Laserstrahlung hängt stark von der Art des Gewebes und der
Wellenlänge der Strahlung ab und wird zum großen Teil durch Wasser, den Blut-
farbstoff Hämoglobin und im UV-Bereich durch Proteine verursacht. Sie wird
durch den sogenannten Absorptionskoeffizienten beschrieben, der in Abb. 2.2
(linke Achse) in Abhängigkeit von der Wellenlänge gezeigt ist [7]. Er gibt die
Schwächung der Strahlung durch Absorption pro mm an. Da es sehr unterschiedliche Arten von Gewebe gibt, wurde die Absorption repräsentativ für diese
Bestandteile dargestellt.

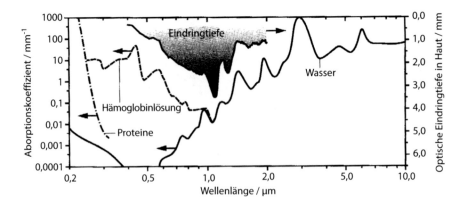

Abb. 2.2 Linke Achse: Absorptionskoeffizient von Laserstrahlung in Wasser, im Blutfarb-
stoff Hämoglobin (hier 2,7 g/dl in H2O desoxygeniert) und Proteinen als Modellsubstanzen für
Gewebe. Rechte Achse: Eindringtiefe von Laserstrahlung in einem typischen Gewebe. Aus [7]

Eindringtiefe

Die Ausbreitung der Strahlung in Gewebe wird neben der Absorption auch durch die Streuung bestimmt. Man beschreibt daher die Verteilung der Laserstrahlung im Gewebe anschaulicher durch die Eindringtiefe. Diese gibt an, wie tief die Strahlung in das Gewebe reicht. Man erkennt aus Abb. 2.2 (rechte Achse) und Tab. 2.6, dass die Strahlung im sichtbaren und im nahen infraroten Bereich (VIS und IR-A) mehrere mm tief in das Gewebe eindringt [1, 7]. Dabei gibt es je nach Gewebetyp erhebliche Unterschiede.

Bei sehr starker Absorption kann die Eindringtiefe aus dem reziproken Absorptionskoeffizienten berechnet werden (Eindringtiefe = 1/Absorptionskoeffizient, die Eindringtiefe stellt hierbei den 1/e-Wert = 37-%-Wert dar). Die angegebene Formel gilt insbesondere in den ultravioletten und infraroten (IR-B und IR-C) Bereichen.

Ultravioletter Bereich UV

Im ultravioletten Bereich (UV) findet eine sehr starke Absorption durch organische Moleküle wie z. B. Proteine statt und die Eindringtiefe ist klein. Im ultravioletten Bereich liegt sie bei etwa 1 μm (Tab. 2.6). Das Absorptionsmaximum der Nukleinsäuren liegt bei ca. 260 nm. Bei Bestrahlung mit diesen Wellenlängen kommt es zu direkten Strangbrüchen und Erbgutschäden.

Sichtbarer Bereich VIS

Im Sichtbaren sind verschiedene Pigmente für die Absorption verantwortlich, die in Tab. 2.1 aufgeführt sind. Die Strahlung dringt im blau-grünen Bereich einige 0,1 mm in Gewebe ein. Im roten Bereich und im infraroten Bereich IR-A geht die Strahlung tiefer in das Gewebe und die Eindringtiefe kann einige Millimeter betragen (Abb. 2.2 und Tab. 2.6).

Infraroter Bereich IR

In den infraroten Strahlungsbereichen IR-B über 2000 nm und IR-C wird das Gewebe sehr gut durch das Verhalten von Wasser bestimmt. Beispielsweise beträgt die Eindringtiefe von Laserstrahlung bei einer Wellenlänge von 10.600 nm (CO_2-Laser) etwa 10 μm (= 0,001 cm = 0,01 mm) (Tab. 2.6). Beachtenswert sind die Maxima des Absorptionskoeffzienten bei etwa 2000 und 3000 nm, wobei Eindringtiefen von etwa 0,1 mm und 1 μm auftreten (Abb. 2.2). Bei hohen Leistungsdichten verkohlt das Gewebe und oben erwähnte Eindringtiefe spielt dann keine entscheidende Rolle mehr.

Tab. 2.1 Absorbierende Bestandteile von Gewebe im ultravioletten (UV), sichtbaren (VIS) und infraroten (IR) Spektralbereich

Spektralbereich	Absorbierende Bestandteile
UV	Absorption hauptsächlich durch Proteine und andere organische Moleküle
VIS	Absorption durch Pigmente wie Hämoglobin, Melanin
IR	Absorption hauptsächlich durch Wasser (ab etwa 2000 nm)

2.1.2 Streuung

Im Gewebe finden sich zahlreiche Streuzentren, welche die Strahlung in verschiedene Richtungen ablenken. Dabei tritt in der Regel keine Änderung der Wellenlänge auf. Die Strahlung wird somit mehr oder weniger diffus in alle Richtungen durch das Gewebe transportiert. Für Moleküle und sehr kleine Strukturen, deren Abmessungen unterhalb einem Zehntel der Lichtwellenlänge liegen, ist die Streuung schwach und etwa kugelsymmetrisch. Diese sogenannte Rayleigh-Streuung wird stärker und ist mehr nach vorwärts gerichtet, wenn die Streuzentren etwa die Größe der Lichtwellenlänge haben. Übertrifft die Größe der Streuzentren die der Lichtwellenlänge, spricht man von Mie-Streuung, die ebenfalls stark vorwärts gerichtet ist. Im Gewebe treten beide Streuprozesse auf, wobei die Streuung an größeren Strukturen überwiegt [2].

Ultravioletter Bereich UV
Im ultravioletten Bereich ist die Absorption so stark, dass die Strahlung nur wenig ins Gewebe eindringt (Abb. 2.2). Daher ist die Streuung klein und kann in der Regel vernachlässigt werden (Tab. 2.2).

Sichtbarer Bereich VIS
Im Sichtbaren dringt die Strahlung etwas tiefer ins Gewebe ein, sodass die Streuprozesse häufiger werden und etwa so zahlreich sind wie die Absorption (Tab. 2.2). Diese Aussage gilt hauptsächlich für den blau-grünen Bereich.

Rot und Infrarot IR-A
Die Eindringtiefe steigt im Roten und im Infrarot IR-A bis in den Millimeterbereich, sodass sich die Streuprozesse stark ausbilden können und die Streuung intensiver als die Absorption wird (Tab. 2.2). In diesem Fall wird die Strahlung auch in Bezirke seitlich vom direkten Laserstrahl transportiert. Die reflektierte Strahlung, genauer die rückgestreute Strahlung, kann bis zu 50 % der eingestrahlten Strahlung betragen [5]. Damit kann die Bestrahlungsstärke an der Gewebsoberfläche größer werden als der eingestrahlte Wert, da ein Teil der Laserstrahlung die Oberfläche zweimal durchläuft.

Infrarot IR ab 2000 nm
In diesem Bereich ist die Absorption so stark, dass die Intensität der Streuprozesse vernachlässigbar ist (Tab. 2.2).

Tab. 2.2 Vergleich der Intensität von Absorption und Streuung in Gewebe für verschiedene Spektralbereiche

Spektraler Bereich	Vergleich von Absorption und Streuung
Ultravioletter Bereich UV	Absorption >> Streuung
Sichtbarer Bereich VIS	Absorption und Streuung
Roter und infraroter Bereich IR-A	Absorption << Streuung
Infraroter Bereich ab etwa 2000 nm	Absorption >> Streuung

2.1.3 Reflexion

In Bereichen, in denen die Absorption überwiegt (Tab. 2.2), beträgt der an der Gewebsoberfläche diffus reflektierte Anteil etwa 5 %. Dort, wo die Streuung stärker als die Absorption ist, d. h. im roten und infraroten Bereich IR-A, tritt eine starke Rückwärtsstreuung auf, sodass die diffuse Reflexion bis zu 50 % beträgt.

2.2 Wechselwirkung von Laserstrahlung und Gewebe

Die absorbierte Laserstrahlung kann unterschiedlich auf Gewebe wirken. Um Unfälle zu vermeiden, ist es wichtig, die Ursachen und das Ausmaß der möglichen Schäden zu verstehen. Je nach Wellenlänge, Bestrahlungsstärke und Dauer der Bestrahlung kommt es zu verschiedenen Wechselwirkungen, die man wie folgt einteilen kann [1, 4, 5]:

- thermische Wirkung
- fotochemische Wirkung,
- Fotoablation,
- Fotodisruption.

Abb. 2.3 stellt die Bereiche dieser Laserwirkungen in einem Diagramm dar, welches als Koordinaten die Bestrahlungsdauer und die Bestrahlungsstärke hat. Fotoablation und Fotodisruption sind nichtlineare Prozesse, die nur bei hohen Bestrahlungsstärken und kurzen Laserpulsen auftreten. Tab. 2.3 zeigt die Bereiche, in denen die verschiedenen Wirkungen entstehen.

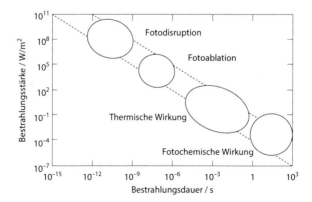

Abb. 2.3 Thermische und fotochemische Wirkung sowie die nichtlinearen Prozesse der Fotoablation und Fotodisruption in Abhängigkeit von der Bestrahlungsdauer und Bestrahlungsstärke, nach [7]

Tab. 2.3 Arten der Wechselwirkung zwischen Laserstrahlung und Gewebe. Bereiche für die Bestrahlungsstärke und Bestrahlungsdauer für die einzelnen Wirkungen

Bestrahlungsstärke	Bestrahlungsdauer	Wirkung
10^{11}–10^{15} W/cm^2	1 ps bis 10 ns	Fotodisruption
10^7–10^{10} W/cm^2	1 ns bis 1 µs	Fotoablation
10–10^8 W/cm^2	0,1 ms bis 10 s	Thermische Wirkung
< 10 W/cm^2	10–1000 s	Fotochemische Wirkung

2.2.1 Thermische Wirkung

Durch die Absorption von Laserstrahlung im Gewebe entsteht Wärmeenergie und die Temperatur erhöht sich. Der Temperaturanstieg hängt von einer Reihe von Faktoren ab:

- Eigenschaften der Laserstrahlung (Bestrahlungsdauer, Wellenlänge, Bestrahlungsstärke bei kontinuierlicher Strahlung und bei Pulslasern die Parameter der Laserpulse wie Pulsenergie, Pulsdauer und Pulsfolgefrequenz),
- optische Eigenschaften des Gewebes (Absorption und Streuung),
- thermische Eigenschaften von Gewebe (spezifische Wärmekapazität, Wärmeleitfähigkeit, Verdampfungsenergie).

Thermische Schäden

Die meisten Schäden durch Laserstrahlung werden durch die thermische Wirkung verursacht. Dabei laufen Mechanismen ab, die in Tab. 2.4 zusammengefasst sind. Bei einer Erhöhung der Temperatur um wenige Grad tritt eine reversible Schädigung auf. Abb. 2.4 zeigt, dass die kritische Temperatur für irreversible Gewebeschäden von der Bestrahlungsdauer abhängt. Beispielsweise führt eine 10 s andauernde Temperaturerhöhung bei etwa 60 °C zu einer Koagulation. Darunter versteht man die Gerinnung der Eiweißmoleküle, die oft mit einer weißlichen Verfärbung verbunden ist. Man kennt diesen Effekt von der Verfärbung des vorher durchsichtigen Eiweißes beim Erhitzen von Eiern.

Bei Temperaturen über 100 °C verdampft das Gewebswasser, das Gewebe trocknet aus und verkohlt danach (Karbonisation). Bei weiterer Steigerung der Temperatur verdampft das Gewebe. Abb. 2.5 zeigt schematisch den verdampften Bereich sowie Zonen der Karbonisation und Koagulation. Daneben erkennt man einen Bereich der reversiblen Schäden, der wieder ausheilt. Bleibt die erreichte Temperatur unter 100 °C, tritt nur eine Koagulationszone mit einer angrenzenden Zone mit reversibler Schädigung auf.

Tab. 2.4 Thermische Wirkung von Laserstrahlung auf Gewebe. Aus [1]

Temperatur (°C)	Schädigung
37	Keine irreversiblen Schädigungen
40–45	Schrumpfen der Kollagene, Ödemausbildung, Membranauflockerung, Zelltod (je nach Bestrahlungszeit)
50	Reduktion der enzymatischen Aktivität
60	Proteindenaturierung, Beginn der Koagulation und Ausbildung von Nekrosen
80	Denaturierung von Proteinen, Koagulation der Kollagene, Membrandefekte
100	Trocknung
>150	Karbonisation und Vaporisation

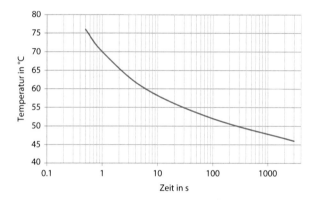

Abb. 2.4 Die kritische Temperatur für einen dauerhaften Gewebeschaden hängt von der Einwirkungsdauer ab, nach Niemz [4]

Die thermische Wirkung reicht von einer leichten Erwärmung des Gewebes über die Koagulation, das Verkochen des Gewebswassers, Verdampfen des Gewebes bis zur Verkohlung und Schwarzfärbung des Gewebes. Aufgrund der Wärmeleitung und Streuung der Laserstrahlung wird auch Gewebe außerhalb des eigentlichen Zielvolumens der Strahlung mehr oder weniger schnell erwärmt und dadurch möglicherweise geschädigt.

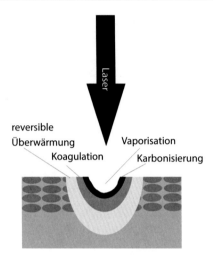

Abb. 2.5 Darstellung einer thermischen Schädigung von Gewebe durch Laserstrahlung mit dem verdampften Bereich sowie den Zonen der Karbonisation, Koagulation und der reversiblen Schädigung nach [1, 5]

2.2.2 Fotochemische Wirkung

In Kap. 1 wurde Licht als elektromagnetische Welle dargestellt. Manche Wirkungen können besser verstanden werden, wenn man Licht als Teilchen oder Photonen beschreibt. Die Energie eines Photons steigt mit abnehmender Wellenlänge, sodass die Photonen im blauen- und im ultravioletten Bereich eine höhere Energie als im roten Bereich haben. Bei der fotochemischen Wirkung wird durch die Absorption von Photonen biologischen Molekülen Energie zugeführt, sodass beispielsweise die DNA aufbrechen kann [8, 9]. Dies findet hauptsächlich im ultravioletten Bereich und weniger ausgeprägt im sichtbaren Bereich von 400–600 nm statt.

Schädigungswirkung
Ultraviolette Strahlung wird in Hautzellen absorbiert, in denen es zu Einzel- und Doppelstrangbrüchen der DNA kommen kann. Es gibt jedoch zelluläre Reparaturmechanismen, die einzelne Schäden wieder korrigieren können. Sind die Beschädigungen zu stark, können sie nicht mehr repariert werden. Die betroffenen Hautzellen sterben ab und werden durch die nachschiebenden Schichten des Gewebes ersetzt. Treten bei den Reparaturen der Zellen Fehler auf, so entarten diese und es kann Hautkrebs entstehen. Neben diesen langfristigen Wirkungen gibt es auch kurzfristige Effekte wie Sonnenbrand, fotoallergische- und fotochemische Reaktionen, die durch Medikamente oder Kosmetika (Fotosensibilisierung) verstärkt werden können. Die Schäden durch ultraviolette Strahlung am Auge werden in Abschn. 2.3 beschrieben. Als typische Schäden gelten dort beispielsweise die Horn- und Bindehautentzündung oder die Eintrübung der Augenlinse, Katarakt oder grauer Star genannt. Weiterhin treten im Wellenlängenbereich von 300–600 nm sogenannte Blaulichtschäden auf [10].

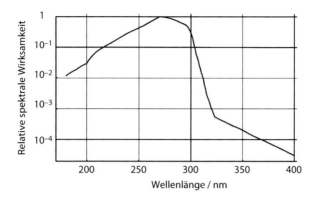

Abb. 2.6 Die Kurve beschreibt die relative „Gefährlichkeit" der UV-Strahlung in Abhängigkeit von der Wellenlänge. Bei 270 nm liegt das Maximum der Gefährdung, wobei hier die kanzerogene Wirkung besonders hoch ist. Aus [12]

Expositionsgrenzwerte

Die Expositionsgrenzwerte für fotochemische Schäden am Auge und der Haut sind gleich und weisen sehr niedrige Werte auf. Sie liegen für kontinuierliche Laser unterhalb von 315 nm bei einer Bestrahlungszeit von einem Arbeitstag bei einer Bestrahlungsstärke von 0,001 W/m^2, worauf in Kap. 6 genauer eingegangen wird [11]. Dieser Grenzwert ist etwa 10.000-mal kleiner als der thermische Grenzwert im Sichtbaren. Die Wirkungsfunktion von ultravioletter Strahlung zeigt Abb. 2.6. Die Strahlung zeigt ein Maximum der Gefährdung im ultravioletten Bereich UV-C um 270 nm.

Der kleine Expositionsgrenzwert für ultraviolette Strahlung liegt daran, dass sich die Wirkung einzelner Bestrahlungen summiert. Dadurch führen schon geringe Expositionen bei wiederholter Bestrahlung zu einer Erhöhung des Risikos für Hautkrebs. Das Gewebe addiert jede Strahlungseinwirkung aus natürlichen und künstlichen ultravioletten Strahlungsquellen, sowohl aus dem beruflichen Bereich als auch bei jedem Sonnenbad oder jedem Besuch im Solarium. Die Schädigung tritt auch auf, wenn noch keine Rötung der Haut sichtbar ist. Wer sich häufig ultravioletter Strahlung aussetzt, hat ein erhöhtes Risiko für Schädigungen des Erbgutes der Zellen. Wegen der Langzeitwirkung von ultravioletter Strahlung müssen Gefährdungsbeurteilungen für diese Strahlungsart 30 Jahre lang aufbewahrt werden.

2.2.3 Fotoablation

Bestrahlt man Gewebe mit kurzen Laserpulsen im Bereich von Nanosekunden bis Mikrosekunden und Bestrahlungsstärken im Bereich von 10^8 W/cm^2, verdampft das Gewebe schlagartig (Abb. 2.7).

Bei sehr starker Absorption dringt die Strahlung nur wenige Mikrometer in das Gewebe ein und es wird nur eine sehr dünne Gewebsschicht erhitzt. Diese ver-

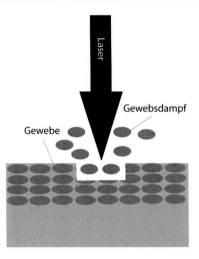

Abb. 2.7 Bei der Fotoablation verdampft das Gewebe schlagartig ohne Wärmeentwicklung

dampft sofort innerhalb der Pulsdauer. Der Vorgang ist so schnell, dass keine Zeit für die Wärmeleitung bleibt und das umliegende Gewebe somit kaum erwärmt wird. Diesen Vorgang, bei dem eine dünne Schicht abgetragen wird, ohne dass angrenzendes Material erwärmt wird, nennt man Fotoabtragung oder Fotoablation. Die physikalischen Bedingungen für die Fotoablation sind in Abb. 2.3 und 2.3 zusammengefasst.

Für ultraviolette Strahlung beruht die Fotoablation auf einem fotochemischen Effekt. Die Energie der Photonen ist so groß, dass Moleküle zerbrochen werden können und gasförmig aus dem Material austreten [4]. Ein Anwendungsbeispiel ist die refraktive Hornhautchirurgie mit ultraviolett strahlenden Lasern, um das Tragen einer Brille zu ersetzen.

2.2.4 Fotodisruption

Bei Bestrahlungsstärken, die über dem Bereich der Fotoablation liegen, und kürzeren Pulsdauern im Nanosekundenbereich (Abb. 2.3 und Tab. 2.3) entsteht ein Plasma, das aus freien Elektronen und Ionen besteht (Abb. 2.8).

Die elektrische Feldstärke in der Lichtwelle ist bei diesem Vorgang so hoch, dass ein „Laserfunken" generiert wird. Um den Funken bildet sich eine Druck- oder Schockwelle, welche das Gewebe mechanisch zerstört. Man nennt diesen Vorgang Fotodisruption oder Fotodurchbruch. Augenärzte wenden diesen Prozess im Augeninneren an, um trübe Strukturen zu zerstören. Unfälle, die nach dem Prinzip der Fotodisruption Augenschäden verursacht haben, sind nicht bekannt. Die Fotoablation und Fotodisruption gehören zu den nichtlinearen Prozessen, die nur bei sehr hohen Bestrahlungsstärken und kurzen Laserpulsen auftreten.

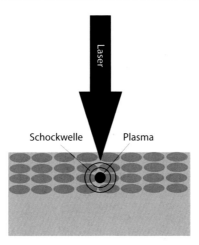

Abb. 2.8 Bei der Fotodisruption entsteht durch die Fokussierung von Laserstrahlung ein Plasma, welches sich schlagartig ausbreitet und Gewebe „mitreißt"

2.2.5 Selektive Fotothermolyse

Gelegentlich wird als Wechselwirkung auch der Begriff der selektiven Foto-thermolyse benutzt [3, 4]. Diese Bezeichnung wird hauptsächlich beim kosmetischen Einsatz von gepulster Laserstrahlung zur Entfernung von Haaren (Mikrosekundenpulse) oder Tätowierungen (Nanosekundenpulse) verwendet. Es handelt sich um eine Anwendung, bei der Laserstrahlung selektiv durch Pigmente absorbiert wird, die dann thermisch zerstört werden, ohne dass eine Schädigung des umgebenden Gewebes erfolgt.

2.3 Gefährdungen des Auges

Netzhautschäden

Das Auge ist beim Arbeiten mit Lasern stark gefährdet. Besonders kritisch ist ein Laserschaden im gelben Fleck (Makula) (Abb. 2.9). Der gelbe Fleck hat einen Durchmesser von etwa 3 mm [13] und enthält etwa 4.000.000 der insgesamt ca. 680.000 Sehzellen (Zäpfchen), die für das Farbsehen verantwortlich sind. Im Zentrum der Makula liegt die Fovea mit einem Durchmesser von 1,5 mm, welche die Stelle mit der höchsten Sehschärfe darstellt. Trifft ein Laserstrahl im sicht-baren oder infraroten Bereich IR-A direkt auf der optischen Achse oder der Seh-achse ins Auge, so wird dieser durch das optische System des Auges (Augenlinse und Hornhaut) auf die Netzhaut fokussiert. Der Fokus liegt dann im Zentrum des gelben Flecks auf der Fovea und die fokussierte Strahlung kann dort Bestand-teile der Netzhaut koagulieren und zerstören. Dieser ernsthafte Schaden wird sich durch eine schwarze Stelle im Sehfeld bemerkbar machen.

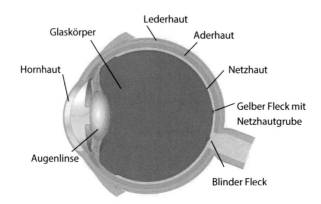

Abb. 2.9 Aufbau des Auges. Besonders kritisch ist ein Laserschaden im gelben Fleck – der auf der Sehachse gelegenen Stelle des schärfsten Sehens – und im blinden Fleck mit den Nervenleitungen. (Bild: © Peter Hermes Furian/Fotolia)

Sehr gefährlich ist auch eine Fokussierung auf den blinden Fleck, durch den die Sehnerven vom Auge in das Gehirn geleitet werden. Der Laserstrahl kann hier die Nervenbahnen zerstören, was zu erheblichen Sehausfällen führt.

Bei anderen Einfallsrichtungen, unter denen der Laserstrahl ins Auge tritt, findet eine Fokussierung in den peripheren Bereich der Netzhaut statt. Beim Überschreiten der Expositionsgrenzwerte kann dort die Netzhaut koaguliert werden. Bei „kleinen" Leistungen bis zu einer Größenordnung von 10 mW ist es möglich, dass dieser Schaden nicht bemerkt wird. Bei höheren Werten kann jedoch auch außerhalb des gelben und blinden Flecks eine starke Zerstörung der Netzhaut mit starken Sehstörungen auftreten.

Schäden im vorderen Augenabschnitt
Außerhalb des sichtbaren und des infraroten Bereichs IR-A treten die Schäden an den vorderen Augenabschnitten wie Hornhaut und Augenlinse auf.

2.3.1 Eindringtiefen optischer Strahlung ins Auge

Das Auge ist für Laserstrahlung hauptsächlich im sichtbaren Bereich von 400–700 nm durchlässig. Nahezu die gesamte eingestrahlte Laserleistung gelangt bis zur Netzhaut. Die hohe Durchlässigkeit setzt sich im angrenzenden infraroten Bereich bis 900 nm fort. Anschließend fällt die Durchlässigkeit wellenförmig ab, bis sie bei 1400 nm praktisch gleich Null wird. Dieser Wert ist die Grenze des infraroten Bereichs IR-A (Abb. 2.10).

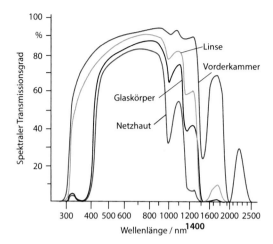

Abb. 2.10 Durchlässigkeit des Auges in Abhängigkeit von der Wellenlänge. Laserstrahlung wird im sichtbaren (VIS) und infraroten Bereich IR-A auf die Netzhaut fokussiert. Aus [14]

Sichtbarer (VIS) und infraroter Bereich IR-A

Vereinfacht kann man sagen, dass das Auge im sichtbaren Bereich (VIS) und im infraroten Bereich IR-A von 400 bis 1400 nm (Abb. 2.10 und Tab. 2.5) durchlässig ist [2]. Die Laserstrahlung wird in diesen Bereichen des Spektrums auf die Netzhaut fokussiert. Bei einem Unfall treten hauptsächlich Netzhautschäden auf. Im infraroten Bereich IR-A können zusätzlich noch eine Trübung der Augenlinse und andere Verletzungen entstehen.

Ultravioleter Bereich UV

Unterhalb von 400 nm, in den ultravioletten Bereichen UV-A und UV-B, wird die Strahlung im vorderen Teil des Auges absorbiert und gelangt teilweise bis zur Augenlinse (Tab. 2.5). Bei einem Unfall können die vorderen Bereiche des Auges,

Tab. 2.5 Wellenlängenbereiche und Durchlässigkeit des Auges

Wellenlänge (nm)	Spektralbereich	Durchlässigkeit des Auges
< 280	Ultravioleter Bereich UV-C	Die Strahlung wird in der Hornhaut absorbiert
280–400	Ultravioleter Bereich UV-B und UV-A	Die Strahlung gelangt teilweise bis zur Linse
400–1400	Sichtbarer Bereich VIS und Infrarot IR-A	Die Strahlung gelangt bis zur Netzhaut
1400–2500	Infraroter Bereich IR-B	Die Strahlung gelangt bis zur Linse
> 2500	Infraroter Bereich IR-B und IR-C	Die Strahlung wird in der Hornhaut absorbiert

Absorption in %

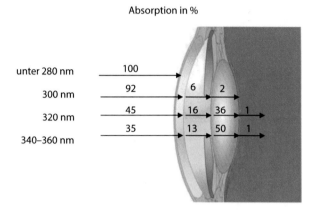

unter 280 nm   100

300 nm   92   6   2

320 nm   45   16   36   1

340–360 nm   35   13   50   1

Abb. 2.11 Optisches Verhalten des Auges im UV. Die Zahlen geben für verschiedene Wellenlängen an, wie viel % der Strahlung in verschiedenen Bereichen des vorderen Augenabschnittes absorbiert wird. Nach [2]

die Hornhaut und die Augenlinse, geschädigt werden. Dagegen findet im ultravioletten UV-C-Bereich bereits eine fast vollständige Absorption in der Hornhaut statt, sodass Hornhautschäden entstehen können. Das genauere optische Verhalten des Auges im Ultravioletten zeigt Abb. 2.11.

Infraroter Bereich IR-B und IR-C
Infrarote Strahlung IR-B gelangt von 1400 bis 2500 nm bis zur Augenlinse. Im Fall eines Unfalls werden die vorderen Bereiche des Auges, Hornhaut und Linse, geschädigt. Bei höheren Wellenlängen findet eine vollständige Absorption in der Hornhaut statt. Im Gegensatz zum ultravioletten Bereich entstehen nicht fotochemische, sondern thermische Schäden, für welche die Expositionsgrenzwerte höher liegen. Da im IR-B und IR-C die Fokussierung der Laserstrahlung entfällt, sind die Expositionsgrenzwerte höher als im Sichtbaren und IR-A. Manche Hersteller bezeichnen Laser, die im IR-B- und C-Bereich strahlen als „augensicher". Die Bezeichnung sollte nicht verwendet werden, da bei entsprechender Bestrahlung auch Augenschäden entstehen können.

2.3.2 Bündelung von Laserstrahlung auf der Netzhaut

Eine besondere Gefährdung des Auges entsteht dadurch, dass es durch das optische System Hornhaut-Linse zu einer starken Bündelung der Laserstrahlung im sichtbaren und infraroten Bereich IR-A (400–1400 nm) auf der Netzhaut kommt. Laserstrahlung breitet sich oft nahezu parallel aus und wird deshalb auf einen sehr kleinen Fleckdurchmesser auf der Netzhaut fokussiert, viel kleiner als bei normalen Lichtquellen (Abb. 2.12). Der Fokusdurchmesser beträgt beim direkten Blick in einen Laserstrahl etwa 20–25 µm.

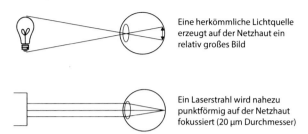

Eine herkömmliche Lichtquelle erzeugt auf der Netzhaut ein relativ großes Bild

Ein Laserstrahl wird nahezu punktförmig auf der Netzhaut fokussiert (20 µm Durchmesser)

Abb. 2.12 Abbildung einer normalen Lichtquelle und eines Laserstrahls auf der Netzhaut: **a** Eine herkömmliche Lichtquelle erzeugt auf der Netzhaut ein relativ großes Bild, **b** Ein Laserstrahl wird nahezu punktförmig (20 µm Durchmesser) auf der Netzhaut fokussiert

In den Berechnungen zur Lasersicherheit geht man von einem durchschnittlichen Pupillendurchmesser von 7 mm aus. Nimmt man einen Laserstrahl gleichen Durchmessers an, kommt es durch die Fokussierung auf eine Verkleinerung der bestrahlten Fläche um den Faktor von etwa 100.000 (vgl. Aufgabe 2.7). Bestrahlungsstärke E und Bestrahlung H der Netzhaut werden damit um den gleichen Faktor erhöht. Damit erklärt sich, dass schon sehr kleine Laserleistungen unterhalb von 1 mW die Expositionsgrenzwerte überschreiten und einen Netzhautschaden verursachen können.

Beim Hineinschauen in das Licht einer normalen Lichtquelle entsteht auf der Netzhaut ein relativ großes Bild der strahlenden Quelle. Die ins Auge tretende Strahlung wird somit auf eine relativ große Fläche auf der Netzhaut verteilt. Hinzu kommt, dass die Lichtquelle in alle Richtungen strahlt und nur ein kleiner Teil der Strahlung ins Auge fällt. Beim Laser ist das prinzipiell anders. Die Strahlung kann sich nahezu parallel ausbreiten und es kann vorkommen, dass der gesamte Strahl durch die Pupille fällt. Der Strahl wird dann auf einen kleinen Fleck gebündelt. Dieser Vorgang wird im Folgenden am Vergleich der Bestrahlungsstärke auf der Netzhaut beim Blick in die Sonne bzw. einen Laserpointer näher beschrieben.

Das Auge soll in einem Gedankenexperiment mit einem Laserpointer der Leistung von 1 mW bestrahlt werden. Auf der Netzhaut entsteht ein Brennfleck mit einem Durchmesser von 20 µm. Aus den beiden Angaben berechnet man eine Bestrahlungsstärke oder Leistungsdichte von ungefähr 300 W/cm² (Abb. 2.13, s. a. Aufgabe 2.4). Dieser Wert soll nun mit der entsprechenden Bestrahlungsstärke bei

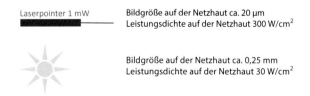

Laserpointer 1 mW   Bildgröße auf der Netzhaut ca. 20 µm
Leistungsdichte auf der Netzhaut 300 W/cm²

Bildgröße auf der Netzhaut ca. 0,25 mm
Leistungsdichte auf der Netzhaut 30 W/cm²

Abb. 2.13 Blick in einen Laserpointer mit 1 mW (**a**) und in die Sonne (**b**). Der Laserpointer erzeugt auf der Netzhaut eine 10 mal höhere Bestrahlungsstärke

einem Blick in die Sonne verglichen werden. Beim Blick in Sonne entsteht auf der Netzhaut ein relativ großes Bild der Sonne mit einem Durchmesser von 250 µm. Man kennt die Leistungsdichte der Sonne auf der Erde (sogenannte Solarkonstante von etwa 1000 W/m^2) und kann mit dem angegeben Bilddurchmesser eine Bestrahlungsstärke auf der Netzhaut von knapp 30 W/cm^2 errechnen (vgl. Aufgabe 2.5). Ein Blick in einen Laserstrahl mit 1 mW erzeugt also auf der Netzhaut eine 10-mal höhere Bestrahlungsstärke als beim Blick in die Sonne. Wenn man bedenkt, dass ein längerer Blick in die Sonne zu schweren Augenschäden führt, erkennt man die Gefährdung selbst durch schwache Laserstrahlung von 1 mW.

2.3.3 Thermische Schäden an der Netzhaut

Die hohe Gefährdung der Netzhaut durch Laserstrahlung zeigt Abb. 2.14, welche ein Foto der Netzhaut nach einer klinischen Behandlung mit einer Laserleistung von weniger als 100 mW darstellt. Es entstehen innerhalb einer zehntel Sekunde kleine Koagulationsbereiche auf der Netzhaut. Da diese sich im peripheren Umfeld des gelben und des blinden Flecks befinden, werden sie vom Patienten meist nicht als störend empfunden.

2.3.4 Thermische Schäden an der Hornhaut

Abb. 2.14 zeigt die Wirkung von sichtbarer Laserstrahlung auf der Netzhaut. Bei Bestrahlung mit Lasern im IR-A-Bereich sehen die Schäden ähnlich aus. Dagegen

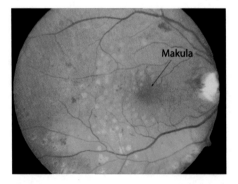

Abb. 2.14 Foto einer Netzhauterkrankung nach einer sogenannten Argonlaserbehandlung (Laserleistung circa 100 mW, Bestrahlungsdauer 0,1 s). Die gelblichen Punkte sind die bereits vernarbten Laserherde. Rechts ist als heller Fleck der Sehnervenkopf mit den abgehenden Gefäßen zu sehen. (Foto: Abdruck mit freundlicher Genehmigung von Frau Dr. Herfurth, Universität Greifswald)

manifestiert sich der Augenschaden von infraroter Strahlung IR-B und -C im Bereich der Hornhaut. Die Expositionsgrenzwerte für Hornhautschäden sind etwas höher, da die Fokussierung durch die Optik des Auges entfällt.

2.3.5 Fotochemische Schäden

Ultraviolette Strahlung dringt nicht bis zur Netzhaut vor, sodass fotochemische Schäden durch diese Strahlungsart hauptsächlich an der Horn- und Bindehaut (UV-B und UV-C) sowie der Augenlinse (UV-A) entstehen können (Tab. 2.5).

Vordere Abschnitte des Auges
Unter *Keratitis* und *Konjunktivitis* versteht man Entzündungen der Hornhaut und der Bindehaut durch erhöhte UV-Exposition. Diese Schädigungen können schmerzhaft sein. Normalerweise regeneriert sich die Hornhaut innerhalb von 2 Tagen. Bei starker Schädigung kommt es zur Entstehung von Narben und zu bleibenden Sehschäden. Für die Keratitis ist hauptsächlich ultraviolette Strahlung UV-B, für die Konjunktivitis hauptsächlich UV-C verantwortlich. Ein typischer Wert für die Keratitis beträgt 100 J/m² und für die Konjunktivitis 50 J/m² [12].

Eine Eintrübung der Augenlinse, Katarakt oder grauer Star genannt, kann durch ultraviolette Strahlung im UV-A- und UV-B-Bereich entstehen. Dabei werden Eiweiße durch die Strahlung denaturiert.

Netzhaut
Die Schäden am Auge durch Strahlung im sichtbaren Bereich treten meist an der Netzhaut auf und sind in der Regel thermischen Ursprungs. Bei längeren Bestrahlungszeiten über 10 s können jedoch im Wellenlängenbereich von 400 bis 600 nm auch fotochemische Schäden auftreten, die man Blaulichtgefährdung nennt [11].

2.4 Gefährdungen der Haut

Neben dem Auge kann auch die Haut durch Laserstrahlung gefährdet werden. Allerdings sind schwere Laserunfälle auf der Haut seltener und leichte Unfälle haben keine ernsthaften Langzeitwirkungen. Dennoch müssen auch der Schutz der Haut vor Laserstrahlung ernst genommen und die entsprechenden Expositionsgrenzwerte eingehalten werden.

2.4.1 Eindringtiefe optischer Strahlung in die Haut

Im ultravioletten Bereich UV-B und UV-C wird die Strahlung vollständig in der Oberhaut oder Epidermis absorbiert (Abb. 2.15). Die UV-A-Strahlung gelangt

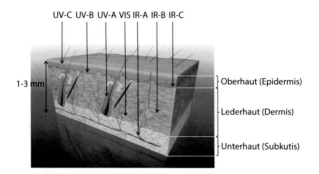

Abb. 2.15 Eindringtiefe von optischer Strahlung in die Haut in verschiedenen Wellenlängen-bereichen im Ultravioletten (UV), Sichtbaren (VIS) und Infraroten (IR). (Bild: © Sagittaria/Fotolia. Daten aus [11, 15])

Tab. 2.6 Typische Eindringtiefen von Laserstrahlung in die Haut für verschiedene ausgewählte Wellenlängen. Nach [1, 11, 15]

Wellenlänge	Spektralbereich	Eindringtiefe in Haut
193 nm	UV-C	ca. 1 μm
308 nm	UV-B	ca. 50 μm
450–590 nm	VIS	ca. 0,5–2 mm
590–1500 nm	VIS, IR-A, IR-B	ca. 2–8 mm
2127 nm	IR-B	ca. 0,2 mm
2.940 nm	IR-B	ca. 3 μm
10.600 nm	IR-C	ca. 20 μm

etwas tiefer bis in die Lederhaut oder Dermis. Im Sichtbaren VIS dringt die Strahlung noch tiefer in die Lederhaut, insbesondere im Roten teilweise bis in die Unterhaut oder Subcutis ein. Die höchste Eindringtiefe wird durch IR-A-Strahlung bedingt. Allerdings ist der Lichtweg nicht so geradlinig, wie in Abb. Abb. 2.15 gezeigt, sondern es liegt durch die Streuung eine diffuse Lichtverteilung im Gewebe vor. Im IR-B-Bereich geht die Strahlung nur bis in die Oberhaut und im IR-C-Bereich wird sie an der Oberfläche der Oberhaut absorbiert [6].

Tab. 2.6 zeigt die Eindringtiefe von Laserstrahlung in Gewebe für verschiedene ausgewählte Wellenlängen [1, 11]. Die Daten sind typische Mittelwerte, genauere Angaben hängen stark von der Art des Gewebes ab. Bei kurzen oder bei langen Wellenlängen im UV-C- und IR-C-Bereich liegen die Eindringtiefen im Bereich von Mikrometern. Die maximale Eindringtiefe von knapp 1 cm liegt im Bereich des Roten um 600 nm bis zum Infraroten um 1500 nm.

Abb. 2.16 Schwere Verbrennungen der Hand nach einem Unfall mit einem 5-kW-CO_2-Laser (Abdruck mit freundlicher Genehmigung der Firma TRUMPF GmbH + Co. KG)

2.4.2 Thermische Schäden der Haut

Laser mit höherer Leistung können schwere thermische Schäden an der Haut hervorrufen (Abb. 2.16). Es entstehen Verbrennungen, die sehr schlecht heilen. Durch die Wärmeleitungen können auch tiefere Gewebeschichten geschädigt werden, was zu schweren Verletzungen und Entzündungen führen kann. Ist hier mit dem *Stratum germinativum* (Keimschicht) das Neubildungszentrum betroffen, wird die Regeneration massiv erschwert. Im Fall eines Unfalls durch Laserstrahlung sollte man den Arzt unbedingt auf diese Problematik hinweisen.

Die Expositionsgrenzwerte sind für die Haut im Sichtbaren VIS und Infrarot IR-A wesentlich höher als für das Auge, welches die Strahlung auf die Netzhaut fokussiert. In den anderen Bereichen sind die Expositionsgrenzwerte für Haut und Auge häufig gleich, da die Hornhaut und die normale Haut ähnlich auf diese Strahlung reagieren. Allerdings haben Augenschäden viel stärkere Auswirkungen als Hautschäden.

2.4.3 Fotochemische Schäden der Haut

Durch ultraviolette Strahlung können wichtige Moleküle der Zellen zerstört werden, was im schlimmsten Fall zu Hautkrebs führen kann. Da sich die Dosis bei verschiedenen Bestrahlungen addiert, sind die Expositionsgrenzwerte besonders klein [11]. Es ist verständlich, dass die Expositionsgrenzwerte für Haut und Auge gleich sind, da sich die Schädigungsmechanismen an den Zellen der oberen Gewebsschichten von Haut und an der Hornhaut des Auges vergleichbar darstellen. Insbesondere bei Langzeitschäden ist noch nicht untersucht worden, wie die natürliche „bakterielle" Hautumgebung geschädigt wird. Hierdurch sind Schäden wie bei ständiger mechanischer oder chemischer Reizung denkbar.

Tab. 2.7 Schädigung von Auge und Haut durch Strahlung verschiedener Wellenlängenbereiche. Nach [11]

Wellenlängen (nm)	Spektralbereich, Wirkung	Schädigung der Augen	Schädigung der Haut
100–280	Ultraviolett UV-C Fotochemische Wirkung	Horn- und Bindehautentzündung	Hautrötungen, Gewebsveränderungen, Hautkrebs
280–315	Ultraviolett UV-B Fotochemische Wirkung	Horn- und Bindehautentzündung, Linsentrübung (Katarakt)	Verstärkte Pigmentierung, Sonnenbrand, Hautalterung, Gewebsveränderungen, Hautkrebs
315–400	Ultraviolett UV-A Fotochemische Wirkung	Linsentrübung (Katarakt)	Verstärkte Bräunung, Hautalterung, Hautkrebs, Verbrennung
400–700	Sichtbar VIS Thermische Wirkung	Schädigung der Netzhaut (bei längerer Bestrahlung: fotochemische Schädigung)	Verbrennungen, fotosensible Reaktionen
700–1400	Infrarot IR-A Thermische Wirkung	Schädigung der Netzhaut, Linsentrübung (Katarakt)	Verbrennungen
1400–3000	Infrarot IR-B Thermische Wirkung	Schädigung der Hornhaut Linsentrübung (Katarakt)	Verbrennungen
>3000	Infrarot IR-C Thermische Wirkung	Schädigung der Hornhaut	Verbrennungen

2.4.4 Übersicht: Wirkung von Laserstrahlen

In Tab. 2.7 ist die Wirkung von Laserstrahlung im Ultravioletten (UV), Sichtbaren (VIS) und Infraroten (IR) auf das Auge und die Haut zusammengefasst. Die Schädigung ist durch die unterschiedlichen Eindringtiefen der Strahlung und hauptsächlich durch die thermischen und fotochemischen Prozesse erklärbar.

2.5 Übungen

Aufgaben

2.1 In welchem Wellenlängenbereich ist das Auge bis zur Netzhaut weitgehend durchsichtig?

2.2 Bei welchen Wellenlängen tritt ein Schaden an der Netzhaut auf?

2.3 Was unterscheidet das Blicken in einen Laserstrahlung von einem Blick in normales Licht?

2.4 Berechnen Sie die Bestrahlungsstärke, die ein 1-mW-Laserpointer mit einem Strahldurchmesser von 7 mm auf der Netzhaut des Auges erzeugt.

2.5 Berechnen Sie die Bestrahlungsstärke, die die Sonne auf der Netzhaut erzeugt (Sonnenstrahlung $E_S = 1000 \frac{W}{m^2}$, Bildgröße auf der Netzhaut $d_s = 0{,}25$ mm, Pupillendurchmesser $d = 1{,}4$ mm).

2.6 Berechnen Sie die Leistungsdichte bei einem Bügeleisen mit $P = 1$ kW und $A = 100$ cm2 Grundfläche und vergleichen Sie den Wert mit der Bestrahlungsstärke durch einen 1-mW-Laserpointer auf der Netzhaut (300 W/cm2).

2.7 Ein Laserstrahl mit einem Durchmesser von $d_1 = 7$ mm tritt voll durch die Pupille und erzeugt auf der Netzhaut einen Brennfleck von $d_2 = 25$ μm. Berechnen Sie, um welchen Faktor die Bestrahlungsstärke dabei erhöht wird.

2.8 Bei welchen Wellenlängen tritt ein Schaden nur an der Hornhaut auf?

2.9 Welche Arten der Wechselwirkung zwischen Laserstrahlung und Gewebe treten auf?

2.10 Was passiert bei einem thermischen Laserschaden?

2.11 Ab welcher Temperatur tritt ein thermischer Schaden am Gewebe auf?

2.12 Was ist das Besondere bei einem fotochemischen Schaden?

Lösungen

2.1 Das Auge ist durchsichtig für VIS und IR-A, also von 400 bis 1400 nm.

2.2 Im VIS und IR-A, also von 400 bis 1400 nm, kann ein Netzhautschaden auftreten.

2.3 Bei direktem Blick in einen Laserstrahl entsteht auf der Netzhaut ein kleiner Brennfleck von 20 bis 25 μm Durchmesser. Bei normalem Licht entsteht auf der Netzhaut ein Bild der Lichtquelle, das wesentlich größer ist. Weiterhin kann beim Laser die gesamte Laserleistung durch die Pupille geleitet werden. Bei einer normalen Lichtquelle trifft nur ein kleiner Teil der Strahlung ins Auge.

2.4 Es wird angenommen, dass die gesamte Laserleistung durch die Pupille tritt, und von einem Fleckdurchmesser von 20 μm ausgegangen. Die Bestrahlungsstärke auf der Netzhaut beträgt (vereinfacht $A = A_{63}$, $r = r_{63}$):

$$E = \frac{P}{A} = \frac{P}{r^2 \pi} = \frac{0{,}001}{\pi \, 10^{-10}} \frac{W}{m^2} = 3{,}2 \cdot 10^6 \frac{W}{m^2} = 320 \frac{W}{cm^2}.$$

2.5 Die Bestrahlungsstärke auf der Netzhaut beträgt:

$$E = 1000 \cdot \frac{d^2}{d_s^2} = 1000 \frac{1{,}4^2}{0{,}25^2} \frac{W}{m^2} = 3{,}1 \cdot 10^4 \frac{W}{m^2} = 31 \frac{W}{cm^2}.$$

2.6 Die Leistungsdichte $E = P/A$ beträgt $P = 1000/100$ W/cm² $= 10$ W/cm². Dieser Wert ist etwa 30-mal kleiner als die Bestrahlungsstärke auf der Netzhaut durch einen Laserpointer mit 1 mW (Aufgabe 2.5). Dies zeigt die hohe Gefährdung durch Laserstrahlung.

2.7 Das Verhältnis der Querschnittsflächen des Laserstrahls vor und nach der Fokussierung beträgt: $d_1^2/d_2^2 = 7^2/(25 \cdot 10^{-3})^2 = 78.400$. Um den gleichen Faktor wird die Bestrahlungsstärke bei Fokussierung auf der Netzhaut erhöht.

2.8 Im UV-C und UV-B (100–315 nm) und IR-C (3000–10.000 nm) wird die Strahlung in der Hornhaut absorbiert, wo dann der Schaden auftreten kann.

2.9 Es gibt folgende Wechselwirkungen: thermische und fotochemische Wirkung, Fotoablation und Fotodisruption.

2.10 Die Temperatur erhöht sich, wodurch das Gewebe zerstört werden kann.

2.11 Die kritische Temperatur hängt von der Einwirkungsdauer ab. Beispielsweise liegt sie bei 1 s bei etwa 65 °C.

2.12 Bei fotochemischen Schäden wurden wichtige Moleküle der Zelle durch die Strahlung zerbrochen. Die Zelle degeneriert und es kann Krebs entstehen. Die Strahlung wirkt kumulativ, d. h. die Dosen der einzelnen Bestrahlungen addieren sich mit jeder Bestrahlung.

Literatur

1. Berlin, H., Müller, G.: Angewandte Lasermedizin. ecomed Verlag, Landsberg (1996)
2. Sliney, D., Wolbarsht, M.: Safety with lasers and other optical sources. Plenum Press, New York (1980)
3. Vo-Dinh, T.: Biomedical Photonics Handbook. CRC Press, Boca Raton (2003)
4. Niemz, M.: Laser-tissue interaction. Springer, Berlin (2002)
5. Eichler, J., Seiler, T.: Lasertechnik in der Medizin. Springer, Berlin (1991)
6. Sutter, E.: Schutz vor optischer Strahlung. VDE Verlag, Berlin (2002)
7. Eichler, H.J., Eichler, J.: Laser. Springer, Berlin (2016)
8. Studie zur UV-Belastung beim Arbeiten im Freien, AUVA Report Nr. 49. www.auva.at/portal27/portal/auvaportal/content/contentWindow?contentid=10007.672633&action=2&viewmode=content. (2007). Zugegriffen: 4. Okt. 2016
9. Verordnung zum Schutz vor schädlicher Wirkung künstlicher ultravioletter Strahlen. www.gesetze-im-internet.de/bundesrecht/uvsv/gesamt.pdf. (2011). Zugegriffen: 4. Okt. 2016
10. Berke, A.: Blaues Licht – gut oder schlecht. www.doz-verlag.de/archivdownload/?artikelid=1002285. (2014). Zugegriffen: 4. Okt. 2016
11. Technische Regeln Laserstrahlung (TROS Laserstrahlung), Bundesministerium für Arbeit und Soziales, Bonn (2016)
12. TROS IOS Technische Regeln zur Arbeitsschutzverordnung zu künstlicher optischer Strahlung (TROS Inkohärente Optische Strahlung) (2013)
13. Burk, A., Burk, R.: Augenheilkunde. Thieme, New York (2005)
14. Leitfaden „Inkohärente sichtbare und infrarote Strahlung von künstlichen Quellen", Fachverband für Strahlenschutz. e. V., 2005–03-AKNIR
15. Raulin, C., Karsai, S. (Hrsg.): Laser-Therapie der Haut. Springer, Berlin (2013)

Rechtliche Grundlagen

3

Inhaltsverzeichnis

Das Studium der rechtlichen Grundlagen wird zu Unrecht oft als lästige Pflicht angesehen. Damit die Fachkundigen ihrer verantwortungsvollen Position im Gesundheits- und Unfallschutz gerecht werden können, müssen sie auch in diesem Bereich Ihre Kenntnisse erwerben.

Der Arbeitsschutz in Deutschland hat eine lange Tradition. Er basiert heute auf dem Arbeitsschutzgesetz von 1996, nach welchem die Arbeitgeber verpflichtet sind, die Beschäftigten vor Gefahren bei der Arbeit zu schützen. Die Forderungen im Arbeitsschutzgesetz legen hierbei den Rahmen fest, welcher dann von den Arbeitgebern umgesetzt werden muss. Die Spannweite der Aufgaben reicht dabei von der sicheren Planung und Errichtung der Arbeitsplätze, über die Beurteilung von Gefährdungen, die Festlegung geeigneter Schutzmaßnahmen und deren Umsetzung, bis zur Unterweisung der Beschäftigten. Die Bundesregierung erlässt die vom Parlament beschlossenen und vom Bundesministerium für Arbeit

© Springer-Verlag GmbH Deutschland, ein Teil von Springer Nature 2021   51
C. Schneeweiss et al., *Leitfaden für Laserschutzbeauftragte*,
https://doi.org/10.1007/978-3-662-63198-0_3

und Soziales (BMAS) vorbereiteten für den Arbeitsschutz notwendigen Gesetze, welche durch Verordnungen und Regeln untermauert werden. Die Aufgabe, deren betriebliche Umsetzung zu überprüfen, liegt je nach Bundesland bei den Gewerbeaufsichtsämtern oder den Ämtern für Arbeitsschutz oder bei der Berufsgenossenschaft (insb. Schleswig–Holstein).

Neben dem staatlichen Arbeitsschutz gibt es noch das System der Unfallverhütung durch die Deutsche Gesetzliche Unfallversicherung (DGUV), sodass der Arbeitsschutz aus zwei Säulen (duales System) besteht (Abb. 3.1). Beide Systeme arbeiten eng zusammen, um den Arbeitsschutz so sicher wie möglich zu gestalten und Rechtssicherheit für die Unternehmen und die Beschäftigten zu schaffen. Im Rahmen der Gemeinsamen Deutschen Arbeitsschutzstrategie (GDA) haben sich beide Parteien dazu verpflichtet, bei der Beratung und Überwachung der Betriebe aufeinander abgestimmt vorzugehen [1].

Der Arbeitsschutz in Deutschland ist hierarchisch aufgebaut und basiert heute auf europäischem Recht. Europäische Richtlinien stellen Rahmengesetze dar und müssen in den Mitgliedsländern innerhalb einer bestimmten Frist in nationales Recht umgesetzt werden. Die Verbindlichkeit steigt in Abb. 3.2 von unten nach oben, umgekehrt werden die Bestimmungen von oben nach unten konkretisiert.

ArbSchG Arbeitsschutzgesetz
ASIG Arbeitssicherheitsgesetz
ChemG Chemikaliengesetz
ProdSiG Produktsicherheitsgesetz
MPG Medizinproduktegesetz
MUSchG Mutterschutzgesetz
SGB VII Siebtes Buch Sozialgesetzbuch – Gesetzliche Unfallversicherung
BetrSichV Betriebssicherheitsverordnung
OStrV Optische Strahlungsverordnung
GefStoffV Gefahrstoffverordnung

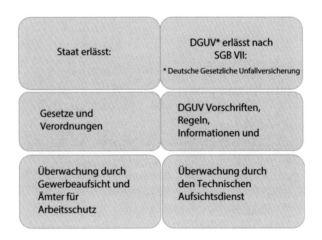

Abb. 3.1 Dualer Arbeitsschutz in Deutschland

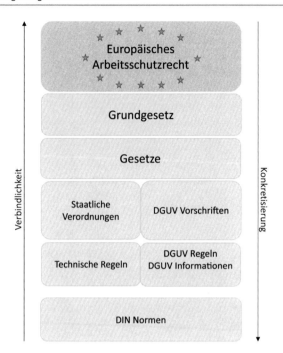

Abb. 3.2 Hierarchie des Arbeitsschutzes in Europa

DGUV   Deutsche Gesetzliche Unfallversicherung
TROS   Technische Regeln Optische Strahlung
LWLKS   Lichtwellenleiter-Kommunikationssysteme

3.1   Staatliche Regelungen des Laserschutzes

Der Laserschutz, als Teil des Arbeitsschutzes, basiert im Wesentlichen auf der EU-Richtlinie 2006/25/EG. Diese stellt ein Rahmengesetz dar, welche in Deutschland auf Basis des Arbeitsschutzgesetzes mit der **Verordnung zum Schutz der Beschäftigten vor Gefährdungen durch künstliche optische Strahlung (OStrV) am** 27. Juli 2010 in nationales Recht umgesetzt wurde. Zuletzt geändert durch Art. 5 Abs. 6 V v. 18.10.2017.

Im Folgenden werden die für den Laserschutz wesentlichen rechtlichen Grundlagen in hierarchischer Reihenfolge vorgestellt (Abb. 3.3). Es wird hierbei kein Anspruch auf Vollständigkeit erhoben.

3.1.1   EU-Richtlinie 2006/25/EG

Die *Europäische Richtlinie 2006/25/EG Mindestvorschriften zum Schutz von Sicherheit und Gesundheit der Arbeitnehmer vor der Gefährdung durch*

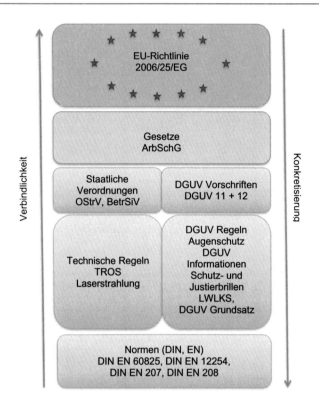

Abb. 3.3   Hierarchie des Laserschutzes in Deutschland

physikalische Einwirkungen (künstliche optische Strahlung) hat als Zielgedanken die Vereinheitlichung des Schutzes vor künstlicher optischer Strahlung in den Mitgliedsländern. Die Umsetzung in nationales Recht hatte bis 2010 zu erfolgen. Die zentralen Themen sind die Gefährdungsbeurteilung der Arbeitsplätze, die verbindliche Festlegung von Expositionsgrenzwerten als Mindeststandards in Europa sowie die Orientierung zur Festlegung von geeigneten Schutzmaßnahmen und die Unterweisung der Beschäftigten.

Zum besseren Verständnis dieser EU-Richtlinie wurde in der EU ein sogenannter Leitfaden erarbeitet:

> Der unverbindliche Leitfaden der Europäischen Kommission für bewährte Praktiken zur Umsetzung der Richtlinie 2006/25/EG legt Anwendungen mit minimalen Risiken fest und gibt Hinweise zu weiteren Anwendungen. Er enthält eine Bewertungsmethode und beschreibt Maßnahmen zur Verminderung von Gefahren und zur Untersuchung gesundheitsschädlicher Auswirkungen [2].

In Deutschland ist er unter dem Namen *Ein unverbindlicher Leitfaden zur Richtlinie 2006/25/EG über künstliche optische Strahlung* entweder als Printausgabe oder im Internet auf den Seiten der Europäischen Kommission erhältlich. Zielgruppe sind die Staaten der EU, die auf der Basis des Leitfadens z. B. Technische Regeln erlassen können. Ferner können Fachkundige auf Basis des Leitfadens Gefährdungsbeurteilungen durchführen, sofern der eigene Staat keine anderen Festlegungen gibt.

3.1.2 Arbeitsschutzgesetz (ArbSchG)

Das *Arbeitsschutzgesetz* (ArbSchG) hat den Zielgedanken der Sicherung und Verbesserung des Arbeitsschutzes und der Vermeidung von Gefahren am Arbeitsplatz und setzt damit das im Grundgesetz Artikel 2 geforderte Recht der Menschen auf körperliche Unversehrtheit um. Die zentralen Themen sind die Gefährdungsbeurteilung der Arbeitsplätze und die Unterweisung der Beschäftigten. Es regelt u. a. die Übertragung von Unternehmerpflichten, die arbeitsmedizinische Vorsorge und die Pflichten und Rechte der Beschäftigten.

3.1.3 Arbeitsschutzverordnung zu künstlicher optischer Strahlung (OStrV)

In Deutschland wurde am 19. Juli 2010 basierend auf der EU-Richtlinie 2006/25/EG die *Arbeitsschutzverordnung zu künstlicher optischer Strahlung* – OStrV erlassen. Die OStrV deckt sowohl den Bereich der kohärenten Strahlung (Laserstrahlung) als auch der inkohärenten Strahlung (IOS) ab und hat als Zielgedanken den Schutz der Arbeitnehmer vor Gefährdungen durch künstliche optische Strahlung. Zentrale Themen sind die Gefährdungsbeurteilung der Arbeitsplätze, Expositionsgrenzwerte und die Unterweisung der Beschäftigten. Am 18.10.2017 wurde die OStrV im Bundesrat geändert. Die Laserschutzbeauftragten haben nunmehr den Arbeitgeber bei der Überwachung des sicheren Betriebs der Lasereinrichtung zu unterstützen und sie sollen den Arbeitgeber bei der Erstellung der Gefährdungsbeurteilung unterstützen. Weiterhin müssen Laserschutzbeauftragte sich nun regelmäßig weiterbilden.

Das Inhaltsverzeichnis der OStrV ist in Tab. 3.1 gezeigt. Der gesamte Text ist in Anhang A.1 zu finden.

Tab. 3.1 Inhalte der Arbeitsschutzverordnung zu künstlicher optischer Strahlung – OStrV [3]

Abschnitt 1	Anwendungsbereich und Begriffsbestimmungen
Abschnitt 2	Ermittlung und Bewertung der Gefährdung durch künstliche optische Strahlung; Messungen
Abschnitt 3	Expositionsgrenzwerte für und Schutzmaßnahmen gegen künstliche optische Strahlung
Abschnitt 4	Unterweisung der Beschäftigten bei Gefährdungen durch künstliche optische Strahlung; Beratung durch den Ausschuss für Arbeitssicherheit
Abschnitt 5	Straftaten und Ordnungswidrigkeiten

3.1.4 Betriebssicherheitsverordnung (BetrSiV)

Die *Betriebssicherheitsverordnung* hat als Zielgedanken die Regelung der Bereitstellung und wiederkehrenden Prüfung von geeigneten Arbeitsmitteln durch den Arbeitgeber und wurde letztmalig im März 2017 (Stand 2020) geändert. Die Anforderungen aus der BetrSichV werden u. a. in den Technischen Regeln für Betriebssicherheit TRBS 1201 „Prüfungen und Kontrollen von Arbeitsmitteln und überwachungsbedürftigen Anlagen" konkretisiert.

Geeignet ist ein Arbeitsmittel dann, wenn es z. B. ein Prüfsiegel (z. B. TÜV, GS) aufweist bzw. wenn dessen Eigenschaften durch ein Angebot oder einen Katalogeintrag zugesichert werden. Trotzdem muss der Arbeitgeber oder sein Vertreter das Produkt in Augenschein nehmen, bevor es eingesetzt wird.

Erwirbt der Arbeitgeber ein Arbeitsmittel, welches besonders gefährlich ist und keine zugesicherten Eigenschaften hat, so muss dieses insbesondere vor der ersten Inbetriebnahme auf Eignung hin (z. B. elektrische Sicherheit) geprüft werden.

Bei der Auswahl der Arbeitsmittel und Einrichtungen der Arbeitsplätze hat der Arbeitgeber auch auf altersbezogene physiologische Gegebenheiten der Beschäftigten zu achten. Er ist also verpflichtet, gegenwärtige und zukünftige Entwicklungen zu berücksichtigen. Ein Beispiel hierfür ist die im Alter eingeschränkte Beweglichkeit der Gelenke. Der Arbeitsplatz muss dahingehend eingerichtet werden, dass z. B. bestimmte Körperhaltungen vermieden werden.

Einen Maßnahmenkatalog zur altersgerechten Anpassung von Arbeitsplatz und Arbeitsumgebung findet man z. B. im *Maßnahmenkatalog zur altersgerechten Anpassung von Arbeitsplatz und Arbeitsumgebung* des Instituts für Sozialforschung und Sozialwirtschaft e. V. Saarbrücken [4].

Weiterhin hat der Arbeitgeber die psychische Belastung am Arbeitsplatz zu bewerten. Beispiele hierfür sind Mobbing, zu hohe Erwartung an die Beschäftigten und nachlassende Leistungsfähigkeit im Alter.

3.1.5 Gefahrstoffverordnung (GefStoffV)

Die *Gefahrstoffverordnung* (GefStoffV) hat den Zielgedanken des Schutzes von Mensch und Umwelt vor Gefahrstoffen und fordert Schutzmaßnahmen der Beschäftigten und anderer Personen beim Umgang mit diesen. Zentrale Themen sind die Gefährdungsbeurteilung des Arbeitsplatzes, Schutzmaßnahmen und die Unterweisung der Beschäftigten. Zur Konkretisierung dieser Verordnung gibt es ein umfassendes Werk *Technischer Regeln für Gefahrstoffe* (TRGS).

3.1.6 Technische Regeln Laserstrahlung (TROS Laser)

Um die Verordnung OStrV in die Praxis umzusetzen und rechtssicher anwenden zu können, wurden durch den Ausschuss für Betriebssicherheit sowohl für die Laserstrahlung als auch für die inkohärente optische Strahlung *Technische Regeln*

Optische Strahlung (TROS) [5] formuliert. Die TROS *Laserstrahlung* wurde erstmalig im Juli 2015 durch das Bundesministerium für Arbeit und Soziales (BMAS) im *Gemeinsamen Ministerialblatt* Nr. 12–15/2015 veröffentlicht und ist sowohl im Internet auf den Seiten des BMAS (http://www.bmas.de) als auch in gedruckter Form beim BMAS, Referat Information, Publikation, Redaktion in 53.107 Bonn erhältlich (Anfragen per Email an: publikationen@bundesregierung.de). Die an die OStrV 2017 angepasste TROS Laserstrahlung wurde 2018 angepasst.

Der Zielgedanke der TROS Laserstrahlung ist die Konkretisierung der Anforderungen aus der OStrV. Sie gibt Hilfestellung bei den zentralen Themen Gefährdungsbeurteilung der Arbeitsplätze, Messungen und Berechnungen von Expositionen, sie enthält Tabellen zu den Expositionsgrenzwerten und beschreibt Schutzmaßnahmen. Der Inhalt der TROS Laserstrahlung ist in Tab. 3.2 dargestellt.

Werden Technische Regeln vom Arbeitgeber zur Umsetzung des Arbeitsschutzes angewendet, so hat er damit sichergestellt, dass die Verordnung (OStrV) eingehalten wird.

Technische Regeln lösen die sogenannte Vermutungswirkung aus und bieten dadurch Rechtssicherheit für den Anwender. So kann der Arbeitgeber bei der Anwendung der Technischen Regeln davon ausgehen, die entsprechenden Arbeitsschutzvorschriften einzuhalten. Weicht der Arbeitgeber von der Technischen Regel ab oder wählt eigenständig eine andere Lösung zur Erfüllung der Verordnung, ist die gleichwertige Erfüllung durch den Arbeitgeber mit Angabe des Grundes für die entsprechenden Maßnahmen nachzuweisen und schriftlich zu dokumentieren [5].

3.1.7 Verordnung zur arbeitsmedizinischen Vorsorge (ArbMedVV)

Der Zielgedanke der *Verordnung zur arbeitsmedizinischen Vorsorge* ist die frühzeitige Erkennung und Vermeidung von arbeitsbedingten Erkrankungen. Zentrale Themen sind die Pflichtvorsorge, Angebotsvorsorge und Wunschvorsorge.

Pflichtvorsorge ist arbeitsmedizinische Vorsorge, die der Arbeitgeber bei bestimmten besonders gefährdenden Tätigkeiten zu veranlassen hat. Diese Tätigkeiten sind im Anhang der Verordnung zur arbeitsmedizinischen Vorsorge konkret aufgeführt. Der Arbeitgeber darf eine Tätigkeit nur ausüben lassen, wenn zuvor eine Pflichtvorsorge durchgeführt worden ist. Dies führt dazu, dass Beschäftigte faktisch verpflichtet sind, an dem Vorsorgetermin teilzunehmen. Auch bei der Pflichtvorsorge dürfen körperliche oder klinische Untersuchungen nicht gegen den Willen des oder der Beschäftigten durchgeführt werden. Wird Pflichtvorsorge nicht oder nicht rechtzeitig veranlasst, droht dem Arbeitgeber ein Bußgeld und unter bestimmten Umständen sogar eine Strafe [6].

Angebotsvorsorge ist arbeitsmedizinische Vorsorge, die der Arbeitgeber den Beschäftigten bei bestimmten gefährdenden Tätigkeiten anzubieten hat. Diese Tätigkeiten sind im Anhang der Verordnung zur arbeitsmedizinischen Vorsorge konkret aufgeführt. Wird Angebotsvorsorge nicht oder nicht rechtzeitig angeboten, droht dem Arbeitgeber ein Bußgeld und unter bestimmten Umständen sogar eine Strafe. Die Anforderungen an das Angebot werden in einer arbeitsmedizinischen Regel *Anforderungen an das Angebot von Arbeitsmedizinischer Vorsorge* (AMR 5.1) konkretisiert [6].

Tab. 3.2 Inhalt der Technischen Regeln Laserstrahlung (TROS Laserstrahlung)

Teil	Abschnitt	Kapitel in diesem Buch
Teil Allgemeines	Anwendungsbereich	
	Verantwortung und Beteiligung	
	Gliederung der TROS Laserstrahlung	
	Begriffsbestimmungen und Erläuterungen	
	Der Laserschutzbeauftragte (LSB)	8
	Literaturhinweise	
	Anlage 1 Grundlagen zur Laserstrahlung	1
	Anlage 2 Lasertypen und Anwendungen	1
	Anlage 3 Biologische Wirkung von Laserstrahlung	2
	Anlage 4 Laserklassen	3
	Anlage 5 Beispiele für die Kennzeichnung der Laserklassen	3
Teil 1 Beurteilung der Gefährdung durch Laserstrahlung		Kapitel in diesem Buch
	Anwendungsbereich	
	Begriffsbestimmungen	
	Grundsätze zur Durchführung der Gefährdungsbeurteilung	9
	Informationsermittlung	9
	Arbeitsmedizinische Vorsorge	7
	Durchführung der Gefährdungsbeurteilung	9
	Unterweisung der Beschäftigten	7
	Allgemeine arbeitsmedizinische Beratung	7
	Schutzmaßnahmen und Wirksamkeitsüberprüfungen	7
	Dokumentation	9
	Literaturhinweise	
	Anlage 1 Beurteilung der Gefährdung bei Tätigkeiten mit Lasern für Lichtwellenleiter-Kommunikations-Systeme (LWLKS)	10
	Anlage 2 Beispiele und wichtige Punkte für spezielle Gefährdungsbeurteilungen	10
	Anlage 3 Muster für die Dokumentation der Unterweisung	Anlage 4
Teil 2 Messungen und Berechnungen von Expositionen gegenüber Laserstrahlung		Kapitel in diesem Buch
	Anwendungsbereich	
	Begriffsbestimmungen	
	Vorgehen bei Messungen von Expositionen gegenüber Laserstrahlung	
	Einflussfaktoren bei der Ermittlung der Expositionsgrenzwerte	4

(Fortsetzung)

Tab. 3.2 (Fortsetzung)

Teil	Abschnitt	Kapitel in diesem Buch
	Beispiele zur Berechnung von Expositionen und Expositionsgrenzwerten	4
	Literaturhinweise	
	Anlage 1 Messgrößen und Parameter zur Charakterisierung von Laserstrahlung	
	Anlage 2 Messgrößen und Parameter für die Berechnung oder die Messung von Laserstrahlung	
	Anlage 3 Beschreibung von Messgeräten	
	Anlage 4 Expositionsgrenzwerte	
Teil 3 Schutzmaßnahmen		Kapitel in diesem Buch
	Anwendungsbereich	
	Begriffsbestimmungen	
	Bestellung eines Laserschutzbeauftragten	7 + 8
	Grundsätze bei der Feststellung und Durchführung von Schutzmaßnahmen	7
	Unterweisung	7
	Betriebsanweisung	7
	Literaturhinweise	
	Anlage 1 Schutzmaßnahmen bei bestimmten Tätigkeiten, Verfahren und Betrieb spezieller Laser	10
	Anlage 2 Zuordnung von Maßnahmen	7
	Anlage 3 Beispiele zur Kennzeichnung und Abgrenzung von Laserbereichen	7
	Anlage 4 Schutzmaßnahmen beim Umgang mit Lichtwellenleiter-Kommunikations-Systemen (LWLKS)	10

Wunschvorsorge ist arbeitsmedizinische Vorsorge, die der Arbeitgeber dem Beschäftigten über den Anhang der Verordnung zur arbeitsmedizinischen Vorsorge hinaus bei allen Tätigkeiten zu gewähren hat. Dieser Anspruch besteht nur dann nicht, wenn nicht mit einem Gesundheitsschaden zu rechnen ist. Im Streitfall muss der Arbeitgeber dies darlegen und beweisen. Wunschvorsorge kommt beispielsweise in Betracht, wenn Beschäftigte einen Zusammenhang zwischen einer psychischen Störung und ihrer Arbeit vermuten. Wird Wunschvorsorge nicht ermöglicht, kann die zuständige Behörde gegenüber dem Arbeitgeber eine vollziehbare Anordnung erlassen und bei Zuwiderhandlung ein Bußgeld verhängen [6].

Mit der Novellierung der ArbMedVV 2013 entfielen die Pflicht- und die Angebotsvorsorge für die kohärente Strahlung (Laserstrahlung). Weiterhin bestehen blieb die Wunschvorsorge. Zu beachten ist jedoch, dass beim Betrieb

von Lasern, insbesondere bei der Materialbearbeitung, auch inkohärente optische
Strahlung entsteht. Beispiele hierfür sind die sogenannte Schweißlichtfackel
und das Entstehen von UV-Strahlung beim Schweißen oder die inkohärente
Anregungsstrahlung von Blitzlampen. Werden Tätigkeiten in der Nähe der offenen
Lasermaterialbearbeitung durchgeführt und dabei die Expositionsgrenzwerte für
die inkohärente Strahlung möglicherweise überschritten, muss die Pflicht- oder
Angebotsfürsorge durchgeführt werden. Beim Betrieb von Ultrakurzpulslasern
(„Femto-Lasern") kann auch ionisierende Strahlung entstehen, dann ist ggf. die
Arbeitsmedizinische Vorsorge nach dem Strahlenschutzgesetz bzw. den ent-
sprechenden Verordnungen vorzusehen.

3.2   Vorschriften- und Regelwerk der DGUV

Neben dem staatlichen Arbeitsschutz gibt es in Deutschland auch noch den
Arbeitsschutz durch die Deutsche Gesetzliche Unfallversicherung DGUV (Berufs-
genossenschaften und Unfallkassen), welche diesen branchenbezogen durch
Unfallverhütungsvorschriften, Regeln und Informationen regelt (Abb. 3.4). Die
Überwachung der Umsetzung erfolgt durch den Technischen Aufsichtsdienst.

Das Vorschriften- und Regelwerk [15] gibt Empfehlungen zum Arbeits- und
Gesundheitsschutz und ergänzt die staatlichen Vorschriften. Es ist nicht rechtsverbindlich, gibt aber Hinweise zum Stand der Technik. Dort, wo das Regelwerk
über die gesetzlichen Anforderungen hinausgeht, ist es von den Versicherten einzuhalten. Es umfasst die Kategorien DGUV-Vorschriften, DGUV-Regeln, DGUV-
Informationen und DGUV-Grundsätze sowie Fachinformationen der Fachbereiche,
der Sachgebiete und der jeweils zuständigen Unfallversicherungsträger.

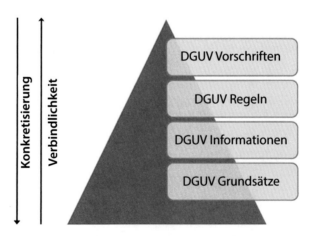

Abb. 3.4 Regelwerk der Deutschen Gesetzlichen Unfallversicherung DGUV

3.2.1 DGUV-Vorschriften und Regeln

Vorschriften

Bis zur Verabschiedung der OStrV im Jahr 2010 waren die Unfallverhütungsvorschrift Laserstrahlung DGUV-Vorschrift 11 (früher BGV B2) und die DGUV-Vorschrift 12 (früher GUV VB2) das einzige Regelwerk für den Laserschutz in Deutschland. Deren Zielgedanke ist die Sicherheit und der Gesundheitsschutz am Laserarbeitsplatz mit den zentralen Themen Gefährdungen durch Laserstrahlung, Schutzmaßnahmen, Unterweisung der Beschäftigten und Laserklassen. Durchführungsanweisungen geben an, wie die in der Unfallverhütungsvorschrift geforderten Ziele erreicht werden können. Mit der Veröffentlichung der TROS Laserstrahlung und der noch notwendigen Änderung der OStrV werden und wurden die beiden oben genannten Vorschriften bei den entsprechenden Unfallversicherungsträgern zurückgezogen. Die Inhalte sind weitgehend in die Technischen Regeln Laserstrahlung eingeflossen.

DGUV-Regeln [15]

DGUV Regeln, Informationen und Grundsätze geben konkrete Hilfestellung für die Verständlichkeit und Erfüllung der Vorschriften. Im Folgenden werden die für den Laserschutz wesentlichen Regeln vorgestellt.

Die DGUV-Regel 113-001 (früher BGR 104) *Explosionsschutz-Regeln* hat den Zielgedanken der Konkretisierung der Betriebssicherheitsverordnung. Ihre zentralen Themen sind die Sammlung aller relevanten technischen Regeln zum Thema Explosionsschutz.

Die DGUV-Regel 112-992 (früher BGR 192) *Benutzung von Augen- und Gesichtsschutz* hat den Zielgedanken der Konkretisierung der DGUV Vorschrift 1 bezüglich des Einsatzes von Augen- und Gesichtsschutz mit den zentrale Themen der Anwendung und Kennzeichnung von Schutzbrillen.

Die DGUV-Information 203-042 (früher BGI 5092) *Auswahl und Benutzung von Laser-Schutz- und -Justierbrillen und Laser-Schutzabschirmungen* hat den Zielgedanken der Hilfestellung für Laserschutzbeauftragte und Unternehmer bei der Ermittlung und Auswahl geeigneter Laserschutz- und Justierbrillen mit den zentralen Themen der Berechnung von Laserschutz-und Justierbrillen.

Die DGUV-Information 203-039 (früher BGI 5031) *Umgang mit Lichtwellenleiter-Kommunikations-Systemen (LWKS)* hat den Zielgedanken der Hilfestellung für Laserschutzbeauftragte und Unternehmer beim Umgang mit Lichtwellenleiter-Kommunikationssystemen und den zentralen Themen der Gefährdungsermittlung und Schutzmaßnahmen.

Die DGUV-Information 203-036 (früher BGI 5007) *Laser-Einrichtungen für Show- oder Projektionszwecke* hat als Zielgedanken die Hilfestellung für Unternehmer und Betreiber von Laseranlagen bei der Erstellung der Gefährdungsbeurteilung und der Erfüllung der Anforderungen aus § 37 „Laseranlagen" der Muster-Versammlungsstättenverordnung (MVStättV).

3.2.2 Fachausschussinformationen

Weitere wichtige Hinweise zum Umgang mit Laserstrahlung findet man in folgenden alten Fachausschussinformationen der DGUV:

FA_ET001	Arbeitsmedizinische Regelungen für Schwangere an Arbeitsplätzen unter Einwirkung von Laserstrahlung,
FA_ET002	Hinweise zur speziellen Gefährdungsanalyse von ZnSe-Linsen,
FA_ET004	Kennzeichnung von Laserschutzbrillen, die je nach Ausgabedatum der Norm nach dem Laserschutz zertifiziert wurden,
FA_ET005	Betrieb von Laser-Einrichtungen für medizinische und kosmetische Anwendungen,
FA_ET006	Stellungnahme des Fachausschuss Elektrotechnik Sachgebiet Laserstrahlung, Thema: Aufgaben und Stellung des Laserschutzbeauftragten im Gesundheitsdienst,
FA_ET007	Verhaltensregeln beim Umgang mit Baulasern.

FA_ET001	Arbeitsmedizinische Regelungen für Schwangere an Arbeitsplätzen unter Einwirkung von Laserstrahlung,
FA_ET002	Hinweise zur speziellen Gefährdungsanalyse von ZnSe-Linsen,
FA_ET004	Kennzeichnung von Laserschutzbrillen, die je nach Ausgabedatum der Norm nach dem Laserschutz zertifiziert wurden,
FA_ET005	Betrieb von Laser-Einrichtungen für medizinische und kosmetische Anwendungen,
FA_ET006	Stellungnahme des Fachausschuss Elektrotechnik Sachgebiet Laserstrahlung, Thema: Aufgaben und Stellung des Laserschutzbeauftragten im Gesundheitsdienst,
FA_ET007	Verhaltensregeln beim Umgang mit Baulasern.

3.3 Normen und Regeln der Technik

Basis für den Inverkehrbringer von Lasern und Laseranlagen ist das Produktsicherheitsgesetz (ProdSG), welches die wichtigsten EU-Richtlinien zum Inverkehrbringen („auf dem Markt bereitstellen") in nationales Recht umsetzt. Ausgenommen sind nur einige Spezialanwendungen wie Medizinprodukte und Anwendungen im militärischen Bereich. Die wichtigsten Richtlinien, die umgesetzt wurden, sind die Maschinenrichtline 2006/42/EG und die Niederspannungsrichtlinie 2006/95/EG, in deren Zusammenhang eine Reihe von Normen entstanden [9]. Die Konformität einer Maschine mit den genannten Richtlinien wird durch das CE-Kennzeichen angezeigt. Eine gute Zusammenfassung für die Voraussetzungen für das Inverkehrbringen von Maschinen wird mit der Informationsschrift der BG ETEM *Voraussetzungen für das Inverkehrbringen von*

Maschinen in den Europäischen Wirtschaftsraum [12] im Internet interessierten Personen zur Verfügung gestellt. Wichtige Informationen zur CE-Kennzeichnung bietet der VDI-Artikel „(VDI-Z 156, 2014) von Klaus Dickmann (Sachverständiger für Lasertechnik und Lasersicherheit am Laserzentrum FH Münster LFM) mit dem Titel CE-Konformität für Lasereinrichtungen [10].

Allgemeines zu Normen

Zur Konkretisierung der im europäischen und deutschen Regelwerk genannten grundlegenden Sicherheitsanforderungen werden Empfehlungen in Form von Normen auf der Basis gesicherter wissenschaftlicher Erkenntnisse und Erfahrungen veröffentlicht [7].

Im Gegensatz zu Gesetzen, welche eingehalten werden müssen, ist die Einhaltung von Normen freiwillig. Trotzdem geht von Ihnen eine gewisse Rechtssicherheit aus. Es gibt auch Fälle, wo der Gesetzgeber die Einhaltung einer Norm vorschreibt.

Normen konkretisieren die Anforderungen aus den Regelwerken, geben anerkannte Regeln der Technik wieder und können den Stand der Technik beinhalten. Sie sind vor allem für die Hersteller von Laseranlagen und z. B. Laserschutzbrillen oder Laserjustierbrillen von Bedeutung.

Stand der Technik ist der Entwicklungsstand fortschrittlicher Verfahren, Einrichtungen und Betriebsweisen, der nach herrschender Auffassung führender Fachleute das Erreichen des gesetzlich vorgeschriebenen Zieles gesichert erscheinen lässt. Verfahren, Einrichtungen und Betriebsweisen oder vergleichbare Verfahren, Einrichtungen und Betriebsweisen müssen sich in der Praxis bewährt haben oder sollten – wenn dies noch nicht der Fall ist – möglichst im Betrieb mit Erfolg erprobt worden sein [8].

CE-Kennzeichnung

Die CE-Kennzeichnung von technischen Produkten drückt aus, dass diese vorgegebene Sicherheits- und Gesundheitsanforderungen gemäß EU-Richtlinien erfüllen. Das Inverkehrbringen technischer Produkte in den EU-Mitgliedstaaten ist nur mit einem Nachweis über die CE-Konformität möglich, der rechtlich vorgeschrieben ist. Hierdurch sollen im europäischen Binnenmarkt Handelshemmnisse vermieden und ein freier Warenverkehr gewährleistet werden, ohne dass in jedem EU-Mitgliedstaat eine erneute Sicherheitsüberprüfung stattfinden muss. Für Produkte mit Lasern ist das Verfahren komplex [10].

3.3.1 Normen zum Laserschutz

Im Folgenden werden einige der wichtigsten Normen zum Thema Laserschutz aufgeführt, welche unter anderem in den DIN-Taschenbüchern 508 *Optische Strahlungssicherheit und Laser 1* [13] und 526 *Optische Strahlungssicherheit und*

Laser 2 [14] zu finden sind (Anm.: Das Taschenbuch 508 war zum Zeitpunkt der Drucklegung nicht mehr aktuell).

DIN EN 60825-1	Sicherheit von Lasereinrichtungen, Klassifizierung von Anlagen und Anforderungen.
DIN EN 60825-2	Sicherheit von Lasereinrichtungen, Sicherheit von Lichtwellenleiter-Kommunikationseinrichtungen.
DIN EN 60825-4	Sicherheit von Lasereinrichtungen, Laserschutzwände.
DIN EN 12 254	Abschirmungen an Laserarbeitsplätzen, sicherheitstechnische Anforderungen und Prüfungen.
DIN EN 207	Persönlicher Augenschutz, Filter und Augenschutz gegen Laserstrahlung (Laserschutzbrillen).
DIN EN 208	Persönlicher Augenschutz, Brillen für Justierarbeiten an Lasern und Laseraufbauten (Laserjustierbrillen).
DIN EN ISO 11 553-1/2	Sicherheit von Maschinen, Laserbearbeitungsmaschinen.
DIN 56 912	Showlaser und Showlaseranlagen – Sicherheitsanforderung und Prüfung.
DIN EN 61 040	Empfänger, Messgeräte und Anlagen zur Messung von Leistung und Energie von Laserstrahlen (Diese Norm wurde zurückgezogen, enthält aber einige wichtige Informationen).

DIN EN 608251	Sicherheit von Lasereinrichtungen, Klassifizierung von Anlagen und Anforderungen.
DIN EN 608252	Sicherheit von Lasereinrichtungen, Sicherheit von Lichtwellenleiter-Kommunikationseinrichtungen.
DIN EN 608254	Sicherheit von Lasereinrichtungen, Laserschutzwände.
DIN EN 12 254	Abschirmungen an Laserarbeitsplätzen, sicherheitstechnische Anforderungen und Prüfungen.
DIN EN 207	Persönlicher Augenschutz, Filter und Augenschutz gegen Laserstrahlung (Laserschutzbrillen).
DIN EN 208	Persönlicher Augenschutz, Brillen für Justierarbeiten an Lasern und Laseraufbauten (Laserjustierbrillen).
DIN EN ISO 11 553-1/2	Sicherheit von Maschinen, Laserbearbeitungsmaschinen.
DIN 56 912	Showlaser und Showlaseranlagen – Sicherheitsanforderung und Prüfung.
DIN EN 61 040	Empfänger, Messgeräte und Anlagen zur Messung von Leistung und Energie von Laserstrahlen (Diese Norm wurde zurückgezogen, enthält aber einige wichtige Informationen).

3.4 Übungen

Aufgaben

3.1. Wie ist der Arbeitsschutz in Deutschland strukturiert?

3.2. Wie heißt die für den Laserschutz wesentliche Verordnung und durch was wird sie konkretisiert?

3.3. Müssen Normen eingehalten werden?

3.4. Ein Laser-Entfernungsmesser der Klasse 3R ($\lambda = 650$ nm, rot) wird auf einer Baustelle zur Raumvermessung in zwei Meter Höhe eingesetzt. An keiner Stelle wird auf den Laserstrahl hingewiesen. Zur Durchführung von Elektroarbeiten begibt sich ein Beschäftigter auf eine Leiter und blickt dabei in den Laserstrahl. Was kann dabei passieren?

3.5. Welche rechtlichen Bestimmungen müssen vor dem Betreiben einer Laseranlage beachtet werden?

Lösungen

3.1. Der Arbeitsschutz ist hierarchisch aufgebaut und in Deutschland dual in die Bereiche staatlicher Arbeitsschutz und Arbeitsschutz der DGUV gegliedert.

3.2. Die Verordnung heißt OStrV und wird durch die TROS Laserstrahlung konkretisiert.

3.3. Nein, Normen sind nicht rechtsverbindlich.

3.4. Die Expositionsgrenzwerte bei einem Laser der Klasse 3R werden schon nach Zeiten unter 0,25 s überschritten, sodass ein Augenschaden eintreten kann. Weiterhin kann der Beschäftigte geblendet werden und dadurch z. B. von der Leiter stürzen.

3.5. Einige wichtige rechtliche Bestimmungen sind in Tab. 3.3 zusammengefasst.

Tab. 3.3 Beispielhafte Checkliste rechtliche Grundlagen

Fragestellung	Ja	Nein	Rechtliche Grundlage
Gibt es für das Lasergerät eine für alle Beschäftigten zugängliche Betriebsanleitung in deutscher Sprache?			§ 3 Absatz 4 ProdSiG
Hat das Lasergerät eine CE-Kennzeichnung? Liegt bei Maschinen die Konformitäts-erklärung vor?			§7 ProdSiG; § 9 MPG
Wurde vor dem Einsatz des Arbeitsmittels anhand einer Substitution überprüft, ob ein anderes Arbeitsmittel mit geringerem Gefährdungspotenzial eingesetzt werden kann?			Artikel 5[2] EU-RL 2006/25/EG § 3 OStrV TROS Laserstrahlung, Teil 1 Abschn. 6.1 und Teil 3, Abschn. 4.2
Wurde eine Betriebsanweisung für den Laser erstellt und den Beschäftigten zugänglich gemacht?			TROS Laserstrahlung Teil 3 Kap. 6 und Anlage 5
Hat der Arbeitgeber eine Gefährdungs-beurteilung fachkundig durchgeführt?			Artikel 4 EU-RL 2006/25/EG, §§ 5,6 ArbschG, BetrSiV, §§ 5,3 OStrV, TROS Laserstrahlung Teil 1,Kap. 5
Wurde ein Laserschutzbeauftragter schriftlich bestellt?			§5 OStrV, TROS Laserstrahlung Teil 3, Kap. 3, § 6 DGUV 11
Wurde der Laserbereich gekennzeichnet und abgegrenzt?			§ 7 OStrV; §7 DGUV VOR-SCHRIFT 11
Wurden alle Beschäftigten über die direkten und indirekten Gefährdungen durch Laser-strahlung unterwiesen?			§12 ArbSchG, §12 BetrSiV, § 8 OStrV, TROS Laserstrahlung Teil 1, Kap. 7, § 8 DGUV11

Literatur

1. Gemeinsame Deutsche Arbeitsschutzstrategie, Fachkonzept und Arbeitsschutzziele 2008–2012. www.gda-portal.de/de/pdf/GDA-Fachkonzept-gesamt.pdf?__blob=publicationFile.   (2007). Zugegriffen: 6. Jan. 2021
2. Europäische Kommission: Ein unverbindlicher Leitfaden zur Richtlinie 2006/25/EG über künstliche optische Strahlung. Amt für Veröffentlichungen der Europäischen Union, Luxemburg (2010)
3. Verordnung zum Schutz der Beschäftigten vor Gefährdungen durch künstliche optische Strahlung (Arbeitsschutzverordnung zu künstlicher optischer Strahlung – OStrV) 19. Juli 2010 (BGBl. I S. 960)"
4. Maßnahmenkatalog zur altersgerechten Anpassung von Arbeitsplatz und Arbeitsumgebung, Dr. Martina Morschhäuser, Dr. Ingrid Matthäi, Institut für Sozialforschung und Sozialwirt-schaft Saarbrücken (Hrsg.). www.lago-projekt.de/medien/instrumente/Massnahmenkatalog. pdf. (2015). Zugegriffen: 6. Jan. 2021
5. Technische Regeln zur Arbeitsschutzverordnung zu künstlicher optischer Strahlung – TROS Laserstrahlung, Teil Allgemeines (2015)
6. Arbeitsschutzverordnung zur arbeitsmedizinischen Vorsorge (ArbMedVV): 53107 Bonn, Bundesministerium für Arbeit und Soziales, Referat Information, Publikation, Redaktion (2013)

7. Europäisches Arbeitsschutzrecht, Erläuterungen zum Regelwerk. http://www.dguv.de/ifa/ Fachinfos/Regeln-und-Vorschriften/Erl%C3%A4uterungen-zum-Regelwerk/index.jsp. Zugegriffen: 12. Aug. 2015

8. Bundesanzeiger: Bekanntmachung des Handbuchs der Rechtsförmlichkeit, Berlin, Bundesministerium der Justiz (2008)

9. Reidenbach H. D. et.al.: Nichtionisierende Strahlung in Arbeit und Umwelt, 43. Jahrestagung des Fachverbandes für Strahlenschutz e. V.

10. Dickmann K.: CE-Konformität für Lasereinrichtungen. VDI-Z **156**(11), 60–63, (Sachverständiger für Lasertechnik und Lasersicherheit), Laserzentrum FH Münster LFM, (2014)

11. Transferliste DGUV Regelwerk Stand Juni 2014. http://publikationen.dguv.de/dguv/udt_ dguv_main.aspx?DCXPARTID=10005. Zugegriffen: 24. Aug. 2016

12. Voraussetzungen für das Inverkehrbringen von Maschinen in den Europäischen Wirtschaftsraum, BGETEM. https://www.google.de/url?sa=t&rct=j&q=&esrc=s&source=web&cd =1&cad=rja&uact=8&ved=0ahUKEwjQu461tdrOAhWGuRQKHe06BVgQFggcMAA &url=http%3A%2F%2Fdp.bgetem.de%2Fpages%2Fservice%2Fdownload%2Fmedien%2 FBG_413_DP.pdf&usg=AFQjCNGihIAe5CR4R7MTbw3dd3wBmvcdfA&bvm=bv.129759 880,d.bGg. Zugegriffen: 24. Aug. 2016

13. DIN-VDE-Taschenbücher Band 508; Optische Strahlungssicherheit und Laser 1, DIN e.V, VDE e. V., 2014

14. DIN-VDE-Taschenbücher Band 526; Optische Strahlungssicherheit und Laser 2, DIN e. V, VDE e. V., 2014

15. DGUV Vorschriften- und Regelwerk. http://www.dguv.de/de/praevention/vorschriften_ regeln/index.jsp. Zugegriffen: 29. Aug. 2016

Grenzwerte der zugänglichen Strahlung und Laserklassen

4

Inhaltsverzeichnis

Die Einteilung der Laser in Klassen soll dem Anwender die Beurteilung der Gefährdungen erleichtern. Jede Klasse ist mit unterschiedlichen Gefährdungen verbunden, die entsprechende Schutzmaßnahmen erfordern. Die Klassen werden durch den sogenannten Grenzwert der zugänglichen Strahlung (GZS) definiert. Dieser gibt im Wesentlichen die maximale Leistung oder bei gepulster Strahlung die maximale Pulsenergie für eine bestimmte Laserklasse an. Damit werden zurzeit die Klassen 1, 1 M, 2, 2 M, 3R, 3B, 1C und 4 definiert. Die Gefährdung nimmt mit steigender Klasse (abgesehen von der neuen Klasse 1C) zu. In diesem Abschnitt werden die Grenzwerte der zugänglichen Laserstrahlung (GZS) beschrieben, die in mehreren Tabellen der DIN-EN-Normen festgelegt sind. Weiterhin werden die Eigenschaften der verschiedenen Laserklassen vorgestellt.

© Springer-Verlag GmbH Deutschland, ein Teil von Springer Nature 2021
C. Schneeweiss et al., *Leitfaden für Laserschutzbeauftragte*,
https://doi.org/10.1007/978-3-662-63198-0_4

4.1   Grenzwert der zugänglichen Strahlung (GZS)

4.1.1   Grenzwerte und Klassifizierung

Die Einteilung von Lasersystemen in Klassen wird nach DIN EN 60825-1 vorgenommen. Grundlage dafür sind die Grenzwerte der zugänglichen Strahlung (GZS). Die Klassifizierung erfordert in vielen Fällen erhebliche Erfahrung und sie erfolgt durch den Hersteller oder einen Vertreter. Die Klassen geben einen ersten Hinweis darauf, welche Gefährdungen gegeben und welche Schutzmaßnahmen durchzuführen sind. Dabei geht es hauptsächlich um die Gefährdung von Augen und Haut. Zu berücksichtigen sind hierbei alle auftretenden Betriebszustände wie Normalbetrieb, Wartung und Instandsetzung.

Unter zugänglicher Strahlung versteht man diejenige Strahlung, welche den menschlichen Körper direkt oder nach einer Reflexion oder Streuung treffen kann. Man berücksichtigt auch die Möglichkeit, dass ein Körperteil in das Schutzgehäuse eingreifen und durch Laserstrahlung geschädigt werden kann [1].

Klassifizierung

Bei der Klassifizierung von kontinuierlich strahlenden Lasern wird die Laserleistung (in Watt) gemessen. Bei Impulslasern werden Impulsdauer, Impulsenergie (in Joule) und Impulsfolgefrequenz messtechnisch erfasst. In DIN EN 60825-1 sind dafür genaue Messvorschriften, wie Messblenden und Entfernung der Messgeräte vom Laserausgang vorgegeben. Aus den Messergebnissen wird dann die Laserklasse ermittelt.

Die Grenzwerte der zugänglichen Strahlung (GZS) sind in mehreren Tabellen der Norm DIN EN 60825-1 enthalten. Sie hängen in komplizierter Weise von der Wellenlänge des Lasers und der Bestrahlungsdauer bzw. der Impulsdauer ab. Bei sogenannten ausgedehnten Laserquellen, wie z. B. im Fall von diffus gestreuter Strahlung, können Korrekturfaktoren (C_6) den GZS erhöhen.

Ein einfaches Klassifizierungsbeispiel ist in Anhang A.2 zu finden.

Wiederholt gepulste Laserstrahlung

Den GZS für einen einzelnen Laserimpuls entnimmt man direkt aus den oben erwähnten Tabellen bei der entsprechenden Bestrahlungsdauer, die gleich der Impulsdauer ist. Bei wiederholt gepulster Strahlung müssen Korrekturen angebracht werden, die von der Impulsfolgefrequenz abhängen. Dadurch reduziert sich der GZS für einen Einzelimpuls.

4.1.2   Zeitbasen

Da die GZS von der Emissionsdauer abhängen, tritt die Frage auf, welche Zeit für die Klassifizierung angenommen werden soll. In der Norm DIN EN 60825-1 werden die Zeitbasen nach Tab. 4.1 für die Klassifizierung angegeben.

Tab. 4.1 Zeitbasen für die GZS bei der Klassifizierung von Lasersystemen	Zeitbasis (s)	Laserklassen, Wellenlängen
	0,25	Klasse 2, 2 M, 3R im Bereich 400–700 nm
	100	Laserstrahlung im Bereich > 400 nm
	30.000	Laserstrahlung im Bereich > 400 nm, wenn absichtlich über eine längere Zeit in Richtung des Strahls geschaut werden muss
	30.000	Laserstrahlung im Bereich ≤ 400 nm

Zum Verständnis von Tab. 4.1 dienen folgende Hinweise: Der GZS für Klasse 3B ist für die Zeitbasis von 100 s und 30.000 s gleich und liegt oberhalb von 400 nm bei einer Leistung von 500 mW = 0,5 W für kontinuierliche Strahlung. Für den Anwender ist es daher in der Regel ohne Bedeutung, mit welcher Zeitbasis Laser der Klasse 3B und 4 klassifiziert wurden. Bei Lasern der Klasse 1 kann die Klassifizierung mit der Zeitbasis 100 s vorkommen. Dies muss dann auf dem Kennzeichen für die Laserklasse angeben werden. Andernfalls kann man von einer Zeit von 30.000 s ausgehen.

4.2 Laserklassen

Die Hersteller von Lasergeräten sind in der Regel dazu verpflichtet, diese gemäß der aktuellen DIN EN 60825-1 [1] in Laserklassen einzuteilen, welche den Anwendern als erster Hinweis zur Einschätzung der Gefährdung dienen sollen. Die Einteilung erfolgt nach den Grenzwerten der zugänglichen Strahlung (GZS) in 8 Laserklassen, welche in komplexer Weise von der Wellenlänge, der Bestrahlungsdauer und weiteren Parametern abhängig sind. Hinzu kommt noch eine in Europa veraltete Laserklasse 3A für Laser, die vor 2003 auf dem Markt bereitgestellt wurden.

Entwicklungsmuster, Prototypen und noch nicht vollständig fertiggestellte Lasereinrichtungen unterliegen nicht der Norm zur Klassifizierung. Diese gilt erst für das Endprodukt. Schutzmaßnahmen hierbei sind die Sicherheitsvorgaben des Herstellers [2].

Änderungen der DIN EN 60825-1
Da es in den letzten Jahren häufig Änderungen in der Norm DIN EN 60825-1 gab, ist bei der Erstellung der Gefährdungsbeurteilung und den daraus resultierenden Schutzmaßnahmen die genaue Jahresangabe der Norm nötig, nach der das Lasergerät klassifiziert wurde.

Die 2015 neu in Kraft getretene Norm DIN EN 60825-1:2015-07 verwendet Grenzwerte der zugänglichen Strahlung (GZS) und Grenzwerte der maximal zulässigen Bestrahlung (MZB), welche teilweise nicht mit den in der EU-Richtlinie 2006/25/EG abgedruckten Expositionsgrenzwerten (EGW) harmonisieren. Dies kann dazu führen, dass am Arbeitsplatz festgelegte Expositionsgrenzwerte schon bei Lasern der Klasse 1 deutlich überschritten (bei gepulsten Lasern bis ca. Faktor 20 und im Wellenlängenbereich von 1200 bis 1400 nm bis zum Faktor 500) werden und dementsprechend Schutzmaßnahmen getroffen werden müssen!

Kennzeichnung
Die Laserklasse einer Lasereinrichtung muss den Anwendern bekannt gemacht werden. Dies erfolgt durch ein Hinweisschild nach DIN EN 60825-1, auf welchem die Kenndaten des Lasers zu finden sind und welches in der Regel deutlich sichtbar auf dem Lasergerät angebracht wird. Die Schilder werden in Abb. 4.2 und einigen nachfolgenden Abbildungen dargestellt. Bis auf Klasse 1 müssen die Schilder in den Farben schwarze Schrift auf gelbem Grund gefertigt sein.

Alternativ zu den hier gezeigten Kennzeichnungsbeispielen können auch Piktogramme, wie in der Norm DIN EN 60825-1:2015-07 gezeigt verwendet werden (Abb. 4.10).

Hinweis
In der Lichtwellenleiter-Kommunikationstechnik (LWLK) wird neben dem Begriff Laserklasse auch noch der Begriff Gefährdungsgrad verwendet (DGUV Information 203-039).

Im Folgenden werden die Definitionen der verschiedenen Laserklassen in Anlehnung an die Technischen Regeln Optische Strahlung – Laserstrahlung (TROS Laserstrahlung) [3] beschrieben, welche auf der alten DIN EN 60825-1:2008-05 basieren. Dabei wird die Beschreibung der Laserklassen vereinfacht dargestellt. Eine genaue Definition erfolgt durch Angabe der GZS. Zusätzlich werden die neuen Definitionen der Laserklassen nach DIN EN 60825-1:2015-07 aufgeführt.

4.2.1 Klasse 1

Definition der Laserklasse 1 nach TROS Laserstrahlung, Teil Allgemeines
Die Laserklasse 1 kann durch folgende Aussage beschrieben werden:

Die zugängliche Laserstrahlung ist unter vorhersehbaren Bedingungen ungefährlich [3].

Vorhersehbar ist eine Bedingung dann, wenn der Laser im bestimmungsgemäßen Betrieb eingesetzt wird. Dies ist der Betrieb, für den der Laser technisch ausgelegt und geeignet ist.

Definition der Laserklasse 1 nach DIN EN 60825-1:2015-07

Lasereinrichtungen, die während des Normalbetriebs sicher sind, einschließlich bei langzeitigem direkten Blick in den Strahl, sogar wenn die Bestrahlung unter Benutzung von Teleskopoptiken stattfindet [1].

Bei Lasern der Klasse 1, die nach dieser Norm klassifiziert werden, kann nicht mehr davon ausgegangen werden, dass die Expositionsgrenzwerte der TROS Laserstrahlung eingehalten werden. Die Herstellerangaben sind zu beachten.

Bei Lasern der Klasse 1 darf die gesamte Leistung ins Auge fallen (Abb. 4.1) und man darf die Strahlung auch mit optischen Geräten (z. B. Ferngläsern) betrachten. Allerdings muss man berücksichtigen, dass im sichtbaren Bereich eine Blendung eintreten und es infolgedessen zu einem Arbeitsunfall kommen kann [4].

Bei Lasern der Klasse 1 kommt es in keinem Fall zur Überschreitung der Expositionsgrenzwerte, sodass das Tragen von Schutzbrillen oder Schutzbekleidung nicht erforderlich ist.

Eingehauste Laser
Auch Hochleistungslaser können in Klasse 1 eingestuft werden, wenn sie vollständig eingehaust sind und sichergestellt ist, dass im Normalbetrieb die Grenzwerte für Klasse 1 nicht überschritten werden. Beispiele sind Laseranlagen zur Materialbearbeitung, aber auch DVD-Player und Laserdrucker.

Bei Servicearbeiten von eingehausten Lasern der Klasse 1 kann es zu einer Gefährdung, entsprechend der von Lasern der Klasse 4 kommen und es müssen dementsprechend Schutzmaßnahmen getroffen werden!

Beispiele für Grenzwerte (GZS)
Die Ermittlung der Grenzwerte der zugänglichen Laserstrahlung zur Bestimmung der Laserklasse muss eine realistische Bestrahlungsdauer oder Zeitbasis und die Wellenlänge angeben. Bei Impulslasern muss außerdem die Impulsdauer und Impulsfolgefrequenz bekannt sein. Aus den komplizierten Tabellen der DIN EN 60825-1 können einige Beispiele für kontinuierliche Strahlung entnommen werden, die in Tab. 4.2 aufgelistet sind.

Die Beschilderung erfolgt in der Regel auf dem Lasergerät (Abb. 4.2). Bei Lasereinrichtungen der Klassen 1 und 1 M ist es jedoch auch erlaubt, die Hinweisschilder ausschließlich in der Betriebsanleitung auszuweisen.

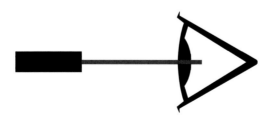

Abb. 4.1 Laser der Klasse 1 verursachen keinen Augenschaden, auch wenn die gesamte Strahlung ins Auge fällt

Tab. 4.2 Beispiele von GZS-Werten für Laserklassen 1 und 1 M von Lasern mit verschiedenen Wellenlängen, berechnet nach Norm DIN EN 60825-1 (VDE 0837-1):2008-05 ($C_6 = 1$, $\alpha \leq \alpha_{min}$)

Wellenlänge λ (nm)	Bestrahlungsdauer t (s)	GZS
270	30.000	30 J/m^2
315 (UV)	30.000	7,9 µW
405	100	39 µW
532 (VIS)	100	390 µW
650 (VIS)	100	390 µW
1064 (IR)	100	1968 µW
10.600 (IR)	10–30.000	1000 W/m^2

Laserstrahlung
Laser Klasse 1
nach DIN EN 60825-1:2008-05

Abb. 4.2 Beispiel für die Kennzeichnung von Lasern der Klasse 1

4.2.2 Klasse 1C

In der in Deutschland im Juli 2015 veröffentlichten Norm 60825-1:2015-07 wurde die neue Laserklasse 1C eingeführt, wobei das C für *contact* steht. Lasergeräte dieser Klasse können Strahlung aussenden, deren GZS denen der Klassen 3R, 3B oder 4 entsprechen. Sie erlauben eine Überschreitung der Expositionsgrenzwerte für die Haut und dienen dem kosmetischen und medizinischen Einsatz. Durch technische Maßnahmen muss eine Überschreitung des GZS der Klasse 1C für den Anwender verhindert werden. Bei der Anwendung wird an dem entsprechenden Ort der GZS der Klasse 4 in der Regel erreicht. Laser der Klasse 1C sind nur dadurch sicher, dass erst bei Hautkontakt Laserstrahlung emittiert wird.

Produkte dürfen erst dann in diese Klasse eingeordnet werden, wenn es eine sogenannte vertikale Produktsicherheitsnorm (C-Norm) gibt, welche spezielle Anforderungen für deren Sicherheit vorschreibt. Eine solche vertikale Norm ist in der Normenserie IEC 60335 in Entwicklung. In der TROS Laserstrahlung, Teil Allgemeines, wird empfohlen, Schutzmaßnahmen wie bei Lasern der Klasse 3R und 3B zu ergreifen. Während Wartungsarbeiten kann eine Gefährdung auftreten, die der von Klasse 3R, 3B oder 4 entspricht. Die Grenzwerte für das Auge entsprechen denen von Klasse 1. Die Beschilderung erfolgt auf dem Gerät Abb. 4.3.

Laser der Klasse 1C werden in Zukunft voraussichtlich in der Kosmetik oder der Medizin, insbesondere in der Dermatologie zur Entfernung von Haaren (Epilationslaser) und Tattoos, zur Behandlung von Hautveränderungen oder zur Hautglättung eingesetzt.

Abb. 4.3 Beispiel für die Kennzeichnung von Lasern der Klasse 1C

4.2.3 Klasse 1 M

Definition der Laserklasse 1 M nach TROS Laserstrahlung, Teil Allgemeines
Die Laserklasse 1 M kann durch folgende Aussage beschrieben werden:

> Die zugängliche Laserstrahlung liegt im Wellenlängenbereich von 302,5 nm bis 4.000 nm, d. h. in dem Spektralbereich, bei dem die meisten in optischen Instrumenten verwendeten Materialien weitgehend transparent sind. Die zugängliche Laserstrahlung ist für das bloße Auge ungefährlich, solange der Strahlquerschnitt nicht durch optische Instrumente, wie z. B. Teleskope, verkleinert wird [3]

Definition der Laserklasse 1M nach DIN EN 60825-1:2015-07

> Lasereinrichtungen, die sicher sind, einschließlich bei langzeitigem direktem Blick in den Strahl mit dem bloßen Auge. Der MZB-Wert kann überschritten werden und eine Augenverletzung kann auftreten nach Bestrahlung durch eine Teleskopoptik, wie z.B. Binokulare bei kollimiertem Strahl mit einem Durchmesser, der größer ist als für die Bedingung 3 festgelegt [1].

Das M bedeutet *magnifying optical viewing instruments,* auf Deutsch, vergrößernde optische Instrumente. Laser der Klasse 1 M können Leistungen emittieren, die den Grenzwert der Klasse 1 bei Weitem überschreiten (bis 500 mW, Grenzwert der Klasse 3B). Sie sind jedoch so aufgeweitet (großer Strahldurchmesser, Abb. 4.4) oder so divergent (Abb. 4.5), dass die ins Auge gelangende Strahlung den GZS-Wert für Klasse 1 unterschreitet. Z. B. müsste ein blauer

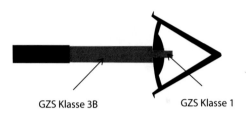

GZS Klasse 3B   GZS Klasse 1

Abb. 4.4 Stark aufgeweiteter Laserstrahl eines Lasers der Klasse 1 M. Der gesamte Laserstrahl kann eine Leistung bis zum Grenzwert (GZS) der Klasse 3B haben. In das Auge gelangt nur Strahlung mit dem GZS der Klasse 1

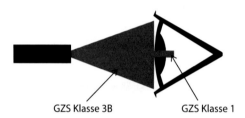

GZS Klasse 3B   GZS Klasse 1

Abb. 4.5 Stark divergenter Laserstrahl eines Lasers der Klasse 1 M. Der gesamte Laserstrahl kann eine Leistung bis zum Grenzwert (GZS) der Klasse 3B haben. In das Auge gelangt nur Strahlung mit dem GZS der Klasse 1

Laser mit einer Leistung von 495 mW auf einen Durchmesser von 80 cm aufgeweitet werden, um in Klasse 1 M eingeordnet werden zu können. Bei normaler Beobachtung verursacht die Strahlung der Klasse 1 M keinen Augenschaden.

Einsatz optischer Instrumente

Beim Einsatz optischer Instrumente bei der Beobachtung eines Laserstrahls der Klasse 1 M kann der Strahlquerschnitt stark verkleinert werden. Dies kann beispielsweise durch ein Fernrohr (Teleskop, Abb. 4.6) oder eine Lupe (Linse, Abb. 4.7) erfolgen. Dadurch steigt die Laserleistung, sodass die Expositionsgrenzwerte überschritten werden und ein Augenschaden auftreten kann. Die dabei auf-

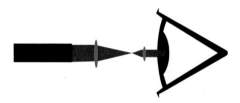

Abb. 4.6 Bei einem Laser der Klasse 1 M kann durch Bündelung der Strahlung mit einem Teleskop (Fernrohr) ein Augenschaden entstehen

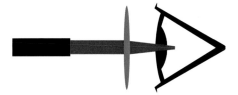

Abb. 4.7 Bei einem Laser der Klasse 1 M kann durch Bündelung der Strahlung mit einer Lupe oder Sammellinse ein Augenschaden entstehen

tretende Gefährdung entspricht dann derjenigen von Lasern der Klasse 3B. Auch bei Lasern der Klasse 1 M ist im sichtbaren Bereich von einer Blendung auszugehen.

Grenzwerte GZS
Die Grenzwerte GZS der Klasse 1 M entsprechen denen der Klasse 1 (Tab. 4.2). Das liegt daran, dass die Messvorschriften für die Klassen 1 und 1 M eine Blende von 7 mm Durchmesser vor dem Leistungsmessgerät vorsehen. Bei der Klassifizierung wird damit nur der Teil des Laserstrahls berücksichtigt, der in einer bestimmten in der Norm festgelegten Entfernung durch die Pupille des Auges (7 mm) fallen würde. Die gesamte Laserleistung kann nach DIN 60825-1 [1] mit bis zu 500 mW wesentlich höher liegen.

Divergente Laserstrahlung
Bei divergenter Laserstrahlung nach Abb. 4.5 ist bei höherer Laserleisung nicht gesichert, dass die Expositionsgrenzwerte innerhalb der Entfernung von 10 cm eingehalten werden. Damit ist es möglich, dass es in der Nähe der Quelle (Faseraustritt oder hinter dem Brennpunkt einer Linse) zu Augen- und Hautverletzungen kommen kann.

Beispiele und Schilder
Beispiele für Laser der Klasse 1 M sind Strichcode-Lesegeräte, Softlaser für die Wundbehandlung, Laser für die optische Datenübertragung (Ethernet). Die Beschilderung der Laserklasse erfolgt ähnlich wie bei Klasse 1 auf dem Gerät (Abb. 4.8).

Laserstrahlung
Nicht direkt mit optischen
Instrumenten betrachten
Laser Klasse 1 M
nach DIN EN 60825-1:2008-05

Abb. 4.8 Beispiel für die Kennzeichnung von Lasern der Klasse 1 M

4.2.4   Klasse 2

Definition der Laserklasse 2 nach TROS Laserstrahlung, Teil Allgemeines
Die Laserklasse 2 kann durch folgende Aussage beschrieben werden:

> Die zugängliche Laserstrahlung liegt im sichtbaren Spektralbereich (400 nm bis 700 nm).
> Sie ist bei kurzzeitiger Expositionsdauer (bis 0,25 s) auch für das Auge ungefährlich.
> Zusätzliche Strahlungsanteile außerhalb des Wellenlängenbereiches von 400 nm bis
> 700 nm erfüllen die Bedingungen für Laserklasse 1 [3]

Definition der Laserklasse 2 nach DIN EN 60825-1:2015-07

> Lasereinrichtungen, die sichtbare Strahlung im Wellenlängenbereich von 400 nm bis
> 700 nm aussenden, die sicher sind für kurzzeitige Bestrahlungen aber gefährlich sein
> können für absichtliches Starren in den Strahl. Die Zeitbasis von 0,25 s hängt mit der
> Definition der Klasse zusammen und es wird angenommen, dass für vorübergehende
> Bestrahlungen, die etwas länger sind, ein sehr geringes Risiko einer Verletzung besteht [1].

Abwendungsreaktion (0,25 s)
Laserstrahlung aus Lasern der Klasse 2 ist nur dann ungefährlich, solange man
nicht länger als 0,25 s und nicht wiederholt in den Strahl blickt. Früher ging
man davon aus, dass das Auge durch den Lidschlussreflex innerhalb dieser Zeit
geschlossen wird. Neuere Untersuchungen haben jedoch gezeigt, dass nur ein
geringer Prozentsatz der Menschen (<20 %) das Auge nach der Bestrahlung mit
sichtbarer Laserstrahlung (<1 mW) innerhalb von 0,25 s schließt [5]. Dies liegt
u. a. daran, dass aufgrund der sehr guten Fokussierbarkeit der Laserstrahlung der
Lichtfleck auf der Netzhaut nur wenige µm groß ist. Heute wird deshalb bei den
Schutzmaßnahmen nicht mehr vom Lidschlussreflex, sondern von sogenannten
Abwendungsreaktionen gesprochen. Personen, die von einem Laserstrahl getroffen
werden, sollen die Augen sofort schließen und den Kopf bewusst abwenden.

Bei Lasern der Klasse 2 muss mit Blendung gerechnet werden, auf welche bei
den indirekten Gefährdungen eingegangen wird.

Kennzeichnung und Beispiele
Die Kennzeichnung erfolgt auf dem Gerät nach Abb. 4.9 oder 4.10. Beispiele für
Laser der Klasse 2 sind Laserpointer, Pilotlaser, Laserwasserwaagen oder Geräte
zur Vermessungstechnik.

Abb. 4.9 Beispiel für die Kennzeichnung von Lasern der Klasse 2

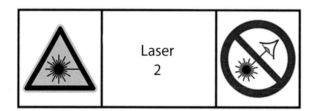

Abb. 4.10 Alternative Kennzeichnung eines Lasers der Klasse 2 nach DIN EN 60825-1:2015-07; Warnzeichen. (© T. Michel/Fotolia

4.2.5 Klasse 2 M

Definition der Laserklasse 2 M nach TROS Laserstrahlung, Teil Allgemeines
Die Laserklasse 2 M kann durch folgende Aussage beschrieben werden:

> Die zugängliche Laserstrahlung liegt im sichtbaren Spektralbereich von 400 nm bis 700 nm. Sie ist bei kurzzeitiger Expositionsdauer (bis 0,25 s) für das bloße Auge ungefährlich, solange der Strahlquerschnitt nicht durch optische Instrumente, wie z. B. Teleskope, verkleinert wird. Zusätzliche Strahlungsanteile außerhalb des Wellenlängenbereiches von 400 bis 700 nm erfüllen die Bedingungen für Klasse 1 M [3].

Definition der Laserklasse 2 M nach DIN EN 60825-1:2015-07

> Lasereinrichtungen, die sichtbare Strahlung aussenden, die nur für das bloße Auge bei kurzzeitigen Bestrahlungen sicher sind. Der MZB-Wert kann überschritten werden und eine Augenverletzungen kann auftreten nach Bestrahlung durch eine Teleskopoptik, wie z.B. Binokulare bei kollimiertem Strahl mit einem Durchmesser, der größer ist als für die Bedingung 3 festgelegt [1] .

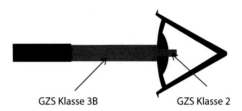

GZS Klasse 3B   GZS Klasse 2

Abb. 4.11 Stark aufgeweiteter Strahl eines Lasers der Klasse 2 M. Der gesamte Laserstrahl kann eine Leistung bis zum Grenzwert (GZS) der Klasse 3B haben. In das Auge gelangt nur Strahlung mit dem GZS der Klasse 2

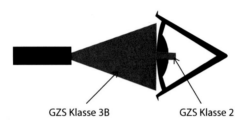

GZS Klasse 3B   GZS Klasse 2

Abb. 4.12 Stark divergenter Strahl eines Lasers der Klasse 2 M. Der gesamte Laserstrahl kann eine Leistung bis zum Grenzwert (GZS) der Klasse 3B haben. In das Auge gelangt nur Strahlung mit dem GZS der Klasse 2

Grenzwerte GZS

Laser der Klasse 2 M sind Laser, deren Strahlung aufgeweitet (Abb. 4.11) oder divergent (Abb. 4.12) verläuft. Die ins Auge gelangende Strahlung unterschreitet den Grenzwert GZS der Laserklasse 2 (1 mW). Z. B. müsste ein blauer Laser mit einer Leistung von 495 mW auf einen Durchmesser von 16 cm aufgeweitet werden, um in Klasse 2 M eingeordnet werden zu können. Damit ist bei normaler Beobachtung die Gefährdung durch Klasse 2 M genauso groß, wie die durch Klasse 2. Die Vorschriften zur Bestimmung der Laserklasse 2 M entsprechen denen von 1 M, d. h. es wird eine Blende von 7 mm vor dem Gerät zur Messung der Leistung eingesetzt. Die Grenzwerte der zugänglichen Strahlung von Klasse 2 und 2 M sind gleich.

Einsatz optischer Instrumente/Geräte

Allerdings kann die gesamte Leistung wesentlich größer als der mit einer Messblende ermittelte Grenzwert GZS der Klasse 2 sein. Sie kann bis zum Grenzwert GZS der Klasse 3B (500 mW) betragen. Dies kann beim Einsatz optischer Instrumente zu einer Gefährdung führen, die derjenigen von Klasse 3B entspricht. Abb. 4.6 und Abb. 4.7 zeigen die Gefährdung, die beim Einsatz von optischen Instrumenten wie z. B. Teleskopen, Lupen oder Hohlspiegeln entstehen kann. Auch bei Lasern der Klasse 2 M ist im sichtbaren Bereich von einer Blendung auszugehen.

Divergente Laserstrahlung

Bei divergenter Laserstrahlung nach Abb. 4.12 ist bei höherer Laserleistung nicht gesichert, dass die Expositionsgrenzwerte innerhalb der Entfernung von 10 cm

Laserstrahlung
Nicht in den Strahl blicken
oder direkt mit optischen
Instrumenten betrachten
Laserklasse 2 M
nach DIN EN 60825-1:2008-05

E £ 25 w/m²
λ = 532 nm

Abb. 4.13 Beispiel für die Kennzeichnung von Lasern der Klasse 2 M

eingehalten werden. Damit ist es möglich, dass es in der Nähe der Quelle (Faseraustritt oder hinter dem Brennpunkt einer Linse) zu Augen- und Hautverletzungen kommen kann.

Kennzeichnung und Beispiele
Die Kennzeichnung erfolgt auf dem Lasergerät (Abb. 4.13). Beispiele für Laser der Klasse 2 M sind Vermessungslaser, Kreuzlaser, häufig Diodenlaser ohne Kollimationsoptik oder Laser mit angekoppelten Fasern und divergentem Strahlaustritt.

4.2.6 Klasse 3A (anzuwenden bis März 1997)

Definition der Laserklasse 3A nach TROS Laserstrahlung, Teil Allgemeines
Die Laserklasse 3A kann durch folgende Aussage beschrieben werden:

> Die zugängliche Laserstrahlung wird für das Auge gefährlich, wenn der Strahlquerschnitt durch optische Instrumente, wie z. B. Teleskope, verkleinert wird. Ist dies nicht der Fall, so ist die ausgesandte Laserstrahlung im sichtbaren Spektralbereich (400 bis 700 nm) bei kurzzeitiger Expositionsdauer (bis 0,25 s), in den anderen Spektralbereichen auch bei Langzeitbestrahlung, ungefährlich [3].

Seit 2004 werden Laser nicht mehr nach dieser Klasse klassifiziert. Laser der Klasse 3A, die Strahlung im Sichtbaren emittieren, können wie Laser der Klasse 2 M behandelt werden. Laser der Klasse 3A, die nicht sichtbare Strahlung emittieren, werden wie Laser der Klasse 1 M angesehen.

4.2.7 Klasse 3R

Definition der Laserklasse 3R nach TROS Laserstrahlung, Teil Allgemeines
Die Laserklasse 3R kann durch folgende Aussage beschrieben werden:

> Die zugängliche Laserstrahlung liegt im Wellenlängenbereich von 302,5 nm bis 10^6 nm und ist gefährlich für das Auge. Die Leistung bzw. die Energie beträgt maximal das Fünffache des Grenzwertes der zugänglichen Strahlung der Klasse 2 im Wellenlängenbereich von 400 bis 700 nm und das Fünffache des Grenzwertes der Klasse 1 für alle anderen Wellenlängen [3].

Definition der Laserklasse 3R nach DIN EN 60825-1:2015-07

> Lasereinrichtungen, die Strahlung emittieren, bei denen ein direkter Blick in den Strahl die MZB-Werte überschreiten kann, wobei das Risiko in den meisten Fällen relativ gering ist. Der GZS von Klasse 3R ist begrenzt auf das 5-fache des GZS von Klasse 2 (für sichtbare Strahlung) und oder das 5-fache des GZS von Klasse 1 (für unsichtbare Laserstrahlung). Wegen des geringeren Risikos gelten weniger Herstelleranforderungen und weniger Schutzmaßnahmen für den Benutzer als für Klasse 3B [1].

Grenzwerte GZS
Laser der Klasse 3R im sichtbaren Spektralbereich werden beispielsweise in Geräten der Vermessungstechnik eingesetzt. In diesem Fall liegt der Grenzwert GZS bei kontinuierlicher Strahlung bei einer Leistung von 5 mW. Bei kürzerer Bestrahlungsdauer (gepulste Laser) kann sich dieser Wert erhöhen. In Tab. 4.3 sind einige Beispiele für die Grenzwerte aufgeführt.

Sicherheitsanforderungen
Das R ist abgeleitet von *reduced* oder *relaxed requirements* und bedeutet, dass etwas geringere Sicherheitsanforderungen gestellt werden. So muss herstellerseitig z. B. kein Schlüsselschalter am Gerät verbaut sein. Aufseiten des Anwenders liegt die Erleichterung darin, dass das Tragen einer Schutz- oder Justierbrille zwar empfohlen wird, aber keine Pflicht ist. Allerdings muss beachtet werden, dass durch einen Laser der Klasse 3R die Expositionsgrenzwerte überschritten werden können. Die Anforderung, dass keine Laserstrahlung oberhalb der Grenzwerte von Tab. 4.3 ins Auge gelangen kann, muss dann mit anderen Schutzmaßnahmen gewährleistet werden.

Kennzeichnung und Anwendungen
Die Kennzeichnung erfolgt auf dem Lasergerät (Abb. 4.14). Beispiele für Laser der Klasse 3R sind Akupunkturlaser, Vermessungslaser, medizinische Laser für die Low-Level-Therapie (LLT). In den USA sind Laserpointer bis zur Klasse 3R

Tab. 4.3 Beispiele von GZS-Werten der Klasse 3R nach DIN EN 60825-1 (VDE 0837-1):2008-05

Wellenlänge (nm)	Bestrahlungsdauer (s)	Grenzwert GZS
270	30.000	150 J/m^2
315 (UV)	30.000	40 µJ
400–700 (VIS)	10–30.000	5 mW
1064 (IR)	100	10 mW
10.600 (IR)	10–30.000	50 mW

Anmerkung: Hier werden Herstelleranforderungen mit Anwenderanforderungen (Pflicht zum Tragen von Laserschutzbrillen) vermischt. Gemeint ist eigentlich die Benutzeranforderung des Herstellers. Falls der Hersteller dies übernimmt und es zum Augenschaden käme ohne Erläuterung, warum auf die Laserschutzbrille verzichtet werden kann, könnte er ggf. gegen das Produktsicherheitsgesetz verstoßen

Laserstrahlung
Nicht in den Strahl blicken
Laserklasse 3R
nach DIN EN 60825-1:2008-05

P = 3 mW
λ = 650 nm

Abb. 4.14 Beispiel für die Kennzeichnung von Lasern der Klasse 3R

zugelassen, in Deutschland sind nur Laser der Klassen 1, 1 M, 2, 2 M als Verbraucherprodukte erlaubt (siehe *Technische Spezifikation für Verbraucherprodukte der Bundesanstalt für Arbeitsschutz und Arbeitsmedizin* [6]).

4.2.8   Klasse 3B

Definition der Laserklasse 3B nach TROS Laserstrahlung, Teil Allgemeines
Die Laserklasse 3B kann durch folgende Aussage beschrieben werden:

Die zugängliche Laserstrahlung ist gefährlich für das Auge, häufig auch für die Haut [3].

Definition der Laserklasse 3B nach DIN EN 60825-1:2015-07

Lasereinrichtungen, die bei einem direkten Blick in den Strahl normalerweise gefährlich sind (d. h. innerhalb des Sicherheitsabstandes (NOHD)), einschließlich kurzzeitiger
zufälliger Bestrahlung. Die Beobachtung von diffusen Reflexionen ist normalerweise
sicher. Laser der Klasse 3B, deren Leistung nahe der Grenze zu Klasse 3B liegt, können
kleine Hautverletzungen erzeugen oder es besteht sogar die Möglichkeit, dass sie entzündliche Materialien entflammen lassen. Dies ist jedoch nur wahrscheinlich, wenn der Strahl
einen kleinen Durchmesser hat oder fokussiert ist [1].

Gefährdungen
Laserstrahlung der Klasse 3B ist so intensiv, dass selbst bei sehr kurzen
Bestrahlungszeiten das Auge geschädigt wird. Das Tragen einer Schutzbrille ist
Pflicht. Im oberen Leistungsbereich dieser Klasse besteht Brand- und Explosions-
gefahr und die Möglichkeit einer Hautschädigung.

Diffuse Reflexion
Der Unterschied der Klasse 3B zur nächsthöheren Klasse 4 liegt darin, dass das
Betrachten von diffusen Reflexionen noch ungefährlich ist, wenn das Auge
mindestens 13 cm vom Diffusor entfernt ist und die Betrachtungsdauer 10 s nicht
überschreitet. Da die meisten Oberflächen nicht vollständig diffus reflektieren,
muss immer auch mit direkt reflektierten Anteilen gerechnet werden.

Grenzwerte GZS
Für viele Laser liegt der Grenzwert GZS bei einer Leistung von 500 mW = 0,5 W.
Im ultravioletten Bereich ist der GZS wesentlich kleiner (Tab. 4.4). Für kurzzeitige
Bestrahlung müssen zur Bestimmung der Grenzwerte die Originaltabellen der
Norm DIN EN 60.825–1 [1] hinzugezogen werden.

Kennzeichnung und Beispiele
Die Kennzeichnung erfolgt auf dem Lasergerät nach Abb. 4.15. Beispiele für
Laser der Klasse 3B sind medizinische Laser, Projektionslaser oder Laser in der
Forschung.

Tab. 4.4 GZS-Werte der Klasse 3B nach DIN EN 60825-1 (VDE 0837-1):2008-05

Wellenlänge (nm)	Bestrahlungsdauer (s)	Grenzwert GZS (mW)
180–302 (UV)	0,25–30.000	1,5
315–10.600	0,25–30.000	500

Sichtbare Laserstrahlung
Nicht dem Strahl aussetzen
Laserklasse 3B
nach DIN EN 60825-1:2008-05

P = 50 mW
λ = 532 nm

Abb. 4.15 Beispiel für die Kennzeichnung von Lasern der Klasse 3B

4.2.9 Klasse 4

Definition der Laserklasse 4 nach TROS Laserstrahlung, Teil Allgemeines
Die Laserklasse 4 kann durch folgende Aussage beschrieben werden:

> Die zugängliche Laserstrahlung ist sehr gefährlich für das Auge und gefährlich für die Haut. Auch diffus gestreute Strahlung kann gefährlich sein. Die Laserstrahlung kann Brand- und Explosionsgefahr verursachen [3].

Definition der Laserklasse 4 nach DIN EN 60825-1:2015-07

> Lasereinrichtungen, für die ein direkter Blick in den Strahl und eine Hautbestrahlung gefährlich sind und für die auch das Betrachten diffuser Reflexionen gefährlich sein kann. Diese Laser stellen auch häufig eine Brandgefahr dar [1].

Gefährdungen
Laser, die den GZS für Klasse 3B überschreiten, werden in Klasse 4 eingeordnet. Die Laserstrahlung dieser Klasse ist so intensiv, dass bereits kürzeste Expositionen des Auges und oft auch der Haut zu einem schweren Schaden führen. Anders als bei Lasern der Klasse 3B kann hier der Blick in eine diffuse Reflexion schon einen

Unsichtbare Laserstrahlung
Bestrahlung von Auge und Haut auch
durch Streustrahlung vermeiden
Laserklasse 4
nach DIN EN 60825-1:2008-05

$P_0 = 50$ mW
$P_P = 50$ kW
$t = 10$ ns
$f = 100$ Hz
$\lambda = 1064$ nm

Abb. 4.16 Beispiel für die Kennzeichnung von Lasern der Klasse 4

Schaden verursachen. Das Tragen einer geeigneten Schutzbrille ist Pflicht. Auch sollten Schutzmaßnahmen für die Haut getroffen werden. Ein weiterer wichtiger Aspekt ist die Brand- und Explosionsgefahr.

Kennzeichnung und Anwendungen
Die Kennzeichnung erfolgt auf dem Lasergerät (Abb. 4.16). Beispiele für Laser der Klasse 4 sind medizinische Laser, Laser für die Materialbearbeitung und Beschriftung, Showlaser, Laser für die Spektroskopie und Forschung oder Laser für die Telekommunikation.

4.3   Übungen

Aufgaben

4.1   Woran erkennt man, ob man es mit einem Laser mit hohem Gefährdungspotenzial zu tun hat?

4.2   Wie viele Laserklassen gibt es (gemäß DIN EN 60825-1:05-2008 oder TROS Laserstrahlung Teil Allgemeines)?

4.3 Ist es möglich, einen 1-kW-Laser in die Laserklasse 1 einzustufen?

4.4 In welchem Wellenlängenbereich darf ein Laser der Klasse 2 strahlen und welcher Grenzwert muss eingehalten werden?

4.5 Ab welcher Laserklasse muss gemäß DIN EN 60825-1:2008 eine Laserschutzbrille getragen werden bzw. gibt der Hersteller einen Verwendungshinweis, dass sein Laser eingeschaltet werden darf, wenn eine Laserschutzbrille im Laserbereich getragen wird?

4.6 Bei welchen Laserklassen besteht Brand- und Explosionsgefahr?

4.7 Wer muss die Laser klassifizieren?

4.8 Gibt es eine Laserklasse mit speziellen normativen Anforderungen?

4.9 Wie hoch ist der Grenzwert für einen Laser der Klasse 3B im sichtbaren und infraroten Spektralbereich, der kontinuierlich strahlt?

4.10 Welche Gefährdungen treten bei einem Laser der Klasse 4 auf, die bei Klasse 3B noch nicht entscheidend sind?

4.11 Welche Leistung darf ein Laserpointer für Präsentationen in Europa und USA haben?

4.12 Wie kommt es, dass ein Laser der Klasse 1 M eine Leistung bis zu 500 mW haben und dennoch bei normaler Beobachtung keinen Augenschaden verursachen kann?

4.13 Was muss bei der Beobachtung eines Strahls von einem Laser der Klassen 1 M und 2 M beachtet werden. Was bedeutet der Buchstabe M?

4.14 Was bedeutet der Buchstabe R bei der Laserklasse 3R?

4.15 Bei welchen Laserklassen kann die Strahlung einen Augenschaden verursachen? Begründen Sie Ihre Aussage.

4.16 Wie kann man es verstehen, dass die Grenzwerte GZS für die Klassen 1 und 1 M gleich sind? Die Klasse 1 M geht doch bis zu einer Leistung von 500 mW.

Lösungen

4.1 An der Laserklasse. Die Gefährdung steigt von Klasse 1 zu Klasse 4.

4.2 Es gibt 8 Laserklassen: 1, 1 M, 2, 2 M, 3R, 3B, 4 und die neue 1C. (Die alte Klasse 3A gibt es zwar noch gelegentlich, wird aber hier nicht mehr aufgeführt).

4.3 Ja, wenn das Gerät vollständig eingehaust ist und die Grenzwerte für Klasse 1 außerhalb der Umhausung/Einhausung nicht überschritten werden.
Anmerkung: Im Fehlerfall muss die Einhausung gemäß Norm mindestens 100 s und gemäß TROS Laserstrahlung 30.000 s standhalten oder der Laser muss vorher aktiv abgeschaltet werden.

4.4 Laser der Klasse 2 strahlen nur im sichtbaren Bereich. Der Grenzwert für einen kontinuierlich strahlenden Laser beträgt 1 mW.

4.5 Allgemein entscheidet das der Fachkundige gemeinsam mit dem Laserschutzbeauftragten. Ab Laserklasse 3B muss gemäß DIN EN 60825-1 der Hersteller in der Benutzerinformation aufführen, dass bei der Benutzung seines Lasers eine Laserschutzbrille getragen werden muss. In der Regel muss im Laserbereich der Klasse 3B und 4 oder aufgrund der Blendung auch schon darunter, eine Schutzbrille getragen werden.

4.6. Bei den Klassen 3B und 4 besteht eine Brand- und Explosionsgefahr. Bei den neuen Laserklassen gemäß EN 60825-1-2015 kann dies schon bei Klasse 1 oder Klasse 1C gegeben sein.

4.7 Der Hersteller muss die Laser klassifizieren.

4.8 Ja, Klasse 1C. Es muss eine spezielle vertikale Norm für die Beschreibung des sicheren Betriebs vorliegen.

4.9 Der Grenzwert GZS beträgt 500 mW.

4.10 Die Gefährdungen durch diffuse gestreute Strahlung und durch Brand- und Explosionsgefahr sind stark erhöht. Natürlich nimmt auch die Schwere eines möglichen Augenschadens zu.

4.11 In Europa beträgt die maximale Leistung 1 mW und in USA 5 mW.

4.12 Ein Laser der Klasse 1 M liefert einen Strahl mit einem großen Durchmesser. Durch die Augenpupille fällt nur die Leistung von Klasse 1, die keinen Schaden verursacht.

4.13 Die Laserstrahlen dürfen nicht mit einem optischen Instrument beobachtet werden, die den Strahlquerschnitt einengen können. Der Buchstabe M steht *für magnifying optical viewing instruments.*

4.14 Der Buchstabe R steht für *reduced* oder *relaxed requirements* und zeigt, dass gegenüber der Klasse 3B verringerte Sicherheitsanforderung vorliegen. Das Gerät muss keinen Schlüsselschalter aufweisen und das Tragen einer Laserschutzbrille ist nicht zwingend, wird aber empfohlen.

4.15 Die einzige Laserklasse, die bei der Betrachtung bis zu 100 s keinen Augenschaden verursachen kann, ist die Klasse 1. Laser der Klasse 1 M sind bei Benutzung von optischen Instrumenten unsicher. Laser der Klasse 2 sind nur bis 0,25 s ungefährlich. Laser der Klasse 2 M können auch bei einer kürzeren Exposition einen Schaden verursachen, wenn optische Instrumente benutzt werden. Laser der Klasse 3R können zu einem Augenschaden führen. Besonders gefährlich sind Laser der Klasse 3B und 4.

4.16 Der Grenzwert GZS beschreibt die Laserleistung, die durch die Augenpupille fällt. Bei der Messung der Leistung wird daher eine Blende von 7 mm benutzt. Da die Klasse 1 M einen großen Strahldurchmesser hat, kann die gesamte Leistung des Lasers größer sein.

Literatur

1. DIN EN 60825-1:2015-07: Sicherheit von Lasereinrichtungen – Teil 1 Klassifizierung von Anlagen und Anforderungen (2015)
2. DIN EN 60825-1:2008-05: Sicherheit von Lasereinrichtungen – Teil 1 Klassifizierung von Anlagen und Anforderungen, (2008)
3. Technische Regeln zur Arbeitsschutzverordnung zu künstlicher optischer Strahlung – TROS Laserstrahlung, Teil Allgemeines (April 2015)

4. Reidenbach, H.-D., Brose, M., Ott, G., Siekmann, H.: Praxis-Handbuch optische Strahlung, Gesetzesgrundlagen, praktische Umsetzung und betriebliche Hilfen. Schmidt , Berlin (2012)
5. Reidenbach, H.-D., Dollinger, K., Hoffmann, J., Wirtschaftsverlag, N.W.: Überprüfung der Laserklassifizierung unter Berücksichtigung des Lidschlussreflexes. Verlag für neue Wissenschaft, Bremerhaven (Juni) (2003)
6. Technische Spezifikation zu Lasern als bzw. in Verbraucherprodukte(n), Bundesanstalt für Arbeitsschutz und Arbeitsmedizin (BAuA), 30. Okt 2013

Expositionsgrenzwert (EGW)

5

Inhaltsverzeichnis

Die Sicherheitsphilosophie für die direkte Gefährdung durch Laserstrahlung beruht auf einem Grenzwertkonzept (Abb. 5.1). In einer Gefährdungsbeurteilung wird geprüft, ob die sogenannten Expositionsgrenzwerte (EGW) für einen Augen- oder Hautschaden überschritten oder unterschritten werden. Die EGW basieren auf experimentellen Studien und wurden zur sicheren Seite hin europaweit festgelegt. Sie stellen in der Regel keine scharfe Abgrenzung zwischen sicherer und akuter Schädigung dar. In diesem Kapitel werden die EGW genau beschrieben, wobei auf die Abhängigkeit von der Wellenlänge und der Expositionsdauer eingegangen wird. Dabei wird auf ausführliche Daten sowie auf eine vereinfachte Tabelle für die Expositionsgrenzwerte hingewiesen. In der Praxis sollte die Exposition möglichst niedrig sein und der EGW sicher eingehalten werden.

© Springer-Verlag GmbH Deutschland, ein Teil von Springer Nature 2021
C. Schneeweiss et al., *Leitfaden für Laserschutzbeauftragte*,
https://doi.org/10.1007/978-3-662-63198-0_5

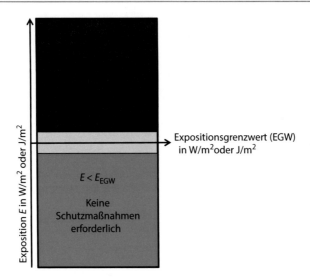

Abb. 5.1 Grenzwertkonzept. Im roten Bereich werden die Expositionsgrenzwerte überschritten, im grünen Bereich unterschritten. Der gelbe Bereich zeigt die Messunsicherheit. Diese muss zur sicheren Seite hin berücksichtigt werden. D. h., der gelbe Bereich ist wie der rote Bereich anzusetzen

5.1 Allgemeines über Expositionsgrenzwerte

5.1.1 Definition des Expositionsgrenzwertes

Unter dem *Expositionsgrenzwert* (EGW) für Laserstrahlung versteht man den Grenzwert, dem Personen unter normalen Umständen ausgesetzt werden dürfen, ohne dass damit Verletzungen bzw. Schädigungen unmittelbar oder langfristig verbunden sind. Die EGW hängen von der Expositionsdauer ab (Zeitbasis). Man unterscheidet zwischen den Expositionsgrenzwerten für das Auge und Expositionsgrenzwerten für die Haut. Die Unterscheidung zwischen Auge und Haut ist dem Umstand geschuldet, dass Laserstrahlung im Wellenlängenbereich von 400–1400 nm durch die Augenlinse auf die Netzhaut fokussiert wird und es dadurch zu einer Erhöhung der Bestrahlungsstärke (bzw. Bestrahlung) kommt. Außerhalb dieses Bereiches sind die Expositionsgrenzwerte für Auge und Haut gleich.

In mancher Literatur (z. B. der Norm DIN EN 60825-1) wird der Expositionsgrenzwert als *Maximal Zulässige Bestrahlung* (MZB) bezeichnet [1].

Die Expositionsgrenzwerte für den direkten Blick in die Laserstrahlung werden in Abhängigkeit von der Wellenlänge und der Expositionsdauer angegeben. Die Angabe erfolgt in W/m^2 (Bestrahlungsstärke E) oder in J/m^2 (Bestrahlung H). Bei diffus gestreuter Strahlung (und bei anderen sogenannten ausgedehnten Quellen) erhöhen sich die Expositionsgrenzwerte um einen Faktor C_E, der von der Winkelausdehnung der Quelle abhängt (Abschn. 5.1.3). Diese Aussage gilt nur im Wellenlängenbereich zwischen 400 und 1400 nm, in dem die Laserstrahlung auf der Netzhaut fokussiert werden kann.

▶ **Hinweis** Im Wellenlängenbereich von 400–600 nm gibt es für lange Expositionsdauern > 10 s sowohl einen Expositionsgrenzwert für die fotochemische als auch für die thermische Gefährdung. Beide Werte sind zu ermitteln und der kleinere Grenzwert ist zu verwenden.

5.1.2 Expositionsdauer

Da die Expositionsgrenzwerte von der Expositionsdauer abhängen, muss diese ermittelt werden. Die Expositionsdauer stellt die tatsächliche Dauer der Einwirkung von Laserstrahlung auf die Augen oder die Haut dar. Lässt diese sich nicht genau festlegen, so können je nach Anwendung die in Tab. 5.1 aufgeführten Zeiten verwendet werden.

Tab. 5.1 Typische Expositionsdauer für verschiedene Anwendungsfälle nach [2]

Expositionsdauer [s]	Anwendungen
0,25	Für den kurzzeitigen, *zufälligen* Blick in den sichtbaren Laserstrahl eines handgehaltenen oder -geführten Laserpointers oder eines anderen Lasers
2	Typisch für den *bewussten* Blick eines unterwiesenen Beschäftigten in den Laserstrahl eines Klasse-2-Lasers beim Justieren (feststehender Laser)
100	Typisch für Laserstrahlung mit Wellenlängen über 400 nm bei nicht beabsichtigtem zufälligen Blick
30.000	Typisch für Laserstrahlung mit beabsichtigtem Blick in Richtung Laserstrahlungsquelle über längere Zeiträume, d. h. > 100 s sowie für UV-Strahlung

5.1.3   Scheinbare Quelle, Korrekturfaktor C_E

Scheinbare Quelle

Der folgende Abschnitt gilt nur für den Bereich zwischen 400 und 1400 nm, in welchem die Laserstrahlung auf die Netzhaut fokussiert wird. Beim direkten Blick in die Laserstrahlung entsteht dabei in der Regel ein Brennfleck von minimal etwa 20 μm Durchmesser. Blickt man dagegen auf diffus gestreute Strahlung, beispielsweise auf einen Laserfleck an einer Wand, so wird die bestrahlte Fläche auf der Netzhaut abgebildet. Dabei kann das Bild auf der Netzhaut größer als der oben angegebene Wert werden. Diese Betrachtung gilt auch, wenn die Laserquelle auf andere Art vergrößert wird. Die Netzhautgefährdung für diffus gestreute Strahlung ist umgekehrt proportional zur Größe des Bildes auf der Netzhaut. Die Bildgröße hängt vom Sehwinkel α auf die betrachtende Laserquelle ab, die beispielsweise eine bestrahlte Fläche auf einer Wand sein kann (Abb. 5.2). Man definiert eine sogenannte *scheinbare Quelle,* deren Größe das Bild auf der Netzhaut erzeugt. Damit erhöht sich der Expositionsgrenzwert mit dem Sehwinkel α. Der Sehwinkel α darf nicht mit der Divergenz φ des Laserstrahls verwechselt werden.

Korrekturfaktor C_E

Je größer das Bild auf der Netzhaut ist, desto geringer ist die Gefährdung. Um diesen Umstand zu berücksichtigen, wurde für die Berechnung der Expositionsgrenzwerte im Wellenlängenbereich 400–1400 nm ein Korrekturfaktor C_E eingeführt.

Bei Laserstrahlung mit geringer Divergenz liegt die scheinbare Quelle im Unendlichen und der Sehwinkel wird sehr klein (<1,5 mrad). Auf der Netzhaut wird ein kleines Bild erzeugt (20 μm). In diesem Fall spricht man vom direkten Blick in den Laserstrahl und es gilt $C_E = 1$.

Betrachtet man hingegen die diffuse Reflexion eines Laserstrahls auf der Wand, so ergibt sich ein größerer Sehwinkel und somit ein größeres Bild auf der Netzhaut. Die Gefährdung sinkt und der Korrekturfaktor wird $C_E > 1$. Der maximale Wert, den C_E annehmen kann, ist ca. 66,66.

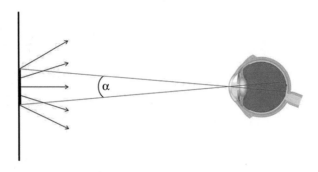

Abb. 5.2 Beschreibung des Sehwinkels α einer scheinbaren. (Quelle. Auge:© Peter Hermes Furian/Fotolia)

Die Berechnung bzw. Messung des Sehwinkels ist sehr kompliziert und erfordert viel Erfahrung. Für eine Ermittlung des Grenzwerts zur sicheren Seite hin kann $C_E = 1$ gesetzt werden. Die Formeln für die Berechnung von C_E werden im Anhang der TROS Laserstrahlung Teil 2 [2] gezeigt.

5.2 Ermittlung der Expositionsgrenzwerte (EGW)

Liegen vom Hersteller des Lasergeräts keine Angaben zu den Expositionsgrenzwerten vor, so lassen sich diese anhand von Tabellen ermitteln, welche im Anhang der TROS Laserstrahlung Teil 2 [2] zu finden sind. Es gibt dort Tabellen für die EGW der Augen für kurze Expositionsdauern (<10 s) und lange Expositionsdauern (>10 s) und eine Tabelle für die Haut. Weiterhin gibt es eine Tabelle mit Korrekturfaktoren und Parametern, welche in den Berechnungsformeln vorkommen. Einen kurzen Ausschnitt für die EGW nach der TROS zeigt Abb. 5.3.

5.2.1 Vereinfachte Expositionsgrenzwerte

Für eine schnelle Einschätzung der Expositionsgrenzwerte kann die folgende zur sicheren Seite hin vereinfachte Tab. 5.2 benutzt werden.

An dieser Stelle soll darauf hingewiesen werden, dass Berechnungen und Messungen gegenüber Laserstrahlung nach § 5(1) OStrV [4] nur von sogenannten „fachkundigen Personen" durchgeführt werden dürfen, welche nicht mit den Laserschutzbeauftragten zu verwechseln sind. Über welche Kenntnisse diese zu verfügen haben, ist in Abschn. 3.4. der TROS Laserstrahlung Teil 1 [3] nachzulesen. Es werden Fortbildungsveranstaltungen zum Erwerb der Fachkunde angeboten.

Folgendes einfaches Beispiel soll einen kleinen Einblick in die Vorgehensweise der Berechnung von Expositionsgrenzwerten geben.

Wellenlänge λ in nm (siehe a)		Durchmesser der Messblende D	Expositionsdauer t in s						
			10^{-13}–10^{-11}	10^{-11}–10^{-9}	10^{-9}–10^{-7}	10^{-7}–$1{,}8\cdot10^{-5}$	$1{,}8\cdot10^{-5}$–$5\cdot10^{-4}$	$5\cdot10^{-4}$–10^{-3}	10^{-3}–10
Sichtbar und IR-A	400–700	7 mm	$H = 1{,}5\cdot10^{-4}\cdot CE\ J\cdot m^{-2}$	$H = 2{,}7\cdot10^{4}\cdot t^{0{,}75}\cdot CE\ J\cdot m^{-2}$		$H = 5\cdot10^{-3}\cdot CE\ J\cdot m^{-2}$		$H = 18\cdot t^{0{,}75}\cdot CE\ J\cdot m^{-2}$	
	700–1050		$H = 1{,}5\cdot10^{-4}\cdot CA\cdot CE\ J\cdot m^{-2}$	$H = 2{,}7\cdot10^{4}\cdot t^{0{,}75}\cdot CA\cdot CE\ J\cdot m^{-2}$		$H = 5\cdot10^{-3}\cdot CA\cdot CE\ J\cdot m^{-2}$		$H = 18\cdot t^{0{,}75}\cdot CA\cdot CE\ J\cdot m^{-2}$	
	1050–1400		$H = 1{,}5\cdot10^{-3}\cdot CC\cdot CE\ J\cdot m^{-2}$	$H = 2{,}7\cdot10^{5}\cdot t^{0{,}75}\cdot CC\cdot CE\ J\cdot m^{-2}$		$H = 5\cdot10^{-2}\cdot CC\cdot CE\ J\cdot m^{-2}$		$H = 90\cdot t^{0{,}75}\cdot CC\cdot CE\ J\cdot m^{-2}$	

Abb. 5.3 Auszug Tab. A4.3 TROS Laserstrahlung Teil 2. (Mit freundlicher Genehmigung des Bundesministeriums für Arbeit und Soziales)

Tab. 5.2 Vereinfachte maximal zulässige Bestrahlungswerte auf der Hornhaut des Auges nach [2]

Wellenlängen-bereich [nm]	Bestrahlungsstärke E				Bestrahlung H			
	D^a		M^b		M		I^c, R^d	
	Impulsdauer [s]	E [W/m²]	Impulsdauer [s]	E [W/m²]	Impuls-dauer [s]	H [J/m²]	Impulsdauer [s]	H [J/m²]
$100 \leq \lambda < 315$	30.000	0,001	$<10^{-9}$	$3 \cdot 10^{10}$	–	–	$>10^{-9}$–$3 \cdot 10^4$	30
$315 \leq \lambda < 1400$	$>5 \cdot 10^{-4}$–10	10	–	–	$<10^{-9}$	$1,5 \cdot 10^{-4}$	$>10^{-9}$–$5 \cdot 10^{-4}$	0,005
$1400 \leq \lambda < 10^6$	$>0,1$–10	1.000	$<10^{-9}$	10^{11}	–	–	$>10^{-9}$–0,1	100

aDauerstrich (konstante Leistung über mind. 0,25 s) bModengekoppelt (Emission in Impulsen, die kleiner als 10^{-7} s und länger als 1 ns sind) cImpuls (Emissionen die $<0,25$ s sind und länger als 10^{-7} s) dRiesenimpuls (Emission in Impulsen, die kleiner als 10^{-7} s sind und länger als 1 ns)

Beispiel

Für einen Nd:YAG-Laser mit $\lambda = 1064$ nm im Dauerstrichbetrieb (cw) soll der Expositionsgrenzwert für eine Bestrahlungszeit von $t = 1$ s ermittelt und das Ergebnis mit dem aus Tab. 5.2 entnommenen Wert verglichen werden (direkter Blick in den Strahl: $C_E = 1$).

Vereinfachte Lösung Aus der vereinfachten Tab. 5.2 kann man entnehmen:

$$E_{EGW} = 10\,\frac{W}{m^2}\;\text{und für}\;t = 1\;\text{s folgt}\;H_{EGW} = 10\,\frac{J}{m^2}.$$

Genaue Lösung Aus Abb. 5.2 oder Tabelle A4.3 der TROS Laserstrahlung Teil 2 [2] entnimmt man

$$H_{EGW} = 90 \cdot t^{0,75} \cdot C_C \cdot C_E\,\frac{J}{m^2} \tag{5.1}$$

Aus Tab. A4.6 der TROS Laserstrahlung entnimmt man für $C_C = 1$. Für den direkten Blick in den Strahl gilt $C_E = 1$ und mit $t = 1$ s erhält man:

$$H_{EGW} = 90\,\frac{J}{m^2} \tag{5.2}$$

und

$$E_{EGW} = \frac{H_{EGW}}{t} = 90\,\frac{W}{m^2} \tag{5.3}$$

Der aus der vereinfachten Tab. 5.2 ermittelte Expositionsgrenzwert ist deutlich kleiner als der aus Tabelle A4.3 der TROS Laserstrahlung Teil 2 [2] ermittelte Wert und liegt somit auf der sicheren Seite. ◄

Gepulste Laserstrahlung
Die Berechnung von Expositionsgrenzwerten gepulster Lasersysteme kann umfangreich und kompliziert werden. Die Anleitung für die Berechnung findet sich im Anhang der TROS Laserstrahlung [2]. In Aufgabe 5.10 am Ende dieses Kapitels findet sich ein Beispiel für die Berechnung der Expositionsgrenzwerte für gepulste Laserstrahlung.

5.2.2 Einfluss der Expositionsdauer auf den Expositionsgrenzwert

Häufig wird angenommen, dass die Expositionsdauer den Expositionsgrenzwert stark beeinflusst. Wie diese sich tatsächlich auswirkt, soll folgendes Beispiel zeigen.

Beispiel

Für einen Diodenlaser (z. B. $\lambda = 659$ nm, direkter Strahl) soll der Expositionsgrenzwert für Expositionszeiten von 1 s, 1 ms und 1 µs ermittelt werden. Aus der Lösung von Aufgabe 5.7 erhält man:

1 s: $E_{EGW} = 18 \frac{W}{m^2}$.

1 ms: $E_{EGW} = 101 \frac{W}{m^2}$.

1 µs: $E_{EGW} = 569 \frac{W}{m^2}$ ◀

Das Beispiel zeigt deutlich, dass eine Verringerung der Expositionsdauer um den Faktor 1 Mio. in unserem Fall lediglich eine Erhöhung des Expositionsgrenzwerts um den Faktor 31,6 ergibt. Bei einer Verkürzung der Expositionszeit von 10.000 erhält man eine Erhöhung des EGW um genau den Faktor 10. Eine Verkürzung der Expositionsdauer kann oft also nicht das einzig geeignete Mittel sein, die Sicherheit zu gewährleisten und andere Maßnahmen, wie z. B. eine Aufweitung des Laserstrahls oder die Verringerung der Leistung, sind zu treffen. Diese Tatsache ist bei der Beurteilung der Sicherheit einer Lasershow von besonderer Bedeutung.

5.2.3 Expositionsgrenzwerte bei mehreren Wellenlängen

Können am Arbeitsplatz gleichzeitig Expositionen unterschiedlicher Wellenlängen vorliegen, so ist zu prüfen, ob es zu einer Addition der Wirkungen der einzelnen Strahlungen kommen kann. Eine Addition liegt vor, wenn der Laserschaden durch die unterschiedlichen Wellenlängen an der gleichen Stelle, z. B. an der Netzhaut, und durch den gleichen Wirkungsprozess auftritt. Eine Hilfe hierbei gibt Tab. 5.3.

Wurde festgestellt, dass eine Additivität vorliegt, so gilt folgende Bedingung, damit der Grenzwert eingehalten wird:

$$\sum_{\lambda_i} \frac{E_{\lambda i}}{E_{EGW,\lambda_i,}} \leq 1 \tag{5.4}$$

Dabei sind $E_{\lambda i}$ die Exposition bei der Wellenlänge λi und E_{EGW,λ_i} der entsprechende Expositionsgrenzwert. Tab. 5.4 zeigt beispielhafte Expositionsgrenzwerte für einige wichtige Lasertypen für direkte Laserstrahlung ($C_E = 1$) bei kontinuierlicher Laserstrahlung.

Tab. 5.3 Additive Wirkung der Strahlungseinwirkung verschiedener Wellenlängenbereiche für Auge und Haut. Aus [2]

Wellenlängenbereich [nm]	100–315 [nm]	315–400 [nm]	400–1400 [nm]	1400–10⁶ [nm]
100–315	Auge/Haut			
315–400		Auge/Haut	Haut	Auge/Haut
400–1400		Haut	Auge/Haut	Haut
1400–10⁶		Auge/Haut	Haut	Auge/Haut

Tab. 5.4 Expositionsgrenzwerte verschiedener Lasersysteme

Lasertyp	Wellenlänge [nm]	Expositionsdauer [s]	E_{EGW} [W/m^2]
He-Ne-Laser	633	100	10
Nd:YAG-Laser	1064	100	50
Stickstofflaser	337	30.000	0,33
CO$_2$-Laser	10.600	100	1000
Diodenlaser	805	100	50
Argon-Laser	488	100	5,7
Ho:YAG-Laser	2100	100	1000
Er:YAG-Laser	2940	100	1000

5.2.4 Umgang mit den Expositionsgrenzwerten

Die ermittelten Expositionsgrenzwerte (EGW) dienen der Gefährdungsbeurteilung und werden in dieser festgehalten. Werden die EGW am Arbeitsplatz eingehalten, so ist sichergestellt, dass der Schutz der Arbeitnehmer/innen vor möglichen Schäden von Auge oder Haut gewährleistet ist. Übersteigen die Expositionen den Expositionsgrenzwert, so hat der Unternehmer zu prüfen, ob die Expositionen unter den EGW reduziert werden können. Ist dies nicht möglich, so sind geeignete Schutzmaßnahmen festzulegen und umzusetzen. Dazu gehören beispielsweise Abschirmungen und die Benutzung von Laserschutzbrillen. Die Expositionsgrenzwerte und deren Bedeutung sind den betroffenen Beschäftigten in der Unterweisung mitzuteilen.

5.3 Übungen

Aufgaben

Für die Lösung der Aufgaben soll für die Bestimmung der vereinfachten Expositionsgrenzwerte Tab. 5.2 aus diesem Buch und für die nicht vereinfachten Expositionsgrenzwerte die Tabellen aus der TROS Laserstrahlung Teil 2 A4.3–A4.6 [2] verwendet werden.

5.1 Von welchen Parametern hängt der Expositionsgrenzwert ab?

5.2 Wie hoch ist der vereinfachte Expositionsgrenzwert für einen Laser mit sichtbarer Strahlung bei einer Dauer von 5 s?

5.3 Wie hoch ist der vereinfachte Expositionsgrenzwert für einen CO$_2$-Laser bei einer Bestrahlung von 5 s? Warum ist der Wert wesentlich höher als der für sichtbare Strahlung (Aufgabe 5.2)?

5.4 Der Strahl eines Diodenlasers mit einer Wellenlänge von 940 nm hat einen Strahlquerschnitt von $A = 1$ cm^2 und eine konstante Leistung von $P = 10$ mW. Wird beim direkten Blick in den Strahl der Expositionsgrenzwert überschritten? Falls ja, auf welchen Wert muss die Leistung verringert werden, damit der Expositionsgrenzwert unterschritten wird? Benutzen Sie die vereinfachten Werte nach Tab. 5.2.

5.5 Wie hoch ist der Expositionsgrenzwert für UV-Laserstrahlung mit der Wellenlänge von 196 nm bei einer Strahlungsdauer von 30.000 s und 1 s?

5.6 Ermitteln Sie den Expositionsgrenzwert (in $\frac{J}{m^2}$ und $\frac{W}{m^2}$) bei Bestrahlung des Auges mit roter Laserstrahlung (633 nm, direkter Strahl) bei einer Dauer von $t = 0,5$ s.

Welche Laserleistung unterschreitet den Expositionsgrenzwert bei einem Strahlquerschnitt von $A = 2$ cm^2?

5.7 Ein Diodenlaser ($\lambda = 659$ nm) wird als Showlaser eingesetzt (direkter Strahl). Es soll der Expositionsgrenzwert für Expositionszeiten 1 s, 1 ms und 1 μs ermittelt werden.

5.8 Berechnen Sie den Expositionsgrenzwert für rote Laserstrahlung (633 nm) bei einer Bestrahlungsdauer von $t = 0,5$ s (wie Aufgabe 6), wenn der Laserstrahl auf eine diffus streuende Wand gerichtet ist. Der Strahldurchmesser an der Wand beträgt $d = 10$ cm und die bestrahlte Fläche wird in einer Entfernung von $r = 2$ m betrachtet.

5.9 Es soll der Expositionsgrenzwert für Laserstrahlung mit einer Wellenlänge von 440 nm und einer Expositionsdauer von 120 s berechnet werden.

5.10 Berechnen Sie den Expositionsgrenzwert für einen dermatologischen gepulsten Nd-Laser (1064 nm) mit einer Impulsbreite von 10 ns und einer Impulsfolgefrequenz von $f = 10$ Hz.

Lösungen

5.1 Folgende Parameter spielen eine Rolle: Wellenlänge und Bestrahlungsdauer.

5.2 Man entnimmt aus Tab. 5.2 einen Expositionsgrenzwert von $E_{EGW} = 10 \frac{W}{m^2}$.

5.3 Der CO_2-Laser strahlt im IR-C bei einer Wellenlänge von 10.600 nm. Man entnimmt aus Tab. 5.2 einen Expositionsgrenzwert von $E_{EGW} = 1000 \frac{W}{m^2}$. Dieser Wert ist um den Faktor 100 größer als für den Fall der sichtbaren Strahlung. Dies liegt daran, dass die IR-C Strahlung auf der Hornhaut wirkt, während die sichtbare Strahlung auf die Netzhaut fokussiert wird.

5.4 Nach Tab. 5.2 beträgt der Expositionsgrenzwert bis zu einer Bestrahlungszeit von 10 s $E_{EGW} = 10 \frac{W}{m^2}$. Die Exposition beträgt $E = \frac{P}{A} = 100 \frac{W}{m^2}$. Also wird der Expositionsgrenzwert um den Faktor 10 überschritten. Damit die Expositionsgrenzwerte eingehalten werden, muss die Leistung mindestens um den Faktor 10 auf 1 mW reduziert werden.

5.5 Für 30.000 s liefert die vereinfachte Tab. 5.2: $E_{EGW} = 0,001 \frac{W}{m^2}$. Daraus folgt mit $t = 30.000$ s: $H_{EGW} = 30$ J/m². Für kürzere Bestrahlungszeiten kann die genauere Tab. A4.3 der TROS Laserstrahlung Teil 2 benutzt werden. Man erhält (ab 1 ns unabhängig von der Zeit): $H_{EGW} = 30$ J/m². Mit $t = 1$ s erhält man $E_{EGW} = 30 \frac{W}{m^2}$. Bemerkung: Die vereinfachte Tabelle liegt auf der sicheren Seite, gibt aber für kürzere Bestrahlungsdauern zu kleine Werte an.

5.6 Es wird der direkte Blick in den Strahl vorausgesetzt ($C_E = 1$). Aus Tab. A4.3 der TROS Laserstrahlung Teil 2 entnimmt man:

$$H_{EGW} = 18 \cdot t^{0,75} \cdot C_E \, \frac{J}{m^2} = 18 \cdot 0{,}5^{0,75} \, \frac{J}{m^2} = 18 \cdot 0{,}59 \, \frac{J}{m^2} = 10{,}7 \, \frac{J}{m^2}$$

Daraus berechnet man:

$$E_{EGW} = \frac{H_{EGW}}{t} = \frac{10{,}7}{0{,}5} \, \frac{W}{m^2} = 21{,}4 \, \frac{W}{m^2}$$

Die Laserleistung muss folgenden Wert unterschreiten:

$$P = E_{EGW} \cdot A = 21{,}4 \frac{W}{m^2} \cdot 2 \cdot 10^{-4} \, m^2 = 4{,}28 10^{-3} \, W.$$

5.7. Aus Tab. A4.3 der TROS Laserstrahlung Teil 2 entnimmt man

$$H_{EGW} = 18 \cdot t^{0,75} \cdot C_E \, \frac{J}{m^2}$$

Für den direkten Strahl ist mit $C_E = 1$ zu rechnen. Es ergeben sich folgende Expositionsgrenzwerte:

$t = 1$ s: $\qquad H_{EGW} = 18 \cdot 1^{0,75} \cdot \frac{J}{m^2} = 18 \cdot \frac{J}{m^2}$ $\qquad$ und

$$E_{EGW} = \frac{H_{EGW}}{t} = \frac{18 \, J/m^2}{1 s} = 18 \, \frac{W}{m^2}$$

$t = 1$ ms: $\qquad H_{EGW} = 18 \cdot (10^{-3})^{0,75} \cdot \frac{J}{m^2} = 0{,}1 \, \frac{J}{m^2}$ $\qquad$ und

$$E_{EGW} = \frac{H_{EGW}}{t} = \frac{0{,}1 \, \frac{J}{m^2}}{10^{-3} s} = 101 \, \frac{W}{m^2}.$$

$t = 1$ µs: $\qquad H_{EGW} = 18 \cdot (10^{-6})^{0,75} \cdot \frac{J}{m^2} = 5{,}69 \cdot 10^{-4} \cdot \frac{J}{m^2}$ $\qquad$ und

$$E_{EGW} = \frac{H_{EGW}}{t} = \frac{5{,}69 \cdot 10^{-4} J/m^2}{10^{-6} s} = 569 \, \frac{W}{m^2}$$

5.8 Es werden die Tab. A4.3 bis A4.6 der TROS Laserstrahlung Teil 2 verwendet. Es gilt die Formel:
Für 1,5 mrad $< \alpha <$ 100 mrad gilt $C_E = \alpha/1{,}5$ mrad.
Der Sehwinkel beträgt $\alpha = 0{,}1/2 = 0{,}05 = 50$ mrad und man erhält damit $C_E = 50$ mrad/1,5 mrad $= 33{,}3$.
Wie in Aufgabe 5.6 erhält man:

$$H_{EGW} = 18 \cdot t^{0,75} \cdot C_E \, \frac{J}{m^2} = 18 \cdot 0{,}5^{0,75} \cdot 33{,}3 \frac{J}{m^2} = 18 \cdot 0{,}59 \cdot 33{,}3 \, \frac{J}{m^2} = 356 \, \frac{J}{m^2}$$

5.9 Tabelle A4.4 der TROS Laserstrahlung Teil 2 zeigt für Zeiten über 10 s Expositionsgrenzwerte für eine fotochemische und eine thermische Netzhautschädigung. Es müssen beide Grenzwerte ermittelt werden (A4.4 bis A4.6). Gültig ist dann der kleinere Wert. Es wird der direkte Blick in den Laserstrahl vorausgesetzt ($\alpha \leq 1{,}5$ mrad, $C_E = 1$)
Fotochemische Gefährdung:

$$E_{EGW} = 1 \cdot C_B \frac{W}{m^2} \text{ mit } \gamma_P = 1{,}1 \cdot t^{0,5} \text{ mrad und } C_B = 1.$$

Es folgt $E_{EGW} = 1 \cdot 1 \frac{W}{m^2}$ und $\gamma_P = 12$ mrad. Der Wert γ_P gibt eine Messvorschrift an und hat für die Berechnung des Grenzwertes keine Bedeutung. (Er stellt den Grenzempfangswinkel des Messgerätes dar. Für den vorliegenden Fall folgt, dass der reale Empfangswinkel des Messgerätes die betrachtete Quelle voll erfassen muss. Er braucht aber nicht genau festgelegt werden.)

Thermische Gefährdung:

Für $a \leq 1,5$ mrad gilt $T_2 = 10$ s entnimmt man aus Tab. A4.4 $E_{EGW} = 10 \frac{W}{m^2}$.

Ergebnis: Es gilt der kleinere Wert der fotochemischen Gefährdung von $E_{EGW} = 1$ W/m².

5.10 Zunächst wird der Expositionsgrenzwert für einen einzelnen Impuls berechnet. Man erhält aus Tab. A4.3 der TROS Laserstrahlung Teil 2 folgenden Wert: $H_{EGW} = 5 \cdot 10^{-2} \cdot C_C \cdot C_E \frac{J}{m^2}$.

aus Tab. A4.6 entnimmt man $C_C = 1$ und $C_E = 1$, damit berechnet man $H_{EGW} = 5 \cdot 10^{-2} \frac{J}{m^2}$.

Es erfolgt eine Korrektur für die Impulsfolge (TROS Laserstrahlung Teil 2, S. 142) mit dem Faktor $C_P = N^{-0,25}$, wobei N die Zahl der Impulse innerhalb von 10 s darstellt. In diesem Fall ist N = 100 und der Korrekturfaktor lautet $C_P = 100^{-0,25} = 0,316$. Damit reduziert sich der Expositionsgrenzwert auf $H_{EGW} = 5 \cdot 10^{-2} \cdot 0,316 \frac{J}{m^2} = 1,58 \cdot 10^{-2} \frac{J}{m^2}$. Weiterhin darf der Mittelwert der Bestrahlung während der Zeit t den Expositionsgrenzwert für t nicht überschreiten. Es wird eine Bestrahlungsdauer von 100 s angenommen. Man erhält aus Tab. A4.3 und A4.6 der TROS Laserstrahlung Teil 2 $E_{EGW} = 10 \cdot C_A \cdot C_C \frac{W}{m^2}$ mit $C_A = 5$ und $C_C = 1$. Es folgt $E_{EGW} = 50 \frac{W}{m^2}$. Es gilt $H_{EGW} = \frac{E_{EGW}}{f} = 5 \frac{J}{m^2}$. Dieser Wert ist größer als der zuletzt berechnete Wert.

Ergebnis: Der Expositionsgrenzwert für die Impulsfolge wird durch den Grenzwert für einen einzelnen Impuls dieser Folge gegeben: $H_{EGW} = 1,58 \cdot 10^{-2} \frac{J}{m^2}$.

Literatur

1. Leitfaden Laserstrahlung, Brose et.al.: Fachverband für Strahlenschutz e. V. (2011)
2. TROS Laserstrahlung Teil 2 Messungen und Berechnungen gegenüber Laserstrahlung: Bundesministerium für Arbeit und Soziales (2015)
3. TROS Laserstrahlung Teil 1 Allgemeines: Bundesministerium für Arbeit und Soziales (2015)
4. Verordnung zum Schutz der Beschäftigten vor Gefährdungen durch künstliche optische Strahlung (Arbeitsschutzverordnung zu künstlicher optischer Strahlung – OStrV) 19. Juli 2010 (BGBl. I S. 960)

Gefährdungen durch Laserstrahlung

6

Inhaltsverzeichnis

Unter dem Begriff der Gefährdung ist im Sinne des Arbeitsschutzgesetzes „ein Zustand oder eine Situation, in der die Möglichkeit des Eintritts eines Gesundheitsschadens besteht", zu verstehen [1]. Beim Umgang mit Laserstrahlung muss man zwischen der direkten und der indirekten Gefährdung unterscheiden. Eine direkte Gefährdung besteht bei der Wechselwirkung von Laserstrahlung mit den Augen oder der Haut und einem daraus möglicherweise resultierenden thermischen, fotochemischen oder fotoakustischen Schaden [2]. Unter indirekter Gefährdung versteht man Prozesse, bei denen die Laserstrahlung nicht direkt, sondern über einen Umweg, wie z. B. durch eine elektrische Wirkung, Blendungen, die Entstehung von toxischen und kanzerogenen Rauchen oder das Entzünden von Materialien zu einer Gefahr für den Menschen wird.

© Springer-Verlag GmbH Deutschland, ein Teil von Springer Nature 2021
C. Schneeweiss et al., *Leitfaden für Laserschutzbeauftragte,*
https://doi.org/10.1007/978-3-662-63198-0_6

6.1   Direkte Gefährdung

6.1.1   Direkter, reflektierter und gestreuter Laserstrahl

Wenn Laserstrahlung Auge oder Haut direkt, von einem Material reflektiert oder diffus gestreut trifft und der Expositionsgrenzwert überschritten wird, kann es zu einem Schaden kommen (Abb. 6.1).

Reflektierter oder gestreuter Laserstrahl
Eine besondere Gefährdung besteht immer dann, wenn reflektierende Gegenstände in den Laserstrahl eingebracht werden und dieser daraufhin unkontrolliert reflektiert wird (Abb. 6.2). Man spricht in diesem Fall von vagabundierender

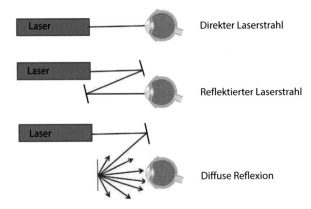

Abb. 6.1 Möglichkeiten der direkten Gefährdung durch Laserstrahlung. (Bild Auge: © Peter Hermes Furian/Fotolia)

Abb. 6.2 Reflexion eines grünen Laserstrahls an einem Werkzeug. Die Strahlung wird unkontrolliert abgelenkt

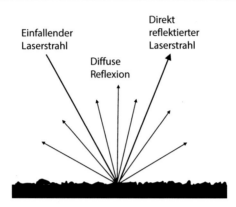

Abb. 6.3 Wird Laserstrahlung an diffus reflektierenden Oberflächen reflektiert, so tritt neben der diffusen Reflexion meist auch noch direkte Reflexion auf

Laserstrahlung. Die Strahlung dringt hierbei in Bereiche vor, in denen man nicht mit ihr rechnet.

Auch diffus reflektierte Strahlung kann gefährlich sein. Dies ist vor allem bei Lasern der Klasse 4, aber auch bei Lasern der Klasse 3B der Fall, wenn über längere Zeit als 10 s in die diffuse Reflexion gestarrt wird. Ob eine Oberfläche tatsächlich diffus reflektiert, lässt sich meist nicht genau sagen. In vielen Fällen gibt es neben der diffusen Strahlung auch noch direkte Reflexionen, in denen der Leistungsanteil viel höher als in den diffusen Strahlungsanteilen ist (Abb. 6.3).

6.1.2 Gefährdung von Auge und Haut

Gefährdung des Auges Wie tief Laserstrahlung in das Auge eindringt, hängt im Wesentlichen von den optischen Eigenschaften des Gewebes und der Wellenlänge der Laserstrahlung ab (Kap. 2) [3]. Laser der Klasse 1 (gemäß DIN EN 60825-1:2008) sind so sicher, dass die Expositionsgrenzwerte für das Auge in der Regel unterschritten werden und somit keinen Schaden verursachen können. Die Laser dieser Klasse 1 werden als „sicher" bezüglich der direkten Gefährdung betrachtet. Alle anderen Laserklassen können zu Gefährdungen führen.

Ultraviolette Strahlung UV-C
Die kurzwellige UV-C Strahlung im Bereich zwischen 100 und 280 nm wird in den oberen Schichten der Horn- und Bindehaut absorbiert. Sie kann dort eine Hornhautentzündung (Fotokeratitis) und eine Bindehautentzündung (Fotokonjunktivitis) verursachen.

Ultraviolette Strahlung UV-B
Die UV-B Strahlung im Bereich zwischen 280 und 315 nm dringt etwas tiefer in die vorderen Schichten des Auges ein. Sie verursacht dort auch Horn- und Binde-

aservision

E25 Modulares Laserschutz-Faltwandsystem

360°
FlexJoint
Profile

GERMAN
DESIGN
AWARD
SPECIAL
2021

protecting people   uvex-laservision.de

hautentzündungen. Da die Strahlung teilweise bis zur Augenlinse reicht, kann zusätzlich auch noch eine Trübung der Augenlinse auftreten, die als Katarakt oder grauer Star bezeichnet wird.

Ultraviolette Strahlung UV-A

Für UV-A Strahlung im Bereich von 315 bis 380 nm erhöht sich die Eindringtiefe weiter, sodass die Augenlinse stärker bestrahlt wird. Dies kann zu einer Eintrübung der Linse (Katarakt, grauer Star) führen. In allen Bereichen der ultravioletten Strahlung können fotochemische Schäden auftreten, für die die Expositionsgrenzwerte besonders niedrig sind. Eine hohe Strahldichte im blauen Spektralbereich kann zu einer fotochemischen Schädigung der Netzhaut, der sogenannten Blaulichtschädigung, führen.

Sichtbare Strahlung VIS

Die sichtbare Laserstrahlung reicht nach der Definition im Laserstrahlenschutz von 400 bis 700 nm. Normalerweise kann jedoch auch Strahlung zwischen 360 und 830 nm gesehen werden (Definition der CIE). Die Strahlung gelangt bis zur Netzhaut (Retina). Bei Überschreitung der Expositionsgrenzwerte entsteht ein Netzhautschaden. Meist handelt es sich um einen thermischen Schaden. Bei Bestrahlungsdauern über 10 s kann es jedoch auch zu einer fotochemischen Gefährdung kommen.

Infrarote Strahlung IR-A

Das Auge ist im IR-A Bereich (700–1400 nm) zumindest teilweise durchlässig, sodass es zu einem thermischen Netzhautschaden kommen kann. Ein Teil der Strahlung kann jedoch auch in der Augenlinse absorbiert werden, sodass sie sich eintrüben kann.

Infrarote Strahlung IR-B

Die IR-B Strahlung (1400–4000 nm) wird in den vorderen Teilen des Auges absorbiert und es kann dort zu einem thermischen Hornhautschaden oder zur Eintrübung der Augenlinse kommen.

Infrarote Strahlung IR-C

Im Bereich IR-C (4000–10^6 nm) wird die Strahlung vollständig in der Hornhaut absorbiert, sodass ein thermischer Hornhautschaden entstehen kann.

Gefährdung der Haut Die Gefährdung der Haut durch Laserstrahlung kann sehr ernsthaft sein aber die Auswirkungen sind in der Regel für die Lebensqualität nicht so einschneidend, wie es bei den Augen der Fall ist. Daher werden die Gefährdungen im Folgenden etwas stärker zusammengefasst.

Ultraviolette Strahlung UV-A, -B, -C

Ultraviolette Strahlung verursacht bei Überschreitung der Expositionsgrenzwerte fotochemische Schädigungen. Je nach Wellenlänge treten dabei insbesondere

Hautrötung (Erythem), verstärkte Pigmentierung, verstärkte Hautalterung, Vorstufen des Hautkrebses und Hautkrebs auf. Die Expositionsgrenzwerte für die Gefährdungen sind für das Auge und die Haut gleich.

Sichtbare Strahlung VIS
Im sichtbaren Spektralbereich treten als Gefährdungen hauptsächlich Verbrennungen und Verdampfen von Gewebe auf. Zusätzlich können bei manchen Personen schon bei geringer Bestrahlungsstärke fotosensible Reaktionen auftreten. Die Expositionsgrenzwerte für die Haut sind wesentlich größer als für die Augen, da die Fokussierung der Strahlung durch das optische System des Auges entfällt.

Infrarote Strahlung IR-A, -B, -C
Infrarote Strahlung wird an der Oberfläche der Haut absorbiert und es können Verbrennungen und Verdampfen auftreten. Die Expositionsgrenzwerte für Haut und Auge sind gleich.

Wirkungen Entzündungen der Hornhaut, der Bindehaut und der Haut sind oft sehr schmerzhaft, heilen in der Regel jedoch wieder vollständig aus. Anders sieht dies jedoch bei Verletzungen der Netzhaut aus. Diese besteht aus Nervenzellen, welche nach einer Zerstörung nicht mehr nachwachsen. Die Schäden sind meist irreversibel und führen zu einer starken Reduzierung der Lebensqualität. Auch die mögliche kanzerogene Wirkung von UV-Strahlung ist besonders zu berücksichtigen.

6.2   Indirekte Gefährdung

Neben den direkten Gefährdungen müssen im Laserschutz auch die indirekten Gefährdungen betrachtet werden, da diese zu ernsten Unfällen führen können. Im Folgenden werden die Wichtigsten davon erläutert:

- elektrische Gefährdung,
- Blendung durch sichtbare Strahlung,
- inkohärente optische Strahlung,
- Röntgenstrahlung,
- explosible Atmosphären und brennbare Stoffe,
- toxische und infektiöse Stoffe,
- Lärm.

6.2.1   Elektrische Gefährdung

Jeder Laser ist ein elektrisches Gerät und muss dementsprechend regelmäßig auf die elektrische Sicherheit hin überprüft werden. Die größte Gefährdung entsteht hierbei in der Regel bei der Wartung mit Hochspannung betriebener Geräte.

Da die Beurteilung der elektrischen Gefährdung nicht im Aufgabenbereich der Laserschutzbeauftragten liegt, wird in diesem Buch nicht weiter darauf eingegangen.

6.2.2 Blendung durch sichtbare Laserstrahlung

Das Auge ist in der Lage, sich an unterschiedliche Helligkeiten (Leuchtdichte bzw. Beleuchtungsstärken) durch die Variation des Pupillendurchmessers und die Zuordnung der Empfindlichkeit der jeweils betroffenen Fotorezeptoren anzupassen. Man spricht hierbei von Adaptation. Wird die Leuchtdichte bzw. Beleuchtungsstärke allerdings plötzlich stark erhöht, wie es z. B. bei Bestrahlung durch einen Laserpointer der Fall ist, kann es zu einer Überreizung bzw. Sättigung der Rezeptoren und damit zum Erliegen des rezeptorischen Signals kommen, was zur Folge hat, dass keine informationstragenden elektrischen Impulse an das Gehirn gesendet werden. Erst nach einer mehr oder weniger langen Regenerationszeit ist in solchen Situationen ein normales Sehen wieder möglich. Haupteffekte dieser vorübergehenden Blendung sind hierbei die Entstehung von Blitzlichtblindheit und Nachbildern, welche beim Betroffenen Unbehaglichkeit und eine temporäre Beeinträchtigung des Sehvermögens zur Folge haben kann. Eine Störung des Sehvermögens kann bei Tätigkeiten wie dem Führen eines Fahr- oder Flugzeuges, beim Bedienen einer Maschine, bei Installations- oder Reparaturarbeiten zu einem erhöhten Unfallrisiko führen [1].

Die Blendung von Personen durch Laserstrahlung im sichtbaren Bereich wurde lange Zeit unterschätzt. Erst mit den umfangreichen wissenschaftlichen Untersuchungen von Hans-Dieter Reidenbach et.al. [4] konnte gezeigt werden, dass schon sehr geringe Laserleistungen im Bereich von einigen µW zu einer von der Wellenlänge und der Bestrahlungsdauer abhängigen Beeinträchtigung des Sehvermögens führen können. So wurden beispielsweise Nachbilddauern von 5 min bei einer Bestrahlungsdauer der Fovea von 10 s mit einer Laserleistung von 30 µW ermittelt [4]. Diese Laserleistung entspricht der Laserklasse 1. Wie hell die Strahlung eines 1-mW-Laserpointers erscheinen kann, zeigt Abb. 6.4. Eine Blendung in einem Hubschrauber zeigt Abb. 6.5.

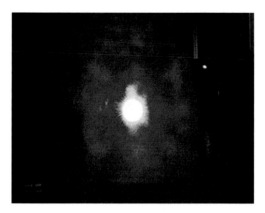

Abb. 6.4 Blendeffekt eines 1-mW-Laserpointers, welcher auf eine Milchglasscheibe gerichtet wurde

Abb. 6.5 Blendungssituation in einem Hubschrauber. Durch die Attacke ist der Horizont von der Kabine aus für den Piloten nicht mehr zu sehen (aus [5])

6.2.3 Inkohärente optische Strahlung

Bei vielen Arbeitsprozessen wie z. B. dem Laserschweißen (Abb. 6.6) oder dem Laserschneiden entsteht als Nebenprodukt inkohärente optische Strahlung in Form von UV-Strahlung, sichtbarer und infraroter Strahlung (Schweißlichtfackel) [6]. Kommt es hierbei zu einer Grenzwertüberschreitung, muss mit Augen- und Hautschäden und mit Blendung gerechnet werden. Weitere Quellen der Gefährdung sind inkohärente optische Pumpquellen von Lasersystemen. Ausführliche Informationen zu Gefährdungen und Schutzmaßnahmen gegenüber inkohärenter optischer Strahlung sind in den *Technischen Regeln Inkohärente optische Strahlung* (TROS IOS) [6] zu finden.

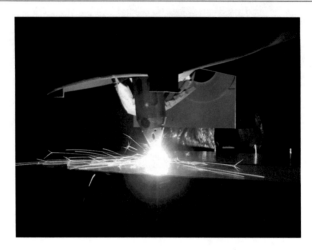

Abb. 6.6 Entstehung von inkohärenter Strahlung beim Laserschweißen. (Mit freundlicher Genehmigung der Wilco Wilken Lasertechnik GmbH)

6.2.4 Röntgenstrahlung

Bei der Wechselwirkung von extrem kurz gepulster Laserstrahlung im Femto-sekundenbereich (extrem hohe Leistungsdichte) mit Werkstoffen kann ionisierende Strahlung in Form von direkter Röntgenstrahlung (Bremsstrahlung oder charakteristische Strahlung) auftreten. Sollte dies der Fall sein, so ist die Röntgen- bzw. die Strahlenschutzverordnung zu beachten.

6.2.5 Explosible Atmosphären und brennbare Stoffe

Ein wesentlicher Aspekt des Laserschutzes ist der Brand- und Explosionsschutz [7]. Aufgrund der auch noch in großer Entfernung erreichbaren hohen Leistungs- bzw. Energiedichten können Materialien durch die Laserstrahlung (Klasse 3B und 4) – besonders dann, wenn diese fokussiert wird – in Brand gesetzt und zündfähige Gemische zur Explosion gebracht werden. Unter „explosions-fähiger Atmosphäre" versteht man ein Gemisch aus Luft und brennbaren Gasen, Dämpfen, Nebeln oder Stäuben unter atmosphärischen Bedingungen, in dem sich der Verbrennungsvorgang nach erfolgter Entzündung auf das gesamte unver-brannte Gemisch überträgt [5]. Wird Laserstrahlung von einem Stoff absorbiert, so erwärmt sich dieser je nach Höhe des Energieeintrags. Erreicht die Erwärmung die Zündtemperatur, kann dies zu einem Brand oder zu einer Explosion führen. Wann ein Stoff in Brand gerät bzw. wann ein Gemisch explodiert, hängt sowohl von den

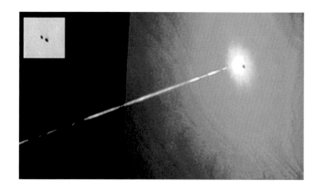

Abb. 6.7 Bestrahlung einer dünnen Sperrholzplatte mit einem 250 mW starken grünem Laserstrahl und daraus resultierenden Brandlöchern

Materialeigenschaften als auch von den Umgebungsbedingungen ab. Anlage 4 der TROS Laserstrahlung nennt Explosionsgefahr bei Laserleistungen ab 15–150 mW. Zu den besonders gefährdeten Stoffen zählen:

- Leicht entzündliche und brennbare Materialien im Laserbereich wie z. B. Vorhänge, Kartonagen (Abb. 6.7),
- brennbare Gase und Dämpfe (z. B. Lösungsmittel, Desinfektionsmittel),
- brennbare Metallstaub-Luft-Gemische (z. B. Selbstentzündung von Stoffgemischen mit Aluminium und Stahl durch chemische Reaktionen),
- elektrische Kabel und deren Abschirmungen,
- Materialien und Ablagerungen in Absaugsystemen.

Im medizinischen Bereich treten folgende Gefährdungen auf [8]:

- Brände von Abdeckmaterialien und Tupfern,
- Tubenbrände, vor allem in sauerstoffangereicherter Umgebung,
- Explosionsgefahr bei Narkosegasen, Methan im Magen- und Darmtrakt,
- Kunststoffbrände (z. B. Schläuche),
- Abschmelzen der Enden von Lichtleitfasern.

Wichtige Informationen hierzu findet man in den *Technischen Regeln Brandschutz* TRBS 2152 Teil 3 Abschn. 5.10 [9]. Soll ein Gerät in einem explosionsgefährdeten Bereich eingesetzt werden, so muss es der EU-Richtlinie 2014/34/EU genügen. Laser in der Medizin unterliegen dem Medizinproduktegesetz.

Abb. 6.8 Beispiel für eine durch einen Laserstrahl zerstörte Zink-Selenid-Linse

Gefährdung durch lasereigene Optiken

Die infrarote Laserstrahlung IR-B und-C kann mit normalen Glas- oder Quarz-optiken nicht geführt werden, da die Strahlung dort stark absorbiert wird. Die am häufigsten eingesetzten Linsen und Fenster für CO_2-Laser bestehen aus Zinkselenid (ZnSe). Man erkennt diese Linsen an ihrer gelblichen Farbe. Im Fehlerfall, wie z. B. bei einer Verschmutzung der Optik, kann es dazu kommen, dass die Strahlung an der Linse absorbiert wird, die sich dadurch aufheizt und im Extremfall thermisch zersetzt (Abb. 6.8). Die dabei entstehenden Rauche enthalten gesundheitsschäd-liches Selen und Zinkoxid. Eine weitere Gefährdung geht nach einem Bruch der Linse von den Bruchstücken bei direktem Kontakt aus. Die Entsorgung muss in den Sondermüll erfolgen. Wichtige Hinweise zum Umgang mit Zinkselenid-Linsen findet man in der *Fachausschussinformation der DGUV FA_ET002 Hinweise zur speziellen Gefährdungsanalyse ZnSe-Linse* (Stand: 08/2009) [12].

6.2.6 Toxische oder infektiöse Stoffe

Toxische Stoffe

Wirkt Laserstrahlung auf anorganische oder organische Materialien wie z. B. Metalle, Kunststoffe, Keramiken, Gläser oder biologisches Gewebe ein, kann es zur Entstehung von gesundheitsgefährdenden toxischen, infektiösen und kanzerogenen Stäuben, Dämpfen und Aerosolen (Schwebteilchen) kommen, welche in der Gesamtheit als Laserrauch bezeichnet werden. Die Zusammensetzung des Laser-rauchs hängt vom bearbeiteten Material ab. Beim Schweißen von metallischen Werkstoffen entstehen z. B. gasförmige Gefahrstoffe wie Ozon, Kohlenstoff-monoxid und nitrose Gase (NO, NO_2) [6]. Besondere Aufmerksamkeit erfordert die Laserbearbeitung von Chrom-Nickel-Stählen, da dort krebserregende Chrom(VI)-Verbindungen und Nickeloxide entstehen können. Der Laser wird heute in vielen Bereichen der Chirurgie eingesetzt. Dort, wo Gewebe geschnitten, abgetragen

oder verdampft wird, kann es für das medizinische Personal zu einer Gesundheits-gefährdung durch das Einatmen des entstehenden Gewebsrauches kommen [13]. Weiterhin kann auch der Laser selbst gesundheitsgefährdende Gase oder andere Substanzen enthalten. Ein Beispiel hierfür sind insbesondere Excimerlaser und Farbstofflaser. Die Schadstoffaufnahme kann inhalativ, über die Haut oder oral erfolgen. Eine besondere Gefährdung besteht darin, dass fast alle Partikel aus dem Laserrauch lungengängig sind (Feinstaub) und dort zu Entzündungen und zur Entstehung von Krebs führen können. Um die Sicherheit am Arbeitsplatz zu gewährleisten, muss die Gefahrstoffverordnung eingehalten werden. Dort werden Grenzwerte festgelegt und Schutzmaßnahmen beschrieben.

Konkretisiert wird die Gefahrstoffverordnung durch verschiedene technische Regeln [10] wie z. B.:

TRGS 400 Gefährdungsbeurteilung für Tätigkeiten mit Gefahrstoffen,

TRGS 402 Ermitteln und Beurteilen der Gefährdungen bei Tätigkeiten mit Gefahrstoffen: inhalative Exposition,

TRGS 900 Grenzwerte in der Luft am Arbeitsplatz, „Luftgrenzwerte", siehe *„Technische Regeln für" Gefahrstoffe,*

TRGS 903 Biologische Arbeitsplatztoleranzwerte – BAT-Werte,

TRGS 905 Verzeichnis krebserzeugender, erbgutverändernder oder fort-pflanzungsgefährdender Stoffe,

TRGS 910 Risikobezogenes Maßnahmenkonzept für Tätigkeiten mit krebs-erzeugenden Gefahrstoffen,

TRGS 560 Luftrückführung beim Umgang mit krebserzeugenden Gefahrstoffen,

Sofern die Grenzwerte gemäß Gefahrstoffverordnung nicht eingehalten werden, müssen Maßnahmen, wie z. B. der Einbau einer auf den Gefahrstoff ausgelegten Absauganlage, getroffen werden.

Virale Stoffe

Neben der Brand- und Explosionsgefahr besteht bei medizinischen Eingriffen, bei denen Gewebe verdampft wird, eine Gefährdung des medizinischen Personals und des Patienten durch virale Partikel im Gewebsrauch und in den Aerosolen. Es konnten im Rauch infektiöse Viren wie HIV (humanes Immunschwächevirus), HBV (Hepatitis-B-Virus), BPV (bovines Papillomavirus) und HPV (humanes Papillomavirus) nachgewiesen werden [11]. Folgen einer Inhalation des Gewebs-rauchs können z. B. Kopfschmerzen und Übelkeit, aber auch Reizungen der Augen und der Atemwege sein. Allerdings sind diese Wirkungen erst wenig unter-sucht. Schutzmaßnahmen regelt die Biostoffverordnung (BioStoffV).

6.2.7 Lärm

Lärmentstehung
Die Entstehung von Lärm in Zusammenhang mit Laserstrahlung tritt vor allem bei der Materialbereitung mit Laserbearbeitungsmaschinen und handgeführten Lasersystemen (HLS) auf.

Gefährdungen durch Lärm
Lärm am Arbeitsplatz kann beispielsweise zu folgenden Beschwerden führen [12]:

- dauerhaftem Verlust des Hörvermögens,
- Entstehung von Tinnitus,
- Müdigkeit, Stress, Kopfschmerzen,
- Gleichgewichtsproblemen, Ohnmacht,
- Störung der sprachlichen Kommunikation,
- Unfähigkeit, akustische Warnsignale zu hören.

6.3 Übungen

Aufgaben

6.1 Welche Laserstrahlung kann eine direkte Gefährdung verursachen?

6.2 Was hat man bei der diffusen Reflexion von Laserstrahlung in der Praxis zu beachten?

6.3 Führt diffuse Reflexion von Lasern der Klasse 3B zu einer Gefährdung? Unter welchen Bedingungen gilt diese Aussage?

6.4 Bei welchen Wellenlängen kann Laserstrahlung zu einer Gefährdung der Netzhaut führen?

6.5 In welchen Bereichen tritt eine Gefährdung durch Laserstrahlung überwiegend an der Hornhaut auf?

6.6 Reicht es bei ultravioletter Strahlung aus, nur die Augen zu schützen?

6.7 Nennen Sie Beispiele, bei denen gespiegelte Laserstrahlung zu einer Gefährdung führen kann.

6.8 Welche Laserklasse kann eine Brand- und Explosionsgefahr verursachen?

6.9 Welche Laserklasse kann zu einer sehr starken Gefährdung der Haut führen?

6.10 Welche indirekten Gefährdungen durch Laserstrahlung gibt es?

6.11 Kann ein Laser der Klasse 1, der entsprechend den Herstellerangaben im Normalbetrieb betrieben wird, zu einem Augenschaden führen? Kann eine indirekte Gefährdung auftreten, die einen Unfall zur Folge hat?

6.12 Durch welche Maßnahmen kann die Brand- und Explosionsgefahr verringert werden?

6.13 Bei einer medizinischen Anwendung des Lasers entsteht Gewebsrauch. Was ist zu tun?

6.14 Was ist bei der Entsorgung eines CO_2-Lasers zu beachten?

6.15 Ab welcher Laserleistung kann bei einem Laser mit einer Wellenlänge im Sichtbaren Blendung auftreten?

Lösungen

6.1 Es handelt sich um die direkte, reflektierte und gestreute Laserstrahlung.

6.2 Ein ideale diffuse Reflexion tritt in der Praxis nicht auf. Es gibt meist noch einen erhöhten Strahlungsanteil der spiegelnden Reflexion.

6.3 Wenn man die diffus strahlende Fläche in großer Entfernung (über 13 cm Entfernung) beobachtet und nicht zu lange in die Strahlung schaut (unter 10 s), führt die diffus reflektierte Strahlung bei der Klasse 3B nicht zu einem Augenschaden. Achtung! Dies gilt nur, wenn der Diffusor nicht auch reflektierende Anteile erzeugt!

6.4 Laserstrahlung im sichtbaren Bereich VIS 400–700 nm und infrarote Strahlung IR-A (700–1400 nm) führen zu einer Gefährdung der Netzhaut.

6.5 Ultraviolette Strahlung UV-B und -C (100–315 nm) sowie infrarote Strahlung IR-B und -C (1400–10^6 nm) führen hauptsächlich an der Hornhaut zu einer Gefährdung. Bei UV-B und IR-B kann auch eine Linsentrübung entstehen.

6.6 Nein, die Gefährdungen von Auge und Haut sind bei ultravioletter Strahlung gleich, sodass auch die Haut geschützt werden muss. Die Expositionsgrenzwerte für Auge und Haut sind für UV gleich.

6.7 Das wichtigste Beispiel dafür sind spiegelnde Flächen im Laserbereich. Aber auch Ringe oder andere Schmuckstücke sowie Uhren können zu Reflexionen führen.

6.8 Es handelt sich um die Laserklassen 3B und insbesondere 4.

6.9 Es handelt sich um die Klasse 4. Aber auch Laser der Klasse 3B können zu Hautschäden führen, allerdings mit geringeren Auswirkungen. Achtung! Neue Laser der Klasse 1 nach DIN EN 60825-1 können im IR-Bereich eine Gesamtleitung bis zu 0,5 W haben. Hier kann es zumindest zu kleinen Hautschäden kommen! Bestrahlungsdauern von 30.000 in kurzem Abstand zur Quelle sind bei diesen Lasern „unsicher"!

6.10 Indirekte Gefährdungen sind: Brand- und Explosionsgefahr, Entstehung toxischer und viraler Stoffe, Entstehung von inkohärenter optischer Strahlung und (bei hohen Pulsleistungen) von Röntgenstrahlung, elektrische Gefährdung und Blendung.

6.11 Laserstrahlung aus Lasern der Klasse 1 kann keinen Augenschaden verursachen. Allerdings tritt die indirekte Gefährdung durch Blendung auf, die zu Unfällen führen kann.

6.12 Brennbare Stoffe gehören nicht in den Laserbereich. Es ist zu prüfen, ob die Abschirmungen durch die Laserstrahlung in Brand gesetzt werden können. Falls ja, müssen sie ersetzt werden.

6.13 Der Rauch muss durch ein geeignetes Gerät abgesaugt werden.

6.14 Linsen aus ZnSe sind toxisch und müssen speziell entsorgt werden.

6.15 Untersuchungen zeigen, dass eine Blendung bei einem dunkeladaptierten Auge schon ab 1 μW auftreten kann. Ab 10 μW haben fast alle Probanden Blendungserscheinungen.

Literatur

1. Beratungsgesellschaft für Arbeits- und Gesundheitsschutz. http://www.bfga.de/arbeitsschutzlexikon-von-a-bis-z/fachbegriffe-c-i/gefaehrdung-fachbegriff/. BGFE Glossar Fachbegriffe. Zugegriffen: 8. Nov 2015
2. Damit nichts ins Auge geht ..., Schutz vor Laserstrahlung, Bundesanstalt für Arbeitsschutz und Arbeitsmedizin. http://www.baua.de/de/Publikationen/Broschueren/A37.html (2010). Zugegriffen: 4. Okt 2016
3. Technische Regeln Laserstrahlung, Teil Allgemeines: Bundesministerium für Arbeit und Soziales, 53107 Bonn (2015)
4. Reidenbach, H.-D., Dollinger, K., Beckmann, D., Al Ghouz I., Ott, G., Brose, M.: Blendung durch optische optische Strahlungsquellen. Bundesanstalt für Arbeitsschutz und Arbeitsmedizin, Dortmund (2008)
5. Reidenbach, H.-D., Dollinger, K., Beckmann, D., Al Ghouz, I., Ott, G., Brose, M.: Blendung durch künstliche optische Strahlung unter Dämmerungsbedingungen, 1. Aufl. Bundesanstalt für Arbeitsschutz und Arbeitsmedizin, Dortmund (2014). ISBN: 978-3-88261-024-6
6. Technische Regeln IOS: Teil Allgemeines: Bundesministerium für Arbeit und Soziales, 53107 Bonn (2015)
7. Richtlinie 2014/34/EU des Europäischen Parlaments und des Rates vom 26. Februar 2014 zur Harmonisierung der Rechtsvorschriften der Mitgliedstaaten für Geräte und Schutzsysteme zur bestimmungsgemäßen Verwendung in explosionsgefährdeten Bereichen (Neufassung)
8. DGUV Fachausschussinformation Betrieb von Laser-Einrichtungen für medizinische und kosmetische Anwendungen FAET5 (veraltet), 15. Nov 2009
9. Technische Regeln für Gefahrstoffe, Schweißtechnische Arbeiten, TRGS 528, Ausschuss für Gefahrstoffe – AGS-Geschäftsführung – BAuA – www.baua.de (2009)
10. Leitfaden Nichtionisierende Strahlung, Laserstrahlung, Fachverband für Strahlenschutz e. V., FS-2019-181-AKNIR
11. DIN EN ISO 11553-3:2013-07
12. Fachausschussinformation der DGUV FA_ET002 Hinweise zur speziellen Gefährdungsanalyse ZnSe-Linse (Stand: 08/2009). https://www.bgetem.de/arbeitssicherheit-gesundheitsschutz/themen-von-a-z-1/strahlung-optische/laserstrahlung/fachausschuss-informationen-des-fachausschuss-elektrotechnik-der-dguv-stand-2011. Zugegriffen: 4. Okt 2016
13. Eickmann U., et al.: Chirurgische Rauchgase: Gefährdungen und Schutzmaßnahmen, Arbeitspapier für Arbeitsschutzexperten in betroffenen gesundheitsdienstlichen Einrichtungen. Internationale Vereinigung für soziale Sicherheit (2011)

Auswahl und Durchführung von Schutzmaßnahmen

7

Inhaltsverzeichnis

© Springer-Verlag GmbH Deutschland, ein Teil von Springer Nature 2021
C. Schneeweiss et al., *Leitfaden für Laserschutzbeauftragte*,
https://doi.org/10.1007/978-3-662-63198-0_7

Wird in der Gefährdungsbeurteilung festgestellt, dass vom Arbeitsplatz direkte oder indirekte Gefährdungen ausgehen, so müssen nach dem Arbeitsschutzgesetz Schutzmaßnahmen in folgender Reihenfolge getroffen werden:

- Technische und bauliche Schutzmaßnahmen
- Organisatorische Schutzmaßnahmen
- Persönliche Schutzmaßnahmen

Diesem sogenannten **TOP-Prinzip** wurde beim Schutz vor Laserstrahlung noch die Substitution vorangestellt, sodass man im Laserschutz vom **STOP-Prinzip** spricht. Es wird gefordert, dass die Gefahren möglichst direkt an der Quelle zu bekämpfen sind und gemeinschaftliche Schutzmaßnahmen Vorrang vor individuellen Schutzmaßnahmen haben müssen. In diesem Kapitel werden die wichtigsten technischen Schutzmaßnahmen der Hersteller und der Anwender vorgestellt. Es wird auf die organisatorischen Schutzmaßnahmen – Laserschutz-beauftragter, Laserbereich, Unterweisung und arbeitsmedizinische Vorsorge – ein-gegangen und es werden die persönlichen Schutzmaßnahmen, hier vor allem die Schutz- und Justierbrillen, vorgestellt und deren Beschaffung anhand von Bei-spielen erklärt.

7.1   Substitutionsprüfung

Wurde in der Gefährdungsbeurteilung festgestellt, dass beim Einsatz eines Arbeitsmittels Schutzmaßnahmen am Arbeitsplatz erforderlich sind, muss der Arbeitgeber nach der TROS Laserstrahlung Teil 1 eine sogenannte Substitutions-prüfung durchführen [1]. Der Begriff der Substitution kommt aus dem Lateinischen *(substituere)* und bedeutet „ersetzen". Im Arbeitsschutz ist damit gemeint, dass der Arbeitgeber vor der Anschaffung bzw. vor der Inbetriebnahme eines Arbeitsmittels mit bekannter Gefährdung überprüfen soll, ob ein anderes geeignetes Arbeitsmittel mit geringerer Gefährdung eingesetzt werden kann. Ein einfaches Beispiel dafür ist die Verwendung eines Ziellasers in der Vermessungs-technik. In der Vergangenheit wurden dafür meist Lasergeräte, in denen rote Laser verbaut sind, angeboten. Da die Empfindlichkeit unserer Augen im roten Spektral-bereich wesentlich geringer ist als im grünen, benötigt man für den gleichen Helligkeitseindruck bei einer Wellenlänge von 655 nm (rot) eine Leistung von 2,66 mW (Laserklasse 3R), bei einer Wellenlänge von 532 nm (grün) aber nur eine Leistung von 0,24 mW (Laserklasse 1) [1] Es ist daher zu empfehlen, für diesen Einsatz Laser im grünen Wellenlängenbereich zu verwenden. Dies ist natürlich nur dann möglich, wenn die Messsituation es erlaubt. Weitere Beispiele für eine Substitution wären der Einsatz von Lasern mit geringerer Leistung oder Energie oder der Einsatz ganz anderer Verfahren. Allerdings ist immer abzuschätzen, ob von diesen ebenfalls eine Gefährdung ausgeht und falls ja, ob das Verletzungs-potenzial geringer ist.

7.2   Technische Schutzmaßnahmen

Technische Schutzmaßnahmen haben das Ziel, die Gefährdung durch Laserstrahlung zu verhindern oder wenigstens auf ein Minimum zu reduzieren.

7.2.1   Technische Schutzmaßnahmen des Herstellers

In der Produktsicherheitsverordnung ist festgeschrieben, dass der Hersteller von Lasergeräten für alle Betriebsarten eine sogenannte Risikoanalyse durchzuführen hat. Er ermittelt die Risiken und legt dementsprechend Schutzmaßnahmen fest, welche in der Betriebsanleitung beschrieben werden müssen. Die Klassifizierung und Kennzeichnung endsprechend der jeweiligen Laserklasse wird in der Regel nach DIN EN 60825-1 festgelegt. Die Gefährdung durch Laserstrahlung von Laserbearbeitungsmaschinen wird in der Normenreihe EN ISO 11553 behandelt. Im Folgenden werden exemplarisch einige wichtige technische Schutzmaßnahmen beschrieben.

Schutzgehäuse
Lasereinrichtungen, egal welcher Laserklasse, müssen mit einem Schutzgehäuse versehen sein (Abb. 7.1, 7.2 und 7.3). Dieses soll verhindern, dass Laserstrahlung oberhalb der GZS-Werte für Klasse 1 zugänglich wird. Ist es notwendig, Nutzstrahlung aus dem Gehäuse herauszuführen, sind weitere Schutzmaßnahmen zu treffen.

Innenraumüberwachung
Besteht die Möglichkeit, dass Personen das Innere des Schutzgehäuses betreten können, so hat der Hersteller eine Innenraumüberwachungseinrichtung zu

Abb. 7.1 Beispiel für einen Materialbearbeitungslaser der Klasse 1 (LV Midi © Laservorm). Laserstrahlung tritt nur innerhalb des Schutzgehäuses auf

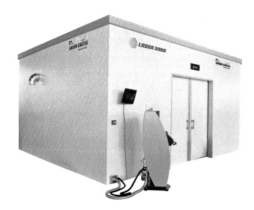

Abb. 7.2 Beispiel für die Einhausung eines Lasersystems in Form einer Laserschutzkabine. (©
Laser 2000)

Abb. 7.3 Schutzgehäuse eines Trumpf Faserlasers TRU 3030 der Laserklasse 1. (© Trumpf
Laser)

installieren. Möglichkeiten hierzu sind der Einbau von Laserschutzfenstern oder
die Überwachung durch Kamerasysteme.

Kennzeichnung der Lasereinrichtung
Lasereinrichtungen der Klassen 2 und höher müssen nach der Norm DIN EN
60825-1 mit einem Warnschild und einem Hinweisschild versehen werden, auf
welchem die Angaben zur Laserstrahlung zu finden sind (s. auch Abschn. 4.2)
(Abb. 7.4). Bei Lasern der Klassen 1, 1 C und 1 M genügt die Beschilderung mit
einem Hinweisschild (Abb. 7.5).

   Auch Eigen- und Umbauten von Lasereinrichtungen machen eine Kennzeichnung der Laserklasse notwendig.

Abb. 7.4 Laser Warnschild. (© T. Michel/Fotolia)

Abb. 7.5 Laser Hinweisschild

Strahlbegrenzung

Dort, wo Nutzstrahlung außerhalb des Gehäuses benötigt wird, ist diese auf einen Mindestweg zu begrenzen. Möglich ist dies durch diffus reflektierende Zielflächen oder kommerziell erhältliche sogenannte Strahlfallen *(beam dumps)* (Abb. 7.6). Luftgekühlte Strahlfallen sind für Laserleistungen bis ca. 50 W, wassergekühlte Systeme bis ca. 1000 W geeignet.

Abb. 7.6 Beispiel für eine Strahlfalle (© Laser Components GmbH). Die Strahlung wird innerhalb des Systems absorbiert

Abb. 7.7 Schlüsselschalter und Kennzeichnung des Strahlaustritts. (© Innolas Laser)

Schlüsselschalter

Bei Lasern der Klasse 3B und 4 ist der Einbau eines Schlüsselschalters (Hauptschalter) durch den Hersteller zwingend erforderlich (Abb. 7.7). Nach dem Ausschalten des Lasers ist der Schlüssel abzuziehen und sicher zu verwahren. Der Zugang zur Laserstrahlung wird dadurch für Unbefugte verhindert. Der Begriff „Schlüssel" umfasst hierbei auch weitere Maßnahmen zum Einschalten des Lasers wie z. B. Zahlencodes, Magnetkarten und Softwaresteuerungen.

Kennzeichnung des Strahlaustritts

Bei Lasereinrichtungen der Klassen 3R und höher muss die Strahlaustrittsöffnung gekennzeichnet sein, damit für den Anwender klar ersichtlich ist, wo mit dem Austritt von Laserstrahlung zu rechnen ist (Abb. 7.7).

Steckverbinder für Fernverriegelung

Laser der Klassen 3B und 4 müssen mit einem Stecker für eine Fernverriegelung versehen sein. Auf dem Markt gibt es Sicherheitsverriegelungssysteme *(interlock systems),* welche es erlauben, verschiedene Sicherheitseinrichtungen wie Laser-Shutter, Türverriegelungen, Rollos an Fenstern und Not Aus Schalter von außerhalb des Laserbereichs zu steuern.

Automatische Leistungsverringerung (ALV) bei Lichtwellenleiter-Kommunikationssystemen (LWLKS)

Lichtwellenleiter-Kommunikationssysteme (LWLKS) dienen der Übertragung von optischen Signalen und müssen ein sicheres Schutzgehäuse haben, welches die Überschreitung der Expositionsgrenzwerte verhindert. Um auch im Fehlerfall, wie z. B. einem Faserbruch, gesichert zu sein, sind diese Systeme häufig mit einer sogenannten automatischen Leistungsverringerung (ALV) versehen, welche in möglichst kurzer Zeit die Leistung der Laserstrahlung auf einen unbedenklichen Wert absenkt. Weitere Informationen hierzu findet man in Abschn. 4.5 der Norm EN 60851-2 (Sicherheit von Lichtwellenleiter-Kommunikationssystemen) und in Abschn. 10.5.2 dieses Buches.

Not-Halt-Taster

Um im Notfall den Austritt der Laserstrahlung innerhalb kürzester Zeit (ca. 100 ms) unterbrechen zu können, sind bei Lasereinrichtungen der Klassen 3B und 4 Not-Halt-Taster ein Teil des Sicherheitskonzeptes. Durch Drücken des Tasters wird die Anlage nicht komplett ausgeschaltet, sondern es wird z. B. ein Shutter in den Strahlengang eingebracht oder die Anregungsquelle deaktiviert [2].

Emissionswarneinrichtung

Lasersysteme der Klassen 3R (nur in den Wellenlängenbereichen <400 und >700 nm) und Lasersysteme der Klassen 3B und 4 (im gesamten Wellenlängenbereich) müssen mit einer ausfallsicheren und redundanten optischen oder akustischen Vorrichtung versehen sein, welche anzeigt, ob der Laser eingeschaltet ist.

Sichere Beobachtungseinrichtungen

Beobachtungseinrichtungen, wie z. B. Okulare von Lasermikroskopen, müssen mit geeigneten Filtern versehen sein, die verhindern, dass es zu rückgestreuter oder reflektierter Strahlung oberhalb des Grenzwertes GZS von Klasse 1 M kommt.

Sicherheitskomponenten bei richtungsveränderlicher Laserstrahlung

Lasereinrichtungen mit richtungsveränderlicher Strahlung wie z. B. Scanner und Showlaser, müssen mit Sicherheitseinrichtungen versehen sein, die im Fehlerfall verhindern, dass der Grenzwert GZS der zugewiesenen Laserklasse überschritten wird. Hierzu gehören z. B. Sicherheitsblenden und Strahlfänger sowie Strahlüberwachungssysteme.

Handgeführte Lasersysteme

Im Bereich der Medizin und der Materialbearbeitung werden oft handgeführte Lasersysteme mit Leistungen von einigen Watt bis hin zu einigen Kilowatt eingesetzt. Um ein sicheres Arbeiten zu gewährleisten, werden diese Systeme vom Hersteller mit Sicherheitseinrichtungen wie Fuß- oder Handschaltern, Auflagekontrollen, Abstands- und Positionskontrollen ausgestattet [3].

7.2.2 Technische Schutzmaßnahmen des Anwenders

Reichen die technischen Schutzmaßnahmen des Herstellers nicht aus, um die Anwender vor der Laserstrahlung zu schützen, sind weitere technische Schutzmaßnahmen zu ergreifen. Dabei wird die Reihenfolge durch das sogenannte STOP-Prinzip vorgegeben. Im Folgenden werden einige wichtige technische Schutzmaßnahmen vorgestellt, die Anwender zum Schutz der Beschäftigten einsetzen können.

Abschirmung der Laserstrahlung
Der beste Schutz vor Gefährdungen durch Laserstrahlung wird durch eine vollständige Einhausung der Laserquelle erreicht (Abb. 7.1). Ist dies nicht möglich, kann eine Abschirmung auch durch fest oder temporär angebrachte schwer entflammbare Wände, Vorhänge oder Stellwände realisiert werden (Abb. 7.8).

Um sicherzustellen, dass die Abschirmungen der verwendeten Laserstrahlung standhalten, müssen diese den Anforderungen folgender Normen entsprechen. DIN EN 12254 ist für Leistungen ≤100 W bzw. Einzelimpulsenergien ≤30 J und nicht für Lasergehäuse zuständig. Für Leistungen und Pulsenergien darüber und für Lasergehäuse gilt DIN EN 60825-4.

Für die Berechnung der erforderlichen Schutzstufe ist für die Hersteller von Laserschutzprodukten das Wissen um die sogenannte VMB, die *vorhersehbare maximale Bestrahlung,* erforderlich. Diese muss vom Hersteller des Lasers bestimmt und in der Betriebsanleitung angegeben werden. Werden z. B. zu Wartungszwecken nur temporäre Abschirmungen verwendet, so dürfen diese auch bei höheren Leistungen nach DIN EN 12254 zertifiziert sein (TROS Laserstrahlung Teil 3 [1]).

Für spezielle Anforderungen wie z. B. das Vorführen von Lasersystemen auf Messen (Abb. 7.9) bieten die Hersteller eigens auf die Anwendung zugeschnittene Laserschutzprodukte an.

Werden Laserschutzabschirmungen im Eigenbau angefertigt und aufgestellt, wird der Anwender automatisch zum Hersteller des Systems Laser+Laserabschirmung und somit für die Sicherheit der gesamten Anlage verantwortlich. Es ist daher anzuraten, dass auch in diesem Fall die Vorgaben der DIN EN 60825-4 bzw. DIN EN 12254 eingehalten werden.

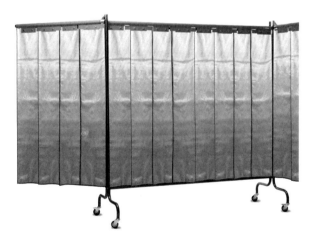

Abb. 7.8 Beispiel einer Laserschutzabgrenzung mit einem Lamellenvorhang. (© Firma Jutec)

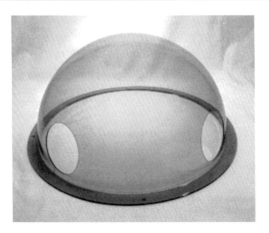

Abb. 7.9 Beispiel einer kundenspezifischen Laserschutzabschirmung. (© Laservision)

Aktive und passive Einhausung von Laserstrahlquellen

Hochleistungslaserquellen mit hoher Strahlqualität erfordern ein hohes Level an Schutzmaßnahmen. Insbesondere automatisierte Laseranlagen werden heute zumeist eingehaust. Dabei ist zwischen passivem und aktivem Laserschutz zu unterscheiden. Passiver Laserschutz für automatisierte Anlagen bedeutet, dass die Einhausung der Laserbearbeitungsstation der Laserstrahlung eine definierte Zeit von 30.000 s (ca. 8,3 h) standhalten muss. Diese Zeit ist in der für die Sicherheit von Laseranlagen geltenden Norm DIN EN 60825 4 spezifiziert. Dabei wird von einer direkten Bestrahlung der Einhausung, also dem größtmöglichen annehmbaren Unglücksfall, ausgegangen. Im Fall der heute weit verbreiteten hochbrillanten Strahlquellen, die z. B. in der Automobilindustrie für Schweiß-, Schneid und Lötanwendungen unverzichtbar geworden sind, ist ein passiver Laserschutz bereits heute kaum mehr möglich. Die Einhausung müsste weit von der Strahlquelle entfernt sein, damit die Strahlintensität weit genug abgeschwächt und so einer direkten Bestrahlung über die geforderte Dauer standgehalten wird. Eine passive Einhausung würde daher viel Platz brauchen. Ein Workaround wäre die Beschränkung der maximalen Einschaltdauer des Lasers auf 10 s oder weniger, was jedoch langfristig die Flexibilität der Laseranlage und ihrer Anwendungen erheblich einschränkt. Alternativ werden aktive Laserschutzwände verwendet. Diese sind bis dato im Allgemeinen doppelwandig und verfügen im Inneren über Sensoren, meist Dioden, die im Schadensfall den Sicherheitskreis des Lasers öffnen und damit die Strahlungsemission unterbrechen.

Solche aktiven und modularen Laserschutzsysteme bestehen aus einem aktiven Sensormaterial und einem Messverstärker. Sobald das Sensormaterial durch den Laser Schaden nimmt, ändern sich dessen physikalischen Eigenschaften, woraufhin über den Messverstärker ein Abschaltbefehl an die Strahlquelle gegeben bzw. der Sicherheitskreis des Lasers geöffnet und die Strahlungsemission gestoppt wird. Zusätzlich verfügt das aktive Laserschutzmaterial über passive

Strahlenschutzlagen, die zum einen Strahlung geringer Intensität zuverlässig standhalten und zum anderen die Signallaufzeit bzw. Bestrahlungsdauer zwischen Abschaltbefehl und dem Ausbleiben der Laserstrahlung kompensieren. Insgesamt ist das Laserschutztextil lediglich ca. 10 mm dick.

Es gibt auch flexibel anpassbare aktive Laserschutztextilien, ähnlich Schweißer-Vorhängen (Abb. 7.11), welche die Firma JUTEC GmbH auf den Markt gebracht hat und erfolgreich zertifizieren ließ. Im Rahmen der Zertifizierung konnte die Tauglichkeit des Laserschutztextils für einen aktiven Laserschutz vollumfänglich

a   **b**

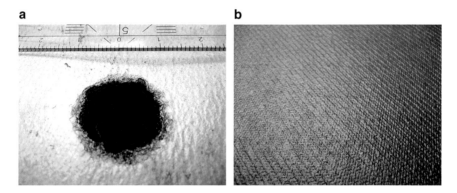

Abb. 7.10 Schutzwirkung eines Laserschutztextils. Das Bild zeigt die verbrannte Vorderseite des Textils und dessen gegenüberliegende unversehrte Rückseite. (Mit freundlicher Genehmigung der Firma Jutec)

Abb. 7.11 Modular aufgebaute Laserschutzkabine

und reproduzierbar nachgewiesen werden. Auftreffende Strahlung wurde durch das Sensortextil zuverlässig detektiert und die Strahlquelle abgeschaltet, bevor die hintere Textillage zerstört und Strahlung transmittiert wurde. Dafür exemplarisch ist das Ergebnis eines Bestrahlungsversuchs mit einer Laserleistung von 12 kW bei einem Strahldurchmesser von 17 mm auf dem Laserschutztextil (Abb. 7.10).

Positionierung der Laserquelle
Der Laser ist so aufzustellen, dass die Laserstrahlung nicht auf Türen oder Fenster gerichtet wird.

Zutrittssicherung
Die Sicherung des Zutritts zu Laserbereichen kann beispielsweise durch Interlockschalter, Türverriegelungssysteme oder Lichtschranken erreicht werden.

Vorrichtungen zur automatischen Abschaltung eines Lasers stellen eine Möglichkeit dar, um eine Zutrittskontrolle zum Laserbereich herzustellen. Hierbei sollte aber, wenn möglich, vermieden werden, die komplette Stromversorgung der Lasereinheit zu unterbrechen. Dieses kann zum einen (besonders bei hoher Laserleistung) den Laser selbst beschädigen und zum anderen auch nicht zur sofortigen Abschaltung führen, zum Beispiel durch die vorhandene Restladung in den Kondensatoren der Anregungselektronik. Aus diesem Grund verfügen viele Laser über eine sogenannte Sicherheitsverriegelung (engl. Interlock). Hierbei handelt es sich um eine im Laser verbaute Komponente, die bei Auslösung, entweder elektrisch oder mechanisch, die Laseremission unterbricht. Dies kann beispielsweise über einen intern verbauten Shutter oder durch Deaktivierung der Anregungsquelle erfolgen. Auf diese Weise wird der Laser in einen sicheren „Stand-By"-Modus geschaltet, ohne dass er dabei Schaden nehmen kann.

Um den Zugang zu einem Laserbereich sicher zu gestalten, bedarf es zuallererst einer elektronischen Überwachung der Zugänge (Türen, Rollos, Vorhänge oder Zugangsklappen) mit einer entsprechenden Sensorik (Interlockschalter). Eine zentrale Verarbeitungslogik, auch Interlock-Kontrollsystem genannt (Abb. 7.12), erkennt durch Anlegen eines Teststroms durch den Interlockschalter, ob der Kontrollkreis geschlossen und folglich der Laserbereich nach außen hin sicher ist. In dem Fall können die über das Interlock-Kontrollsystem angeschlossenen Laser in Betrieb genommen werden.

Hierfür werden im Interlock-Kontrollsystem mittels intern verbauter Relais potentialfreie Kontakte geschlossen, die mit der Interlock-Schnittstelle des Lasers verknüpft sind. Sobald der Interlockkreis zum Laser geschlossen ist, kann beispielsweise ein intern im Laser verbauter Shutter mit Spannung versorgt werden und die Strahlquelle freigeben. Bei einer unautorisierten Öffnung eines Zugangs zum Laserbereich würde die Unterbrechung im Kontrollkreis der Interlockschalter das Interlock-Kontrollsystem dazu veranlassen, mittels Umschaltens der Relais, die potentialfreien Kontakte wieder zu öffnen, so dass die Spannungsversorgung des Shutters unterbrochen wird und dieser folglich den Laserstrahl blockiert.

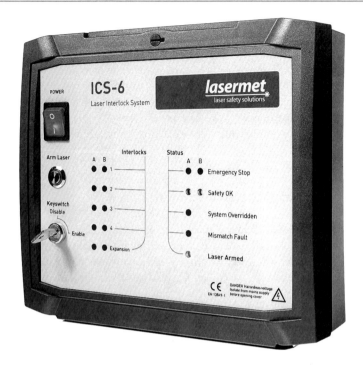

Abb. 7.12 Beispiel eines Interlock-Kontrollsystems. (© Laser 2000 GmbH)

Der Vorteil einer solchen Lösung besteht in dem modularen Aufbau des Systems. So können problemlos (auch im Nachhinein) mehrere Zugänge gleichzeitig überwacht und eine Vielzahl von Lasern angeschlossen werden. Warnleuchten werden über solch ein System automatisch geschaltet. Zudem ist es möglich eine Überbrückungsschaltung (zwecks kontrollierten Zutrittes) sowie eine magnetische Türverriegelung und auch eine unbegrenzte Anzahl an Not-Aus Schalter mit einzubinden.

Strahlführung
Wenn es der Einsatz des Lasers zulässt, sollte die Laserstrahlung möglichst in Strahlführungssystemen wie Rohren oder Lichtleitfasern geführt werden. Weiterhin muss eine Begrenzung durch Strahlfallen (Abb. 7.6) erfolgen. Fest verbaute optische Elemente wie z. B. Spiegel oder Linsen sollen unverrückbar und auch unverkippbar platziert werden. Laserstrahlung soll niemals auf Türen oder Fenster gerichtet werden.

Oberflächen im Laserbereich
Wände, Fußböden und Decken im Laserbereich sollten möglichst hell und diffus reflektierend sein, spiegelnde Oberflächen wie z. B. Fliesen oder Fenster abgedeckt werden. Ist dies aus arbeitstechnischen Gründen nicht möglich, soll der Laserbereich auf eine minimale Größe verkleinert werden.

Warnleuchten

Nach der TROS Laserstrahlung muss der Einschaltzustand der Lasereinrichtungen eindeutig angezeigt werden [1]. Ausfallsichere Warnleuchten oder Warntableaus an den Zugängen zu Laserbereichen, sind eine sehr wirkungsvolle Methode, das unbefugte bzw. ungeschützte Betreten des Laserbereichs zu verhindern. Das Einschalten der Warnleuchte sollte elektrisch mit dem Einschalten des Lasers gekoppelt sein. Entsteht beim Arbeiten im Freien ein Laserbereich, so kann dieser durch eine Rundumleuchte oder eine ortsveränderliche Blinkwarnleuchte angezeigt werden.

7.3 Organisatorische Schutzmaßnahmen

Reichen die technischen Schutzmaßnahmen nicht aus, eine Gefährdung durch die Laserstrahlung auszuschließen, müssen im nächsten Schritt organisatorische Schutzmaßnahmen getroffen werden. Eine wirksame Maßnahme zur Verringerung der Gefährdung besteht z. B. darin, den Abstand der Beschäftigten zur Laserquelle so groß wie möglich und die Expositionszeit so klein wie möglich zu halten. Daneben soll durch die Bestellung von Laserschutzbeauftragten die Abgrenzung und Kennzeichnung der Laserbereiche und die Unterweisung der Beschäftigten das Gefährdungspotenzial minimiert werden.

7.3.1 Bestellung von Laserschutzbeauftragten

Sowohl in der OStrV als auch in der DGUV-Vorschrift 11 wird gefordert, dass für Arbeitsplätze, an denen Laser der Klassen 3R, 3B und 4 eingesetzt werden, Laserschutzbeauftragte schriftlich bestellt werden müssen. War in der DGUV-Vorschrift 11 die Teilnahme an einem entsprechenden Ausbildungskurs noch empfohlen worden, so wurde diese mit der OStrV zur Pflicht. Eine ausführliche Beschreibung der Aufgaben und der Verantwortung der Laserschutzbeauftragten ist in Kap. 8 zu finden.

7.3.2 Unterweisung

Ein wesentlicher Bereich des betrieblichen Arbeitsschutzes ist die sicherheitstechnische Unterweisung der Beschäftigten durch die Vorgesetzten [4–6]. Diese soll zum sicheren und verantwortungsvollen Umgang mit dem Arbeitsmittel beitragen, Unfälle verhindern helfen und die Beschäftigten dazu motivieren, die in der Gefährdungsbeurteilung festgelegten Schutzmaßnahmen zu akzeptieren und anzuwenden. Damit die Unterweisung von den Beschäftigten als ein wichtiger Teil Ihrer Arbeit verstanden wird, sollte sie sehr gut vorbereitet werden. Die Unterweisung muss während der Arbeitszeit stattfinden. Ort und Zeit sollten so gewählt werden, dass die Aufmerksamkeit der Zuhörenden optimal ist. Die Unterweisungsdauer sollte 30 min nicht übersteigen und die Gruppengröße maximal bei 10 Personen liegen, um jeden einzelnen Beschäftigten im Blick zu haben. Für eine bessere Motivation ist es günstig, die zu Unterweisenden einzubinden, Fragen zu stellen und deren Anregungen für ein sichereres Arbeiten aufzunehmen.

Die Laserschutzbeauftragten wirken bei der Unterweisung mit und müssen daher über deren Inhalte und die Durchführung informiert sein und möglichst schon bei der Vorbereitung mitwirken. Die rechtlichen Grundlagen findet man z. B. in:

- §12 des Arbeitsschutzgesetzes,
- § 29 des Jugendarbeitsschutzgesetzes,
- § 9 der Betriebssicherheitsverordnung,
- § 8 der OStrV,
- § 14 der Gefahrstoffverordnung,
- § 4 und § 31 der DGUV V1 Grundsätze der Prävention.

Wer unterweist?
Verantwortlich für die Unterweisung ist die Unternehmensleitung. Diese kann die Durchführung auf Vorgesetzte wie Abteilungsleiter, Gruppenleiter, Meister oder Vorarbeiter übertragen. Die Laserschutzbeauftragten stehen diesen während der Unterweisung beratend zur Seite. Laserschutzbeauftragte, die die Unterweisung in eigener Regie durchführen, sollten Weisungsbefugnis besitzen, da sie nur dann reglementierend eingreifen können.

Wer muss unterwiesen werden?
Folgende Personen müssen unterwiesen werden:

- Alle Personen, die in Laserbereichen tätig sind oder sich dort zu anderen Zwecken aufhalten.
- Im Fall einer Arbeitnehmerüberlassung liegt nach §12 des ArbSchG die Pflicht der Unterweisung beim Entleiher.
- Betriebsfremde Personen, die sich im Laserbereich für bestimmte Tätigkeiten wie z. B. Reinigungsarbeiten aufhalten.
- Besucher in Begleitung von geschulten Personen müssen nur eine kurze Unterweisung in das Verhalten im Laserbereich und die Beachtung der Schutzmaßnahmen wie z. B. das Tragen von Laserschutzbrillen erhalten.

Wann muss unterwiesen werden: Erstunterweisung?
Grundsätzlich gilt, dass alle Beschäftigten vor dem ersten Einsatz im Laserbereich unterwiesen werden müssen.

Wann muss unterwiesen werden: Wiederholungsunterweisung?
Mindestens einmal jährlich ist die Unterweisung zu wiederholen, bei Jugendlichen nach JSchG sogar jedes halbe Jahr. Daneben gibt es eine Reihe von Situationen, die eine erneute Unterweisung erforderlich machen. Diese sind z. B.:

- Inbetriebnahme neuer Komponenten am Arbeitsplatz,
- neue Arbeitsmethoden,
- Arbeiten, die nur gelegentlich durchgeführt werden,
- Unfälle- oder Beinaheunfälle.

Was muss unterwiesen werden?

Da die Unterweisung in der Regel arbeitsplatz- oder personenbezogen stattzufinden hat, gibt es hierfür keine Patentlösung. Prinzipiell sollte sich die Unterweisung am Ausmaß der Gefährdung und an der Erfahrung der zu unterweisenden Personen orientieren. Ist die Gefährdung durch die Laserquelle als gering einzustufen (wie z. B. bei Lasern der Klasse 1), so kann die Unterweisung kurz gehalten werden. Handelt es sich um eine Laserquelle mit hohem Gefährdungspotenzial (z. B. Laser der Klasse 4), muss die Unterweisung ausführlicher sein und durch eventuelle Trainingsmaßnahmen am Arbeitsplatz ergänzt werden [4]. Die Erfahrung zeigt jedoch: Weniger ist meistens mehr. Wird die Unterweisung zu ausführlich, besteht die Gefahr, dass die Aufmerksamkeit der Zuhörer darunter leidet.

Die Mindestinhalte der Unterweisung nach §8 der OstrV sind [4]:

- die mit der Tätigkeit verbundenen Gefährdungen,
- die durchgeführten Maßnahmen zur Beseitigung oder zur Minimierung der Gefährdung unter Berücksichtigung der Arbeitsplatzbedingungen,
- die Expositionsgrenzwerte und ihre Bedeutung,
- die Ergebnisse der Expositionsermittlung zusammen mit der Erläuterung ihrer Bedeutung und der Bewertung der damit verbundenen möglichen Gefährdungen und gesundheitlichen Folgen,
- die Beschreibung sicherer Arbeitsverfahren zur Minimierung der Gefährdung aufgrund der Exposition durch künstliche optische Strahlung,
- die sachgerechte Verwendung der persönlichen Schutzausrüstung.

Daneben kann es notwendig sein, weitere arbeitsplatzspezifische Themen wie z. B. bestimmte Verhaltensweisen im Laserbereich, Verhalten nach einem Unfall und von besonders gefährdeten Personengruppen (s. Kap. 9) zu bearbeiten.

Wie muss unterwiesen werden?

Bereits in der Vorbereitung der Unterweisung sollte die Überlegung angestellt werden, welche Unterweisungsform auf die zu Unterweisenden zugeschnitten sein könnte. Es eignen sich Vorträge und Gesprächsrunden. Wichtig ist, dass die Beschäftigten mit einbezogen und mit ihren Vorschlägen und Einwänden ernst genommen werden. Schutzkonzepte, die gemeinsam erarbeitet wurden, weisen in der Regel ein höheres Maß an Akzeptanz auf. Prinzipiell ist auch eine Unterweisung mit elektronischen Medien möglich. Es ist aber sicherzustellen, dass die Inhalte verstanden wurden. Dies kann in einer mündlichen Rücksprache oder durch einen Test gewährleistet werden. Die Unterweisungen müssen nach der OStrV in einer verständlichen Art und Weise durchgeführt werden. Dies kann bedeuten, dass im Falle eines nicht deutsch sprechenden oder gehörlosen Beschäftigten ein Dolmetscher hinzugezogen werden muss.

Pflichten der Versicherten
Nach der DGUV V1 (Grundsätze der Prävention) sind die Versicherten dazu verpflichtet, den Arbeitgeber beim Arbeitsschutz zu unterstützen. Dazu gehört, dass die Schutzmaßnahmen wie z. B. das Tragen einer Laserschutzbrille beachtet und Anweisungen befolgt werden. Anweisungen, die erkennbar gegen Sicherheit und Gesundheit gerichtet sind, dürfen abgelehnt werden [4, S. 11]. Die Versicherten müssen alles dafür tun, um sich und andere nicht zu gefährden. Dazu gehört auch das Verbot von Missbrauch von Alkohol oder anderer Drogen und die Beachtung von Zutritts- und Aufenthaltsverboten.

7.3.3 Laserbereich

Als Laserbereich definiert man den Bereich, in welchem die Expositionsgrenzwerte für einen Augen- oder Hautschaden überschritten werden können und daher Schutzmaßnahmen zu treffen sind. Wo der Laserbereich endet, wird entweder durch den Sicherheitsabstand NOHD *(nominal ocular hazard distance)* bestimmt (Abb. 7.13) oder durch Wände und Abschirmungen.

Der NOHD wird oft vom Hersteller angegeben. Ist dies nicht der Fall, kann er wie folgt berechnet werden. Für Dauerstrichlaser gilt:

$$\text{NOHD} = \frac{\sqrt{\frac{4P}{\pi E_{\text{EGW}}}} - d_{63}}{\tan\varphi_{63}} \approx \frac{\sqrt{\frac{4P}{\pi E_{\text{EGW}}}}}{\varphi_{63}} \qquad (7.1)$$

Für gepulste Laser gilt:

$$\text{NOHD} = \frac{\sqrt{\frac{4Q}{\pi H_{\text{EGW}}}} - d_{63}}{\tan\varphi_{63}} \approx \frac{\sqrt{\frac{4Q}{\pi H_{\text{EGW}}}}}{\varphi_{63}} \qquad (7.2)$$

Mit:
$P =$ Laserleistung, $Q =$ Impulsenergie, $d_{63} =$ Strahldurchmesser am Laserausgang, $\varphi_{63} =$ voller Divergenzwinkel in rad, E_{EGW} und $H_{\text{EGW}} =$ Expositionsgrenzwert.

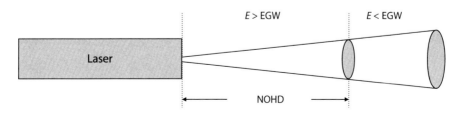

Abb. 7.13 Sicherheitsabstand (NOHD) (EGW = Expositionsgrenzwert)

Soll der Sicherheitsabstand im Freien berechnet werden, so kann unter Umständen auch die Schwächung der Strahlung durch die Atmosphäre Berücksichtigung finden. Beispiele dafür sind in der TROS Laserstrahlung Teil 2 [1] nachzulesen.

Beispiel

Wie groß ist der Sicherheitsabstand NOHD bei einem frequenzverdoppelten Nd:YAG-Laser ($\lambda = 532$ nm) mit einer Divergenz von $\varphi = 1$ mrad, einer Leistung $P = 1$ W und einem Anfangsdurchmesser von 2 mm? Der Expositionsgrenzwert beträgt $E_{EGW} = 10$ W/m².

$$\mathrm{NOHD} = \frac{\sqrt{\frac{4 \cdot 1\,\mathrm{Wm^2}}{\pi \cdot 10\,\mathrm{W}}} - 2 \cdot 10^{-3}\,\mathrm{m}}{1 \cdot 10^{-3}\,\mathrm{rad}} = 355\,\mathrm{m} \blacktriangleleft$$

Da beim Austritt aus Lichtleitfasern die Divergenz in der Regel sehr viel größer ist, ist bei dieser Anwendung der Sicherheitsabstand meist sehr viel kleiner. So würde sich dieser im genannten Beispiel nach dem Durchgang durch eine Faser mit der numerischen Apertur NA $= \sin \varphi = 0{,}2$ auf 1,79 m verkürzen. Dabei wurde für $\sin \varphi$ und $\tan \varphi$ als Näherung φ benutzt. Der Sicherheitsabstand NOHD nach Durchgang durch eine Linse wird in Abb. 7.14 beschrieben.

In mancher Literatur wird die Sicherheitsfläche NOHA *(nominal ocular hazard area)* angegeben, welche über den NOHD definiert ist. Es handelt sich um die Grundfläche, innerhalb derer die Expositionsgrenzwerte überschritten werden können. Es ist zu berücksichtigen, dass der Laserbereich sich durch in den Laserstrahl eingebrachte reflektierende Gegenstände auch abweichend von der eigentlichen Strahlrichtung ausdehnen kann.

Eine Besonderheit besteht bei der Anwendung von Lasern der Klasse 1 M und 2 M. Da bei diesen Klassen das Beobachten der Laserstrahlung mit optischen Instrumenten zu Augenschäden führen kann, wird auch ein sogenannter erweiterter Sicherheitsabstand ENOHD *(extended nominal ocular hazard distance)* angegeben. Wie dieser zu berechnen ist, findet man in der Anlage A2.5.2 der TROS Laserstrahlung Teil 2 [1].

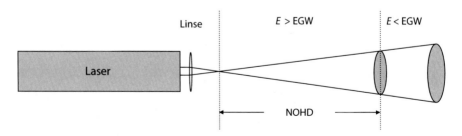

Abb. 7.14 Sicherheitsabstand NOHD bei Verwendung einer Linse (EGW = Expositionsgrenzwert), Strahldivergenz $\varphi = d/f$ ($d =$ Strahldurchmesser vor der Linse mit der Brennweite f)

Die Beurteilung des Sicherheitsabstands bei Streulicht von diffus strahlenden Oberflächen ist in der Regel schwierig, da man die streuenden Eigenschaften der Oberflächen meist nicht kennt. Eine gute Näherung lässt sich durch die Berechnung der Streustrahlung auf Grundlage eines sogenannten Lambert-Strahlers erzielen:

$$\mathrm{NOHD} = \sqrt{R \cdot \frac{\cos \varepsilon}{\pi} \frac{P}{E_{\mathrm{EGW}}}} \tag{7.3}$$

Mit: $R=$ Reflexionsgrad, $\varepsilon=$ Beobachtungswinkel der diffusen Laserstrahlung gegen die Normale [7], $P=$ Laserleistung, $E_{\mathrm{EGW}}=$ Expositionsgrenzwert.

Abgrenzung des Laserbereichs
Der Laserbereich ist bei Lasern der Klassen 3R, 3B und 4 nach § 7 Absatz 3 OStrV abzugrenzen. Unter Abgrenzung ist hierbei zu verstehen, dass unbefugte Personen den Laserbereich nicht betreten können. Die Eignung der Abgrenzung ist für jeden Einsatzort und entsprechend der Gefährdung gesondert zu beurteilen und regelmäßig zu überprüfen. Übersteigt der Sicherheitsabstand NOHD die Ausdehnung des Raumes, in welchem der Laser betrieben wird, so muss entweder der gesamte Raum als Laserbereich ausgewiesen werden oder er wird durch geeignete Abgrenzungen, wie z. B. Laserschutzkabinen (Abb. 7.3), Vorhänge oder Stellwände (Abb. 7.8), verkleinert. Befinden sich im Laserbereich Fenster oder Türen mit Sichtfenstern, so ist zu beachten, dass dieser sich dadurch über den abgegrenzten Bereich hinaus ausdehnen kann. In diesem Fall muss die Laserstrahlung durch geeignete Vorhänge oder Rollos begrenzt werden. Weitere Möglichkeiten der Abgrenzung sind z. B.:

• Einhausung der Laserquelle (Abb. 7.1),
• Lichtschranken,
• schleusenartiger Ausbau des Zugangs zum Laserbereich,
• Absperrketten im Freien.

Kennzeichnung des Laserbereichs
Der Laserbereich ist nach § 7 Absatz 3 OStrV zu kennzeichnen. Zugänge zu Laserbereichen sind verpflichtend mit dem Warnschild W004 „Warnung vor Laserstrahl" zu kennzeichnen (Abb. 7.4). Das Anbringen von Warnleuchten wird in Abschn. 7.2.2 beschrieben.

7.3.4 Zugangsregelung zu Laserbereichen

Der Zugang zu und die Tätigkeit in Laserbereichen ist solchen Personen vorbehalten, die zuvor über die Gefährdungen unterwiesen wurden. Die Laseranlage darf nur durch Personen eingeschaltet werden, die hierfür die Berechtigung

(Schlüsselgewalt) haben. Die Verantwortlichkeiten und die Berechtigungen sind im Vorfeld zu regeln und schriftlich festzuhalten. Um ein sicheres Arbeiten zu gewährleisten, ist die Anzahl der Personen, die eine Schlüsselberechtigung haben, auf das erforderliche Minimum zu begrenzen.

Jugendliche
Nach dem Jugendschutzgesetz dürfen Jugendliche nicht in Laserbereichen der Klassen 3R, 3B und 4 arbeiten. Eine Ausnahme ist dann gegeben, wenn die Jugendlichen über 16 Jahre alt sind, das Arbeiten im Laserbereich dem Ausbildungsziel dient und eine permanente Aufsicht vorhanden ist.

7.3.5 Betriebsanweisung

Im Gegensatz zur Betriebsanleitung, welche vom Hersteller der Laseranlage erstellt wird und in einer sogenannten Risikoanalyse auf Gefahren hinweist, wird die Betriebsanweisung vom Unternehmer oder einer delegierten Person verpflichtend angefertigt und richtet sich an die Beschäftigten. Sie basiert auf der Gefährdungsbeurteilung und hat das Ziel, Unfälle am Arbeitsplatz zu verhindern. Ebenso wie die Unterweisung muss die Betriebsanweisung in einer für die Beschäftigten verständlichen Form und Sprache erstellt werden. Sie muss leicht verständlich und umsetzbar sein und enthält in der Regel folgende Punkte [8]:

- Geltungsbereich,
- Gefahren für Mensch und Umwelt,
- Schutzmaßnahmen, Verhaltensregeln,
- Prüfungen,
- Folgen bei Nichtbeachtung,
- Verhalten bei Störungen,
- Verhalten nach einem Unfall,
- Wichtige Telefonnummern.

Betriebsanweisungen werden entweder in direkter Umgebung des Arbeitsplatzes ausgehängt, ausgelegt oder an die Beschäftigten ausgehändigt, wobei es durchaus sinnvoll sein, sich dies durch eine Unterschrift bestätigen zu lassen. Ein Beispiel für eine Betriebsanweisung findet sich in Anhang A.5 und in Teil 3 der TROS Laserstrahlung [1].

7.3.6 Arbeitsmedizinische Vorsorge

Seit der Änderung der arbeitsmedizinischen Vorsorgeverordnung (ArbMedVV) im Jahr 2013 gibt es für Tätigkeiten mit („reiner") kohärenter optischer Strahlung (Laserstrahlung) weder eine Pflicht- noch eine Angebotsvorsoge, jedoch die sogenannte Wunschvorsorge. Diese ist den Beschäftigten nach § 11 ArbSchG bzw. § 5a ArbMedVV zu ermöglichen, sofern ein Gesundheitsschaden im Zusammenhang mit der Tätigkeit nicht ausgeschlossen werden kann. Konkret bedeutet dies, dass die Arbeitnehmer sich auf deren Wunsch und eigener Initiative hin arbeitsmedizinisch beraten bzw. untersuchen lassen können. Arbeitgeber haben die Pflicht, die Beschäftigten über diese Möglichkeit und deren Realisierung zu informieren. Sinnvollerweise sollte dies in der jährlichen Unterweisung umgesetzt werden.

Entsteht am Arbeitsplatz aber inkohärente optische Strahlung, wie z. B. UV-Strahlung beim Laserschweißen oder durch Strahlung an der Pumpquelle, so ist beim Überschreiten von Expositionsgrenzwerten eine Pflichtvorsorge und bei der Möglichkeit der Überschreitung eine Angebotsvorsorge zu veranlassen.

7.3.7 Verhalten nach einem Unfall

Jährlich gibt es in Deutschland ca. 150 Laserunfälle bzw. Vorfälle, wobei davon ca. 20 als schwer einzustufen sind. Diese Zahlen stammen aus einer Eigenhochrechnung der 6,63-%-Statistik (Mikrozensus) der bei der DGUV gemeldeten Ereignisse. Daneben muss bei kleineren Schäden von einer hohen Dunkelziffer nicht gemeldeter Fälle ausgegangen werden. Besteht Grund zu der Annahme, dass durch Laserstrahlung ein Augenschaden eingetreten ist, muss der Beschäftigte unverzüglich einem Augenarzt vorgestellt werden. Damit dies gewährleistet ist, sollen alle Beschäftigten über Notfallmaßnahmen unterrichtet werden. Der Vorgesetzte ist zu informieren.

Transport zur Klinik
Da Durchgangsärzte in der Regel nicht über die Möglichkeit einer augenärztlichen Untersuchung verfügen, ist es ratsam, im Vorfeld mit dem Betriebsarzt/Durchgangsarzt die Vorgehensweise zu besprechen. Aus versicherungstechnischen Gründen ist es nicht gestattet, den Verunfallten selbst in die Klinik zu transportieren. Der Verunfallte muss nach DGUV Information 204-022 (außer bei geringfügigen Verletzungen) mit dem öffentlichen oder betrieblichen Rettungsdienst zum Augenarzt oder in die Klinik gebracht werden.

Untersuchung
Die Klinik oder der Augenarzt muss über die Möglichkeit verfügen, einen möglichen Schaden am Augenhintergrund zu erkennen. Hierzu eignen sich die Untersuchung mittels optischer Kohärenztomographie (OCT) und Autofluoreszenzverfahren. Daneben gibt es auch noch die sogenannte Fluoreszenzangiographie. Um im Falle eines Unfalls schnell handeln zu können, ist es günstig, Namen und Adresse eines Augenarztes oder einer Klinik mit Augenversorgung in der Betriebsanweisung zu vermerken.

7.4   Persönliche Schutzausrüstung (PSA), insbesondere Schutzbrillen

7.4.1   Anwendungsbereiche

Zunächst wird durch die Anwendung technischer und organisatorischer Schutzmaßnahmen angestrebt, den sicheren Betrieb einer Laseranlage zu gewährleisten. Erst wenn eine vollständige Sicherheit mit diesen Maßnahmen nicht erreicht werden kann, muss eine persönliche Schutzausrüstung (PSA) eingesetzt werden, um Verletzungen von Augen und Haut der Beschäftigten durch Laserstrahlung auszuschließen. Geeignete PSA ist den Beschäftigten vom Arbeitgeber kostenlos zur Verfügung zu stellen. Persönliche Schutzausrüstungen müssen den Anforderungen der Verordnung über die Bereitstellung von persönlichen Schutzausrüstungen auf dem Markt (8. ProdSV) [9] und der EU Verordnung (EU) 2016/425 [10] entsprechen und mit der CE-Kennzeichnung versehen sein. Der Arbeitgeber muss den Beschäftigten die erforderlichen Informationen für jede eingesetzte persönliche Schutzausrüstung mitteilen. Die Beschäftigten sind darin zu unterweisen, wie die persönlichen Schutzausrüstungen zu benutzen sind.

7.4.2   Funktion von Laserschutzbrillen

Im Laserschutz finden zwei Arten von Brillen Verwendung [11]:

- Laserschutzbrillen und
- Laserjustierbrillen.

Laserschutzbrillen dienen dem vollständigen Schutz der Augen gegenüber Laserstrahlung mit den jeweiligen Wellenlängen. Die Schutzbrille wird für ein Lasersystem so ausgelegt, dass bei ordnungsgemäßer Benutzung die Expositionsgrenzwerte am Auge unterschritten werden, sodass kein Augenschaden auftreten kann. Laserschutzbrillen müssen den Anforderungen nach DIN EN 207 genügen [12].

    Laserjustierbrillen sind auf den sichtbaren Spektralbereich zwischen 400 und 700 nm beschränkt. Sie schwächen die Laserstrahlung auf den Wert eines Lasers der Klasse 2 (bzw. 60 % davon, Abschn. 7.4.7) ab und dienen insbesondere der Beobachtung der Laserstrahlung beim Justieren mithilfe eines Diffusors. Laserjustierbrillen müssen den Anforderung nach DIN EN 208 genügen [13].

Prinzip der Laserschutzbrille

Laserschutzbrillen schwächen die Laserstrahlung für die jeweilige Wellenlänge so weit ab, dass die Expositionsgrenzwerte am Auge unterschritten werden. Die Schutzwirkung der Brille muss bei einem direkten Blick in den Laserstrahl an der

Laserschutzbrille mit Schutzstufe *N*

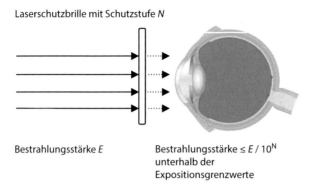

Bestrahlungsstärke *E*

Bestrahlungsstärke ≤ *E* / 10^N
unterhalb der
Expositionsgrenzwerte

Abb. 7.15 Eine Laserschutzbrille schwächt die Laserstrahlung so ab, dass hinter der Brille die Expositionsgrenzwerte unterschritten werden

Stelle mit dem kleinsten Durchmesser mindestens 5 s lang erhalten bleiben. (Bei kleinen Laserleistungen schützt die Brille wesentlich länger.) Allerdings darf man auch mit Schutzbrille auf keinen Fall in den direkten Laserstrahl hineinblicken.

Die Funktion der Laserschutzbrille wird anhand von Abb. 7.15 für kontinuierliche Laser erläutert. Der Laserstrahl (mit einer bestimmten Wellenlänge) hat vor der Brille die Bestrahlungsstärke *E* (Gl. 1.2). Das Filter der Brille schwächt die Laserleistung so ab, dass hinter der Laserschutzbrille der Expositionsgrenzwert E_{EGW} eingehalten wird. Damit wird ein sicheres Arbeiten ermöglicht. Die Schwächung erfolgt in der Praxis in Schritten von Zehnerpotenzen, d. h. um mindesten den Faktor 10, 100, 1000, 10.000, 100.000, 1.000.000 usw. Man schreibt dafür 10^1, 10^2, 10^3, 10^4, 10^5, 10^6, ….

Damit wird der Faktor zur Schwächung einer Laserschutzbrille: 10^N mit N = 1, 2, 3, 4, 5, 6, …

Die Durchlässigkeit oder Transmission $\tau(\lambda)$ bei der Wellenlänge λ einer Laserschutzbrille ergibt sich zu:

$\tau(\lambda) = 10^{-N}$ mit N $= 1, 2, 3, 4, 5, 6$

Die Größe N nennt man Schutzstufennummer. Bei richtiger Benutzung von Tab. 7.1 wird aus der Schutzstufennummer N die Schutzstufe LB N. Dies bedeutet, dass durch die Schwächung um den Faktor 10^N der Expositionsgrenzwert eingehalten wird und dass die Brille auch mindestens 5 s hält. Die Größe N wird auch als optische Dichte bezeichnet. LB bedeutet, dass es sich um eine Laserschutzbrille handelt, wobei der Buchstabe B auf die neue Norm hinweist.

7.4.3   Schutzstufen für Laserschutzbrillen

Auswahl der Laserschutzbrille
Die Auswahl der Laserschutzbrille erfolgt auf der Basis folgender Parameter des Lasers: Wellenlänge, Divergenz, Bestrahlungsdauer, Bestrahlungsstärke oder

Tab. 7.1 Schutzstufen für Laserschutzbrillen und Laserschutzfilter. Aus [11]

Schutz-stufe	$\tau(\lambda)$	Maximale Leistungs- (E) bzw. Energiedichte (H) je nach Wellenlängenbereich und Betriebsart (D, I, R, M)								
		180–315 nm			>315–1400 nm			>1400 nm bis 1000 μm		
		D E_D [W/m^2]	I, R $H\,I_R$ [J/m^2]	M E_M [W/m^2]	D E_D [W/m^2]	I, R $H\,I_R$ [J/m^2]	M H_M [J/m^2]	D E_D [W/m^2]	I, R $H\,I_R$ [J/m^2]	M E_M [W/m^2]
LB 1	10^{-1}	0,01	$3\cdot10^2$	$3\cdot10^{11}$	10^2	0,05	$1,5\cdot10^{-3}$	10^4	10^3	10^{12}
LB 2	10^{-2}	0,1	$3\cdot10^3$	$3\cdot10^{12}$	10^3	0,5	$1,5\cdot10^{-2}$	10^5	10^4	10^{13}
LB 3	10^{-3}	1	$3\cdot10^4$	$3\cdot10^{13}$	10^4	5	0,15	10^6	10^5	10^{14}
LB 4	10^{-4}	10	$3\cdot10^5$	$3\cdot10^{14}$	10^5	50	1,5	10^7	10^6	10^{15}
LB 5	10^{-5}	10^2	$3\cdot10^6$	$3\cdot10^{15}$	10^6	$5\cdot10^2$	15	10^8	10^7	10^{16}
LB 6	10^{-6}	10^3	$3\cdot10^7$	$3\cdot10^{16}$	10^7	$5\cdot10^3$	$1,5\cdot10^2$	10^9	10^8	10^{17}
LB 7	10^{-7}	10^4	$3\cdot10^8$	$3\cdot10^{17}$	10^8	$5\cdot10^4$	$1,5\cdot10^3$	10^{10}	10^9	10^{18}
LB 8	10^{-8}	10^5	$3\cdot10^9$	$3\cdot10^{18}$	10^9	$5\cdot10^5$	$1,5\cdot10^4$	10^{11}	10^{10}	10^{19}
LB 9	10^{-9}	10^6	$3\cdot10^{10}$	$3\cdot10^{19}$	10^{10}	$5\cdot10^6$	$1,5\cdot10^5$	10^{12}	10^{11}	10^{20}
LB 10	10^{-10}	10^7	$3\cdot10^{11}$	$3\cdot10^{20}$	10^{11}	$5\cdot10^7$	$1,5\cdot10^6$	10^{13}	10^{12}	10^{21}

$\tau(\lambda)$ Maximaler spektraler Transmissionsgrad bei der Laserwellenlänge λ, D Dauerstrichlaser, I Impulslaser, R gütegeschalteter Laser, M modengekoppelter Laser

Bestrahlung. In der Regel überlässt man die Berechnung und die Auswahl der Brille dem Hersteller oder dem Lieferanten. Dieser benötigt dazu folgende Daten: *Dauerstrichlaser:* Wellenlänge, kleinster relevanter Strahldurchmesser, Laserleistung.

Impulslaser: Wellenlänge, kleinster relevanter Strahldurchmesser, Impulsenergie, Impulsdauer, Impulsfrequenz und/oder die mittlere Leistung.

Der kleinste relevante Strahldurchmesser ist der kleinste Durchmesser, der im schlimmsten Fall an der Brille auftreten kann. Die Auswahl der Schutzbrille erfolgt dann durch Rechenprogramme der Hersteller, die teilweise auch im Internet zu finden sind, oder mit Hilfe von Tab. 7.1.

Bestrahlungsstärke

Zur Auswahl einer geeigneten Schutzbrille muss im ersten Schritt diejenige Bestrahlungsstärke (oder Bestrahlung) ermittelt werden, die im schlimmsten Fall im Laserbereich auftreten kann. Dazu muss der kleinste relevante Strahldurchmesser ermittelt werden. Oft ist dies der direkte Laserstrahl. Mit der Bestrahlungsstärke an dieser Stelle liest man in Tab. 7.1 aus der ersten Spalte die entsprechende Schutzstufe LB 1 bis LB 10 ab [11]. Die Bestrahlungsstärke wird nach Abschn. 1.3.2 ermittelt.

Die Tabelle ist in drei Wellenlängenbereiche unterteilt: 180–315 nm (UV-C und UV-B), >315–1400 nm (UV-A, VIS und IR-A) und >1400 nm bis 1000 µm (IR-B) und IR-C)). Für jeden dieser Bereiche gibt es drei Spalten für die Betriebsarten Dauerstrichlaser D, Impulslaser I und gütegeschalteter Laser R sowie modengekoppelter Laser M. Die Betriebsart gibt die Bestrahlungsdauer an: Dauerstrichlaser D strahlen mit Dauern über 0,25 s und die gepulsten Laser der anderen Betriebsarten I, R und M strahlen mit einer Impulslänge, die Tab. 7.2 beschrieben ist. Die Abkürzungen D, I, R oder M sind auf der Laserschutzbrille vermerkt.

Beispiel

Folgendes einfaches Beispiel zeigt den Gebrauch von Tab. 7.1 und 7.2 zur Bestimmung einer Schutzbrille. Es liegt ein Laser (Wellenlänge = 1064 nm) mit einem Einzelimpuls von 1 ms Dauer vor. Die Bestrahlung an der engsten Stelle des Strahls im Laserbereich wurde zu $H = 110$ J/m^2 ermittelt. Nach Tab. 7.2 wird bei 1 ms die Betriebsart durch I charakterisiert. Aus Tab. 7.1 ergibt sich eine Schutzstufe von LB 5. Spalte 2 zeigt, dass der maximale Transmissionsgrad bei der Laserwellenlänge 10^{-5} beträgt. ◄

Tab. 7.2 Impulslängen für Laser mit verschiedenen Betriebsarten. Aus [11]

Betriebsart	Typische Laserart	Impulslänge
D	Dauerstrichlaser	>0,25 s
I	Impulslaser	>1 µs–0,25 s
R	Gütegeschalteter Laser	1 ns–1 µs
M	Modengekoppelter Laser	<1 ns

Schutzstufen

Die Schutzstufen LB N sind durch die Schutzstufennummer N erst dann definiert, wenn die Wellenlänge und Bestrahlungsstärke oder Bestrahlung angegeben sind, gegen die der Laserschutz über mindestens 5 s gewährleistet ist [11]. Die Beständigkeit für mindestens 5 s gilt nicht nur für die Filter, sondern auch für das Brillengestell.

Die auf mindestens 5 s genormte Beständigkeit der Laserschutzbrille soll dem Benutzer der Brille ermöglichen, das Auftreffen des Laserstrahls auf der Brille rechtzeitig zu erkennen. Dadurch sollte es ihm gelingen, den Gefahrenbereich zu verlassen. Laserschutzbrillen nach DIN EN 207 [12] schützen daher nicht vor einem längeren Blick in den direkten Laserstrahl, sondern nur vor einer unbeabsichtigten kurzen Bestrahlung, für die sie vom Hersteller ausgelegt wurden. Der direkte Blick in den Laserstrahl ist auch mit Laserschutzbrille unbedingt zu vermeiden.

Ältere Laserschutzbrillen tragen als Symbol für die Schutzstufe z. B. L 5 statt LB 5. In diesem Fall ist der Laserschutz über 10 s garantiert. Diese Brillen schützen ggf. etwas länger – unter leicht anderen Prüfbedingungen – und können daher weiterhin benutzt werden.

7.4.4 Schutzstufe für Dauerstrichlaser D

Dauerstrichlaser mit Leistung P
Dauerstrichlaser strahlen mit Bestrahlungsdauern über 0,25 s (Tab. 7.2). Zur Bestimmung der Schutzstufe nach Tab. 7.1 muss die Bestrahlungsstärke an der engsten Stelle des Laserstrahls im Laserbereich ermittelt werden. Diese ist durch die Laserleistung P und die entsprechende Querschnittsfläche des Laserstrahls A_{63} gegeben durch:

$$E = \frac{P}{A_{63}} \quad \text{Dauerstrichlaser} \tag{7.4}$$

wobei A_{63} die Fläche nach Kap. 1 darstellt.

Gepulste Laser mit mittlerer Leistung P_m
Für wiederholt gepulste Laser muss die Schutzstufe nach zwei Kriterien ermittelt werden. Eines davon lautet, dass die Schutzbrille der mittleren Leistung P_m standhalten muss, wobei bei regelmäßiger Impulsfolge P_m durch die Impulsenergie Q und die Impulswiederholfrequenz f ermittelt wird. Die mittlere Bestrahlungsstärke beträgt dann nach Kap. 1:

$$E_m = \frac{P_m}{A_{63}} \quad \text{mit } P_m = Q \cdot f \text{ Gepulste Laser} \tag{7.5}$$

Die mittlere Bestrahlungsstärke führt zu einer Darstellung des gepulsten Lasers als Dauerstrichlaser. Das zweite Kriterium zur Bestimmung der Schutzstufe für gepulse Laser wird in Abschn. 7.4.5 beschrieben.

Strahldurchmesser
Zur Berechnung der Flächen A_{63} in Gl. 7.4 und 7.5 geht man vom Strahlradius r_{63} bzw. dem Strahldurchmesser d_{63} aus (Abschn. 1.4.1). Treten Durchmesser unterhalb von 1 mm auf, so ist mit einem fiktiven Durchmesser von $d_{63} = 1$ mm zu rechnen. Das gleiche Vorgehen gilt auch für die Betriebsart I.

Korrekturfaktor $F(d)$
In der Regel werden die Schutzbrillen von den Herstellern mit einem Strahldurchmesser von 1 mm getestet. Für größere Strahldurchmesser muss ein Korrekturfaktor $F(d_{63})$ bei der Berechnung von E und E_m angebracht werden, sofern die Bestrahlungsstärke größer als 10^5 W/m^2 oder die Leistung (P oder P_m) größer als 10 W ist und die Wellenlänge der Strahlung zwischen 315 nm und 1 mm liegt:

$$F(d_{63}) = \left(\frac{d_{63}}{\text{mm}} \right)^{1,7} \text{ für } 1\,\text{mm} \leq d_{63} \leq 15\,\text{mm}. \tag{7.6}$$

$$F(d_{63}) = 100 \text{ für } d_{63} > 15\,\text{mm}. \tag{7.7}$$

Die korrigierte Bestrahlungsstärke E' oder E'_m erhält man durch Multiplikation der Bestrahlstärke mit dem Korrekturfaktor:

$$E' = E \cdot F(d_{63}) \text{ und } E'_m = E_m \cdot F(d_{63}). \tag{7.8}$$

Mit diesem korrigierten Wert wird die Schutzstufe aus der Spalte D von Tab. 7.1 bei entsprechender Laserwellenlänge entnommen. Zusätzlich zur Schutzstufe wird das Symbol D auf der Brille vermerkt.

Nach Gl. 7.7 tritt an der Grenze von 10^5 W/m^2 eine abrupte Korrektur um den Faktor 100 auf, was zwei Schutzstufen entspricht. Bei Bestrahlungsstärken dieser Größenordnung muss genau überdacht werden, welche Schutzstufe anzunehmen ist.

7.4.5 Schutzstufe für Impulslaser I und R

Die Betriebsarten Impulslaser I und gütegeschaltete Impulslaser R weisen Impulsdauern oberhalb von 1 ns auf Tab. 7.2. Zur Bestimmung der Schutzstufe sind zwei Kriterien anzuwenden: die Betrachtung der mittleren Bestrahlungsstärke und die Impulsbetrachtung. Die beiden Kriterien führen zu verschiedenen Schutzstufen mit dem Zusatz D und I, R, die beide von der Schutzbrille erfüllt sein müssen.

Betrachtung der mittleren Bestrahlungsstärke
Die Schutzbrille muss der mittleren Bestrahlungsstärke E_m standhalten. Die Ermittlung dieser Größe wurde in Abschn. 7.4.4 erklärt und beruht auf Gl. 7.5 bis 7.8. Mit der so bestimmten mittleren Bestrahlungsstärke kann aus Tab. 7.1 die

Schutzstufe abgelesen werden. Auf der Schutzbrille wird die Schutzstufe und das Symbol D vermerkt.

Impulsbetrachtung

Die Bestrahlung durch einen einzelnen Laserimpuls berechnet sich aus der Impulsenergie Q und der Querschnittsfläche A_{63} an der engsten Stelle des Strahls im Laserbereich (Kap. 1):

$$H = \frac{Q}{A_{63}} \tag{7.9}$$

Für die Betriebsart I (Impulsdauer zwischen 0,25 s und 1 µs) wird genau wie bei der Betriebsart D für Strahldurchmesser unterhalb von 1 mm mit einem fiktiven Durchmesser von $d_{63} = 1$ mm gerechnet.

Für wiederholt gepulste Laser mit folgenden Eigenschaften muss eine Korrektur zur Bestrahlung angebracht werden: Wellenlänge oberhalb von 400 nm und Wiederholfrequenz über 1 Hz. Für diese Fälle wird eine wellenlängenabhängige Grenzzeit T_i festgelegt, welche die Korrektur beeinflusst [11]. (Auf die anschauliche Bedeutung von T_i soll hier nicht eingegangen werden). Die Grenzzeit T_i ist mit der sogenannten Grenzfrequenz v_i verbunden (Abb. 7.3):

$$v_i = \frac{1}{T_i}$$

Man unterscheidet zwei Fälle: Impulsabstand $t_p > T_i$ und Impulsabstand $t_p \leq T_i$.

Impulsabstand größer als T_i

Es wird eine regelmäßige Impulsfolge mit der Frequenz f betrachtet. Wenn der Impulsabstand t_p größer als T_i ist, wird die Impulsfolgefrequenz f kleiner als $v_i = 1/T_i$. In diesem Fall hängt die Korrektur von der Anzahl N der Impulse während der Zeitdauer von 5 s ab. Es gilt:

$$N = f \cdot 5\,s \tag{7.10}$$

Tab. 7.3 Grenzzeit T_i und Grenzfrequenz v_i zur Berechnung der Korrekturen für Laserschutzbrillen nach [11] für wiederholt gepulste Laserstrahlung (Zeile 2 (400 bis 1050 nm) gilt auch für Laserjustierbrillen (400 bis 700 nm))

Wellenlänge [nm]	Grenzzeit T_i [s]	Grenzfrequenz v_i [Hz]	Maximaler Korrekturfaktor $(v_i \cdot 5s)^{1/4}$
400 bis <1050	$18 \cdot 10^{-6}$	$55,6 \cdot 10^3$	22,9
1050 bis <1400	$50 \cdot 10^{-6}$	$20 \cdot 10^3$	17,7
1400 bis <1500	10^{-3}	10^3	8,4
1500 bis <1800	10	0,1	1,5
1800 bis <2600	10^{-3}	10^3	8,4
2600 bis <10^6	10^{-7}	10^7	84,1

Die korrigierte Bestrahlung H' lautet:

$$H' = H \cdot N^{1/4} \qquad (7.11)$$

In (Tab. 7.3) sind die Grenzzeit T_i und die entsprechende Grenzfrequenz $v_i = 1/T_i$ für verschiedene Wellenlängen dargestellt. Mit der nach ober Gleichung korrigierten Bestrahlung H' wird mithilfe von Tab. 7.1 die Schutzstufe ermittelt. Auf der entsprechenden Schutzbrille muss diese Schutzstufe mit dem Symbol I oder R vermerkt sein.

Impulsabstand kleiner oder gleich T_i
Wenn der Impulsabstand t_p kleiner als T_i ist, ist die Frequenz f größer als $v_i = 1/T_i$. In der Korrektur wird die Frequenz auf die Grenzfrequenz v_i begrenzt. Die Korrektur hängt von der Zahl N' der Impulse während der Zeitdauer von 5 s ab, wobei die Grenzfrequenz v_i angenommen wird. Es gilt

$$N' = v_i \cdot 5\,\text{s} \qquad (7.12)$$

Die korrigierte Bestrahlung H' lautet

$$H' = H \cdot N'^{1/4} \qquad (7.13)$$

In der letzten Gleichung ist H die summierte Bestrahllung während der Pulsdauer T_i. Die Zahl der Einzelpulse innerhalb T_i ist gegeben durch f/v_i. Dies führt zu einer zweiten Korrektur: *Folgende Gl. 7.14 einfügen: $H' = H\ (f/v_i)\ N'^{1/4}$.* Mit diesem Wert H' wird mithilfe von Tab. 7.1 die Schutzstufe ermittelt. Der maximale Faktor $N' = v_i \cdot 5s$ ist in der letzten Spalte von Tab. 7.3 vermerkt.

Beispiele

Es soll die Impulsbetrachtung für eine Schutzbrille im sichtbaren Bereich für die Betriebsart I (oder R) für einen Laser mit der Impulsfolgefrequenz von $f = 100$ kHz durchgeführt werden.
   Lösung: Die Frequenz f ist größer als $v_i = 55{,}6 \cdot 10^3$ Hz. Nach Tab. 7.3 und Gl. 7.13 gilt: $H' = H\ (f/v_i)\ N = H \cdot 22{,}9 \cdot (100/55{,}6) = 41{,}2\ H$. Der Faktor 22,9 kann aus Tab. 7.3 oder Gl. 7.12 ermittelt werden. Mit diesem korrigierten Wert kann in Tab. 7.1 die Schutzstufe abgelesen werden.
   Es soll die gleiche Betrachtung für die Impulsfolgefrequenz von $f = 1$ kHz durchgeführt werden.
   Lösung: Diese Frequenz ist kleiner als die Grenzfrequenz v_i (Tab. 7.3). Damit gelten Gl. 9.10 und 7.11 und man erhält $H' = H \cdot N^{1/4} = H \cdot (f \cdot 5\,\text{s})^{1/4} = H \cdot (1000 \cdot 5)^{1/4} = H \cdot 8{,}4$. ◀

Unregelmäßige Impulsfolgen
Bei unregelmäßigen Impulsfolgen werden bei der Impulsbetrachtung zwei Fälle untersucht. Zum einen wird in Gl. 7.9 der Impuls mit der höchsten Energie und zum anderen derjenige mit der höchsten Leistung eingesetzt. Es wird dann der höhere Wert der Schutzstufe berücksichtigt.

7.4.6 Schutzstufe für Impulslaser M

Die Betriebsart modengekoppelte Laser M weist Impulsdauern unterhalb von 1 ns auf (Tab. 7.2). Zur Bestimmung der Schutzstufe sind zwei Kriterien anzuwenden: die Betrachtung der mittleren Bestrahlungsstärke und die Impulsbetrachtung.

Betrachtung der mittleren Bestrahlungsstärke
Diese Betrachtung verläuft so, wie es unter Abschn. 7.4.5 für die Betriebsarten I und R beschrieben wurde. Dieses Kriterium führt zu einer Schutzstufe bezüglich der Betriebsart D, obwohl es sich um einen gepulsten Laser handelt. Die Impulsbetrachtung, die anschließend beschrieben wird, ergibt eine Schutzstufe bezüglich der Betriebsart M. Beide so ermittelten Schutzstufen müssen auf der Brille vermerkt sein.

Impulsbetrachtung 315–1400 nm
Ausgehend von der Impulsenergie wird in diesem Wellenlängenbereich die Bestrahlung H bzw. H' ermittelt, wie in Abschn. 7.4.5 beschrieben. Die Schutzstufe wird mithilfe von Tab. 7.1 Spalte M ermittelt.

Impulsbetrachtung unter 315 und über 1400 nm
Für die Schutzstufe entscheidend ist in diesen Bereichen die Bestrahlungsstärke E eines einzelnen Laserimpulses. Diese wird aus der Impulsspitzenleistung P_P und der Strahlfläche A_{63} ermittelt:

$$E = \frac{P_P}{A_{63}} \qquad (7.14)$$

Die erforderliche Schutzstufe wird mithilfe von Tab. 7.1 Spalte M ermittelt.

7.4.7 Schutzstufen für Laserjustierbrillen

Laserjustierbrillen können beim Justieren sichtbarer Laserstrahlen mit Wellenlängen zwischen 400 und 700 nm benutzt werden. Dabei wird der Laserstrahl beispielsweise durch diffuse Reflexion an einer Fläche beobachtet (Abb. 7.16).

Dauerstrichlaser
Laserjustierbrillen reduzieren die Leistung von Dauerstrichlasern auf Werte unterhalb von 1 mW, was dem Expositionsgrenzwert von Lasern der Klasse 2 entspricht. Beim zufälligen Blick in den direkten Laserstrahl bietet dies einen Schutz nur über eine Zeitdauer bis 0,25 s. Trifft Laserstrahlung durch die Brille aufs Auge, sodass man geblendet wird, muss man sich durch eine bewusste Abwehrreaktion schützen. Laserjustierbrillen für Dauerstrichlaser gibt es nur bis zu einer Leistung von 100 W. Die Schutzstufen der Laserjustierbrillen werden mithilfe von Tab. 7.4 bestimmt.

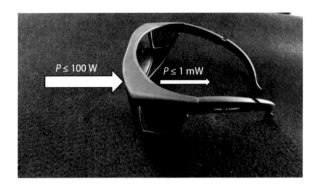

Abb. 7.16 Laserjustierbrillen schwächen den Laserstrahl auf eine für das Auge ungefährliche Leistung oder Energie ab, sodass die Beobachtung über eine diffus reflektierende Fläche möglich wird. Dabei ist zu beachten, dass der direkte Strahl nur für eine Zeit von 0,25 s in das Auge fallen darf, ohne einen Schaden zu erzeugen

Tab. 7.4 Bestimmung der Schutzstufe von Laserjustierbrillen für Dauerstrichlaser und Impulslaser bei Wellenlängen 400–700 nm

Schutzstufe	Max. Leistung Zeitbasis 0,25 s	Max. Leistung Zeitbasis 2 s	Max. Energie Zeitbasis 0,25 s	Max. Energie Zeitbasis 2 s	Max. spektr Transmission
RB 1	10 mW	6 mW	2 μJ	1,2 μJ	10^{-1}
RB 2	100 mW	6 mW	20 μJ	12 μJ	10^{-2}
RB 3	1 W	0,6 W	0,2 mJ	0,12 mJ	10^{-3}
RB 4	10 W	6 W	2 mJ	1,2 mJ	10^{-4}
RB 5	100 W	60 W	20 mJ	12 mJ	10^{-5}

Ein erhöhter Schutz kann dadurch erreicht werden, dass die Schutzstufe nach Tab. 7.4 so gewählt wird, dass ein Schutz in jedem Fall bis zu einer Beobachtungszeit von 2 s gewährleistet wird. Dieses Vorgehen sollte immer dann angewendet werden, wenn absichtlich in die direkte oder diffus reflektierte Strahlung geblickt werden muss. Man berücksichtigt damit, dass der Lidschlussreflex bei Laserstrahlung meist ausbleibt.

Die in Tab. 7.4 angegebene Leistung bezieht sich auf einen Laserstrahl mit einem Durchmesser von maximal 7 mm. Ist der Strahldurchmesser größer, kann bei der Auswahl der Schutzbrille der Anteil der Leistung berücksichtigt werden, der durch eine Blende mit 7 mm Durchmesser fällt.

Tab. 7.4 ist für Wellenlänge zwischen 400 und 700 nm gültig. Dieser Wellenlängenbereich dient im Laserschutz zur Definition der sichtbaren Strahlung (Kap. 1). Liegt die Wellenlänge des Lasers bis zu 780 nm, ist eine Zeitbasis von 10 s anzuwenden und die Berechnung wird kompliziert.

Beispiel

Für einen Dauerstrichlaser mit 5 mm Durchmesser und einer Leistung von 800 mW soll eine Laser-Justierbrille bestimmt werden. Da der Laserstrahl fest in eine Richtung strahlt und länger in die diffuse Strahlung geblickt wird, soll eine sichere Bestrahlungsdauer von bis zu 2 s gewählt werden. Man erhält aus Tab. 7.4 die Schutzstufe RB 4. ◄

Gepulste Laser
Die Laserjustierbrille reduziert die Impulsenergie auf kleiner als 0,2 µJ (Zeitbasis 0,25 s) bzw. 0,12 µJ (Zeitbasis 2 s) (vgl. Tab. 7.4, Multiplikation der Energie mit spektraler Transmission). Dies entspricht den Expositionsgrenzwerten. Ist der Strahldurchmesser größer als 7 mm, kann bei der Auswahl der Schutzbrille der Anteil der Energie berücksichtigt werden, der durch eine Blende mit diesem Durchmesser fällt. Tab. 7.4 gilt für einzelne Laserimpulse und langsame Impulsfolgen mit Impulsdauern zwischen 10^{-9} und $2 \cdot 10^{-4}$ s bei Frequenzen unterhalb von 0,1 Hz. Für Impulsfolgen mit Frequenzen über 0,1 Hz müssen Korrekturen angebracht werden, die in Gl. 7.9 bis 7.13 beschrieben wurden.

7.4.8 Auswahl von Laserschutzbrillen und -justierbrillen

Eigenschaften
Für die Auswahl der Laserschutzbrille oder Laserjustierbrille sind einige Informationen und Kriterien notwendig:

- Wellenlänge des Lasers: Die Wellenlänge oder der Wellenlängenbereich wird als Zahl angegeben, wobei die Einheit nm gemeint ist, z. B. 532 bedeutet 532 nm.
- Betriebsart des Lasers: In Tab. 7.3 sind die Betriebsarten D, I, R oder M beschrieben.
- Schutzstufe: Die Schutzstufe wird in der Regel vom Lieferant der Schutzbrille berechnet, entsprechend den technischen Daten des Lasergerätes. Beispiele sind LB 5 oder LB 7, zulässig sind auch ältere Brillen mit L 5 oder L 7.
- Tageslichtdurchlässigkeit (VLT): Die Schutzbrille soll das Tageslicht möglichst wenig schwächen. Ein Beispiel ist folgende Bezeichnung auf der Brille: VLT = 75 % (VLT steht für *visual light transmission*). Das bedeutet, dass 75 % des Tageslichtes durch die Brille geht.
- Tragekomfort: Die Brille soll bequem sein, damit sie im Laserbereich auch immer getragen wird.
- Großes Gesichtsfeld: Die Sicht sollte möglichst wenig eingeschränkt sein.
- Schutz vor Beschlag durch Wasserdampf: Die Brillen sollten mit einer Beschichtung versehen sein, die das Beschlagen reduziert.

Beispiele für Brillen

Je nach Art der Gefährdung und den Anforderungen an das Sichtfeld können verschiedene Brillenformen (Abb. 7.17, 7.18, 7.19 und 7.20) ausgewählt werden. Falls möglich sollten leichte Gestelle in Einsatz kommen. Besonders wichtig ist die Auswahl der Form der Laserschutzbrille bei Brillenträgern. Es gibt Ausführungsformen,

Abb. 7.17   Beispiel einer Laserschutzbrille in einer leichten Ausführung. (Mit freundlicher Genehmigung der Firma Laservision GmbH & Co. KG)

Abb. 7.18   Beispiel einer Laserschutzbrille in einer leichten Ausführung. (Mit Genehmigung der Firma Laser 2000)

Abb. 7.19   Beispiel einer Laserschutzbrille in einer leichten Ausführung mit Rundumschutz. (Mit freundlicher Genehmigung der Firma LASERVISION GmbH & Co. KG)

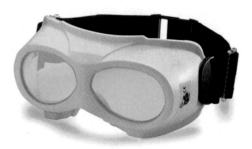

Abb. 7.20 Beispiel für eine Korbbrille mit verstärktem Schutz. (Mit freundlicher Genehmigung der Firma Laservision GmbH & Co. KG)

bei denen eine zusätzliche Fassung in die Laserschutzbrille eingearbeitet ist, in die ein Optiker persönliche Brillengläser einsetzen kann. Bei Lasern hoher Leistung müssen in der Regel geschlossen Fassungen eingesetzt werden (Abb. 7.20).

Die Laserschutzbrille gehört zur persönlichen Schutzausrüstung und ist daher für eine bestimmte Person bestimmt. Sofern die Brille von mehreren Anwendern benutzt werden muss, ist eine Reinigungsstation vorzusehen (Abb. 7.21).

Absorptionsfilter
Meist bestehen die Filter aus Kunststoff wie Polycarbonat, in die Pigmente oder Farbstoffe eingelagert sind. Etwas haltbarer sind Filter aus Glas. Es werden meist

Abb. 7.21 Reinigungsstation. (Mit Genehmigung der Firma Infield Safety GmbH)

relativ große Wellenlängenbereiche absorbiert und in Wärme umgewandelt. Bei Anwendung im ultravioletten und infraroten Bereich können die Filter weitgehend transparent wirken. Beim Einsatz für sichtbare Laserstrahlung ist die Tageslichtdurchlässigkeit reduziert und die Farben werden verfälscht.

Reflexionsfilter
Bei diesen Filtern wird auf Glas oder Kunststoff eine dielektrische Verspiegelung angebracht, die Laserstrahlung zu fast 100 % reflektiert. Da nur ein sehr enger Wellenlängenbereich reflektiert wird, treten beim Blicken durch die Brille nur geringe Farbverfälschungen auf. Sie sind für hohe Leistungen geeignet. Kleine Kratzer machen die Brille unbrauchbar, sodass die Brille sehr vorsichtig behandelt werden muss.

Pflege der Laserschutzbrillen
Die Pflege muss wie bei allen optischen Komponenten sehr behutsam erfolgen. Die Brillen dürfen nicht mit den Filterflächen nach unten abgelegt werden, da diese sonst zerkratzt werden könnten. Sie dürfen nicht trocken abgerieben werden, sondern nur mit speziellen Brillentüchern und nur mit geeigneten und vom Hersteller der Brille empfohlenen Reinigungsmitteln behandelt werden. Die Filter sind vor Säuren, Laugen, reaktiven Gasen, Chemikalien, scharfen Flüssigkeiten und Wärme zu schützen. Es sind die speziellen Pflegehinweise der Brillenhersteller zu beachten, insbesondere bei Sterilisierung und Desinfektion. Eine Reinigungsstation für Brillen zeigt Abb. 7.21.

Prüfung vor dem Aufsetzen
Vor jeder Benutzung muss der Anwender die Brille auf Beschädigungen prüfen und sich überzeugen, dass es sich wirklich um die richtige Schutzbrille handelt.

Haltbarkeit von Laserschutzbrillen
Informationen über die Haltbarkeit entnimmt man der Betriebsanleitung des Brillenherstellers. Wenn keine Herstellerangaben vorhanden und keine sichtbaren Schäden zu sehen sind, soll die Brille spätestens nach 10 Jahren vom Hersteller geprüft oder ersetzt werden.
   Durch die PSA-Verordnung von 2016 [10] ist eine Zertifizierung nach der alten Verordnung nicht mehr möglich. Die alten Zertifikate gelten noch bis 2023. Es fehlen Angaben, was danach passiert. Nach der neuen Verordnung ist die Angabe eines Herstellerdatums und der Gültigkeitsdauer des Zertifikats vorgesehen, was auch in der Gefährdungsbeurteilung anzugeben ist.

7.4.9   Kennzeichnung von Laserschutzbrillen und Laserjustierbrillen

Auf der Laserschutzbrille und der Laserjustierbrille befindet sich eine Kennzeichnung, welche die Eigenschaften und den Einsatzbereich beschreibt (Abb. 7.22). Dabei bilden das Gestell und das Filter eine Einheit und die Kennzeichen gelten für beide Bauteile.

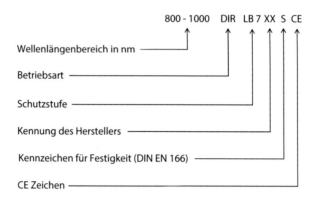

Abb. 7.22 Erklärung der Symbole auf einer Laserschutzbrille

Laserschutzbrille Auf dem Filter oder dem Gestell sind verschiedene Informationen codiert angegeben (Abb. 7.23):

- Wellenlänge: Meist werden ein oder mehrere Wellenlängenbereiche angegeben, in denen die Laserschutzbrille eingesetzt werden kann, z. B. 980–1020, wobei die Einheit nm nicht geschrieben wird. Es kann auch eine einzelne Wellenlänge vorkommen, z. B. 532.
- Betriebsarten: Nach der Angabe der Wellenlänge folgt die Angabe einer Betriebsart oder mehrerer Betriebsarten (Tab. 7.2) mit den Symbolen D, I, R, M.
- Schutzstufe: Es folgt die Schutzstufe, die in der Regel vom Lieferanten der Schutz- brille aus den technische Angaben des Lasergerätes ermittelt wird, z. B. LB 6.
- Kennbuchstaben des Herstellers:Die Hersteller können Ihre Brillen mit Kenn- buchstaben versehen.
- Mechanische Festigkeit:Die mechanische Festigkeit wird nach DIN EN 166 gekennzeichnet.
- CE-Zeichen: Die gesetzlichen Vorschriften fordern bei der Einführung des Produktes eine einmalige Baumusterprüfung, die zur Vergebung des CE-Zeichens

Abb. 7.23 Beispiel der Kennzeichnung einer Laserschutzbrille

führt. Es sind weitere freiwillige Prüfungen möglich, z. B. DIN TÜV-GS-Prüfung oder BG GS-Prüfung.

- Optische Dichte:Die alleinige Angabe der optischen Dichte ist für den europäischen Markt nicht ausreichend. Angaben, die mit dem Zeichen OD, verbunden sind, z. B. OD 5, können in der Regel ignoriert werden. Die optische Dichte gibt die Schwächung der Laserstrahlung durch die Schutzbrille an, ohne dass Aussagen über die Leistungsdichte gemacht werden, die die Brille aushält. Beispielsweise bedeutet OD 5, dass die Schwächung 10^5 beträgt. Die Bezeichnung OD 5+ bedeutet eine Schwächung von über 10^5.

Beispiel

Abb. 7.23 zeigt ein Beispiel für die Kennzeichnung von Laserschutzbrillen. Die ersten beiden wichtigen Zeilen lauten:

750–800 D LB 7+IRM LB 8 (OD 8+): Im Bereich zwischen 750 und 800 nm ist für die Betriebsart D die Schutzstufe LB 7 und für die Betriebsarten I, R und M ist die Schutzstufe LB 8. Die Bezeichnung OD 8+ gibt an, dass die optische Dichte über 8 ist, d. h. die Schwächung höher als der Faktor 10^8. Diese Angabe ist für den europäischen Markt ohne Bedeutung, da sie keine Information über die zulässige Bestrahlungsstärke enthält.

>800–1000 D LB 7+IR LB 8+M LB 9 (OD 9+): Über 800 bis 1000 nm ist für die Betriebsart D die Schutzstufe LB 7, für die Betriebsarten I und R ergibt sich LB 8 und für die Betriebsart M gilt LB 9. Die Bezeichnung OD 9+ erklärt sich wie oben. ◄

Laserjustierbrille Bei der Kennzeichnung von Laserjustierbrillen wird zunächst die maximale Laserleistung bzw. die Impulsenergie (in J) nach Tab. 7.4 angegeben, dann die Wellenlänge, die Schutzstufe mit dem Symbol RB, und weitere Herstellerangaben, wie in Abb. 7.24 dargestellt.

Laserschutzfilter Laserschutzfilter zum Einbau in Lasergeräte werden wie Laserschutzbrillen gekennzeichnet. Laserabschirmungen müssen nach DIN EN 12254 getestet werden, wobei eine Standzeit gegen Laserstrahlung von 100 s eingehalten werden muss. Ein Beispiel für ein Gerät mit einem eingebauten Laserschutzfilter zeigt Abb. 7.25.

7.5 Schutzkleidung

Wie in Abschn. 2.7 beschrieben, kann Laserstrahlung natürlich nicht nur die Augen, sondern auch die Haut schädigen. Wellenlänge und Bestrahlungszeit bestimmen dabei Ort und Art der Schädigung. So kann Laserstrahlung im nahen infraroten Bereich relativ tief in das Gewebe eindringen und dort auch unterhalb der Haut einen Schaden produzieren. Im Gegensatz zu Schäden an der Netzhaut

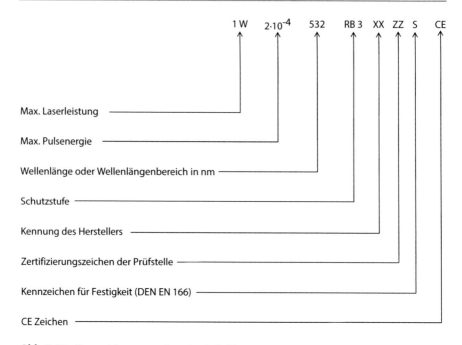

Abb. 7.24 Kennzeichnung von Laserjustierbrillen

Abb. 7.25 Beispiel für ein Gerät mit einem eingebauten Laserschutzfilter. (Mit freundlicher Genehmigung der Firma Siro-Lasertec GmbH)

sind Schäden in der Haut oft reversibel und finden daher – jedoch zu Unrecht – meist wesentlich weniger Beachtung.

Nach der OStrV und der DGUV Vorschrift 11 muss bei der Möglichkeit des Überschreitens der Haut-Expositionsgrenzwerte der Hautschutz gewährleistet werden. Oft wird eine Gefährdung bei der Lasermaterialbearbeitung durch eine vollständige Einhausung der Arbeitszone ausgeschlossen. Bei vielen Anwendungen ist dies jedoch nicht möglich. Eine besondere Gefährdung besteht

z. B. beim Einsatz von handgeführten Lasersystemen, welche beim Schweißen und Schneiden z. B. in der Dentaltechnik und der Schmuckindustrie, aber auch bei der Reinigung von Oberflächen Einsatz finden.

Um die Gefährdung zu mindern, können bei verschiedenen Herstellern Arbeitsschutzprodukte wie Handschuhe oder Oberbekleidung erworben werden, die allerdings noch nicht als Laserschutzprodukte angeboten werden, da es derzeit noch keine Norm für Laserschutzbekleidung gibt. Inzwischen liegt eine Untersuchung im Auftrag der Bundesanstalt für Arbeitsschutz und Arbeitsmedizin mit dem Titel *Qualifizierung von persönlicher Schutzausrüstung für handgeführte Laser zur Materialbearbeitung Projekt F 2117* vor, welche vom Laser Zentrum Hannover und dem Sächsischen Textilforschungsinstitut durchgeführt wurde. Während des Projekts wurden verschiedene Textilien auf ihre Standhaftigkeit gegenüber Laserstrahlung getestet und daraus ein Prüfgrundsatz für Laserschutzkleidung entwickelt. Entwickelt wurden sowohl passive als auch aktive Materialen mit Sensoren.

7.5.1 Schutzhandschuhe

Die am häufigsten zum Einsatz kommende Schutzkleidung sind sicherlich Schutzhandschuhe (Abb. 7.26), welche direkt auf der Haut getragen werden. Man kann sich leicht vorstellen, dass es keine Materialien gibt, die den bei der Lasermaterialbearbeitung eingesetzten hohen Leistungen über längere Zeit standhalten können. Von Schutzhandschuhen wird daher gefordert, dass sie einen minimalen

Abb. 7.26 Arbeiten mit Laserschutzhandschuhen. (Mit freundlicher Genehmigung der Firma Jutec GmbH)

Schutz vor der Laserstrahlung bieten und das Material so beschaffen sein muss, dass es keine Einbrennungen des Materials in die Haut gibt. Die Schutzwirkung wird dadurch gewährleistet, dass ein Teil der Energie an die Haut weitergeleitet wird, was zu einem Schmerz führt und der Träger die Möglichkeit hat, die Hand rechtzeitig vor einem größeren Schaden aus der Gefahrenzone zu entfernen, wobei jedoch Verbrennungen 2. Grades verhindert werden [14, 15]. DIN Spec 91250 legt Anforderungen und Prüfungen von textilen Materialien für Laserschutzhandschuhe fest, welche als Grundlage für eine Zertifizierung dienen.

7.5.2 Laserschutzkleidung

Inzwischen wird auf dem Markt zertifizierte Laserschutzoberbekleidung (Abb. 7.27 und 7.28) und Gesichtsschutz (Abb. 7.29) für den Wellenlängenbereich 800–1100 nm angeboten, die nach der Prüfnorm Spec 91250 getestet wurde (Abb. 7.30). Wie bei den Handschuhen ist auch diese so ausgelegt, dass nach Bestrahlung durch einen Laser ein Teil der Energie die Haut erreicht und dadurch die betroffene Person genügend Zeit hat, sich aus dem Gefahrenbereich heraus zu bewegen. Im Rahmen eines von der EU gefördertes Forschungsvorhaben FP7-NMP (Nr. 229165) wurden passive und aktive textile Schutzsysteme entwickelt.

Die äußere Lage streut die einfallende Laserstrahlung zu einem großen Teil diffus zurück, wobei der Absorptionsgrad gleichzeitig sehr gering und der Transmissionsgrad idealerweise ebenfalls sehr gering bzw. vernachlässigbar ist.

Abb. 7.27 Beispiel einer Laserschutzhose. (Mit freundlicher Genehmigung der Firma Jutec GmbH)

Abb. 7.28 Beispiel einer Laserschutzjacke. (Mit freundlicher Genehmigung der Firma Jutec GmbH)

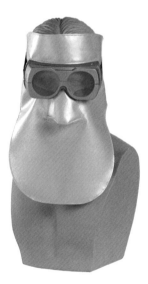

Abb. 7.29 Beispiel für Gesichtsschutz. (Mit freundlicher Genehmigung der Firma Jutec GmbH)

Die mittlere Lage absorbiert die verbleibende, von der äußeren Lage transmittierte Laserstrahlung und verteilt gleichzeitig die deponierte Energie in der textilen Ebene, um das Absorptionsvolumen zu vergrößern.

Die innere Lage hat optimale thermophysikalische Eigenschaften, um die Wärmeleitung zu minimieren. Dabei wird ein geringer Anteil der thermischen Energie an die Haut weitergeleitet, um den Träger der PSA in die Lage zu versetzen, das betroffene Körperteil beim Empfinden von Schmerz aus dem Laserstrahl zu bewegen.

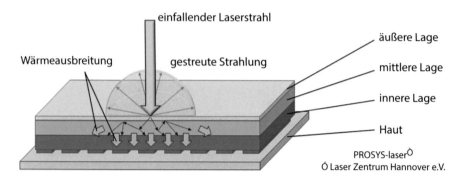

Abb. 7.30 Wirkungsweise von Laserschutzkleidung, Abbildung von PROSYS-laser®, von der EU gefördertes Forschungsvorhaben im Rahmen des FP7-NMP (Nr. 229165), © Laser Zentrum Hannover e. V., Christian Hennigs

Bei den aktiven Systemen wird zusätzlich ein elektrischer oder optischer Sensor in das Material eingebracht.

7.5.3 Hautschutz gegen UV-Strahlung

In Laserbereichen, wo es durch UV-Strahlung zu einer Exposition von Augen und Haut kommen kann, muss für ausreichenden Schutz vor der UV-Strahlung gesorgt werden. Die UV-Strahlung kann direkt als Laserstrahlung vorliegen oder als indirekte Strahlung, z. B. beim Schweißen, entstehen. Für den Handschutz eignen sich UV-undurchlässige Handschuhe, für den Gesichtsschutz Visiere und Gesichtscremes mit UV-Schutz, welche als PSA zugelassen sind.

7.6   Hinweise zum Arbeiten im Laserbereich

- Den Laserbereich auf die minimal benötigte Größe begrenzen.
- Die Laserleistung (bzw. Energie) auf das erforderliche Maß begrenzen.
- Die Anzahl der Beschäftigten im Laserbereich auf eine Mindestanzahl begrenzen.
- Vor dem Einschalten des Lasers alle Anwesenden warnen.
- Niemals, auch nicht mit Laserschutzbrille, in den oder in Richtung des austretenden Laserstrahls blicken.
- Falls – insbesondere sichtbare – Laserstrahlung das Auge trifft, sofort abwenden.
- Laserstrahlung niemals gegen Fenster oder Türen richten.
- Vagabundierende Laserstrahlung verhindern.
- Laserstrahlung mit Strahlfallen begrenzen.
- Im Laserbereich möglichst nicht bücken.
- Laserstrahlung immer unterhalb oder oberhalb der Augenhöhe führen.

- Keine reflektierenden Gegenstände wie Uhren, Ringe, Ketten etc. am Körper tragen.
- In Laserbereichen möglichst nicht alleine arbeiten.
- Optische Bauelemente, die die Richtung des Laserstrahls verändern können, fest aufbauen.
- Brennbare Materialien und leicht entzündliche Flüssigkeiten und Gase möglichst nicht im Laserbereich lagern.
- Aufgrund der Verdunklung durch Laserschutzbrillen bzw. Laserjustierbrillen (Tageslichtdurchlässigkeit VLT) auf ausreichende Beleuchtung achten.
- Wände und andere Gegenstände im Laserbereich möglichst mit hellen und diffus reflektierenden Oberflächen ausstatten.
- Fußböden frei von Stolpermöglichkeiten halten.
- Regelmäßige Überprüfung der getroffenen Schutzmaßnahmen.

7.7 Übungen

Aufgaben

7.1 In welcher Reihenfolge müssen Schutzmaßnahmen erfolgen?

7.2 Was ist unter einer Substitutionsprüfung zu verstehen?

7.3 Was sind typische technische Schutzmaßnahmen?

7.4 Was sind wichtige organisatorische Schutzmaßnahmen?

7.5 Für welche Laserklassen muss ein Laserschutzbeauftragter bestellt werden?

7.6 Wann müssen Beschäftigte unterwiesen werden?

7.7 Ein kontinuierlicher roter Laserstrahl (660 nm) hat eine Leistung von $P = 350$ mW und eine Strahlfläche von $A_{63} = 0{,}7$ cm^2.

    (a) Berechnen Sie die Leistungsdichte E.

    (b) Bestimmen Sie die Schutzstufe für eine Laserschutzbrille.

    (c) Welche Bezeichnung steht auf der Schutzbrille?

    (d) Welche Bezeichnung muss auf einer Laserjustierbrille stehen, wenn diese für 2 s ausgelegt wurde?

    (e) Welcher Augenschaden ist ohne Schutzbrille zu erwarten: Kein Schaden? Leichter Schaden? Schwerer Schaden bis zur Erblindung?

7.8 (a) Berechnen Sie die Schutzstufe einer Schutzbrille für einen kontinuierlich strahlenden Laser mit der Wellenlänge $\lambda = 980$ nm, der Leistung $P = 3{,}5$ W und dem Strahldurchmesser $d_{63} = 5{,}2$ mm.

    (b) Welche Bezeichnungen müssen auf der Schutzbrille stehen?

    (c) Wählen Sie eine Justierbrille für den Laser?

7.9 (a) Berechnen Sie die Daten einer Laserschutzbrille für Polizisten, die sich gegen einen illegalen Laserpointer (grün 532 nm) mit $d_{63} = 1$ mm und einer Leistung von 300 mW schützen wollen.

    (b) Können Sie für diesen Fall auch eine Laserjustierbrille wählen?

7.10 Berechnen Sie die Daten einer Laserschutzbrille für einen Titan-Saphir-Laser mit folgenden Eigenschaften: Wellenlänge $\lambda = 700$ nm,

Impulsenergie $Q = 4{,}9 \cdot 10^{-8}$ J, Strahlradius $r_{63} = 0{,}5$ mm, Impulsbreite $t = 100$ fs $= 100 \cdot 10^{-15}$ s, Impulsfolgefrequenz $f = 76$ MHz.

7.11 Wie gehe ich bei der Ermittlung des Laserbereichs vor?

Lösungen

7.1 Es gilt das sogenannte STOP-Prinzip: Substitution, technische Schutzmaßnahmen, organisatorische Schutzmaßnahmen, persönliche Schutzmaßnahmen.

7.2 Der Arbeitgeber prüft, ob das geplante Arbeitsmittel, von welchem eine Gefährdung ausgeht, durch ein anderes Arbeitsmittel mit geringerem Gefährdungspotenzial ersetzt werden kann.

7.3 Man unterscheidet zwischen technischen Schutzmaßnahmen des Herstellers und des Anwenders. Schutzmaßnahmen des Herstellers sind z. B. eine vollständige Einhausung der Laserquelle, Schlüsselschalter, Sicherheitsverriegelung. Schutzmaßnahmen des Anwenders sind u. a. Abschirmungen, Strahlführungssysteme und Zutrittssicherungen.

7.4 Bestellung von Laserschutzbeauftragten, Abgrenzung und Kennzeichnung des Laserbereichs, Unterweisung der Beschäftigten, Betriebsanweisung.

7.5 Für die Laserklassen 3R, 3B, 4.

7.6 Bevor sie das erste Mal an einem Laserarbeitsplatz tätig sind und danach mindestens einmal jährlich.

7.7 (a) Bestrahlungsstärke = Leistungsdichte: $E = \frac{P}{A_{63}} = \frac{0{,}35}{0{,}7 \cdot 10^{-4}} \frac{\text{W}}{\text{m}^2} = 5000 \frac{\text{W}}{\text{m}^2}$

(b) Schutzstufe für Laserschutzbrille (Tab. 7.1) ist LB 3.

(c) Bezeichnung auf der Brille: z. B. 640–680 D LB 3.

(d) Bezeichnung auf einer Laserjustierbrille (Tab. 7.4): z. B. 1 W $2 \cdot 10^{-4}$ J 640–680 RB 3.

(e) Schwerer Schaden bis zur Erblindung.

7.8 (a) Bestrahlungsstärke: $E = \frac{P}{A_{63}} = \frac{P \cdot 4}{d_{63}^2 \pi} = \frac{3{,}5 \cdot 4}{5{,}2^2 10^{-6} \pi} \frac{\text{W}}{\text{m}^2} = 164805 \frac{\text{W}}{\text{m}^2}$,

(b) Korrekturfaktor: $F(d) = 5{,}2^{1{,}7} = 16{,}5$

(c) Korrigierte Bestrahlungsstärke (Gl. 7.8): $E' = E \cdot F(d) = 2{,}72 \cdot 10^6 \frac{\text{W}}{\text{m}^2}$

(d) Schutzstufe aus Tab. 7.1: LB 6.

(e) Bezeichnung: z. B. 940–1070 D LB 6.

(f) Außerhalb der sichtbaren Spektralbereichs gibt es keine Justierbrille.

7.9 (a) Bestrahlungsstärke: $E = \frac{P}{A_{63}} = \frac{0{,}3}{0{,}25 \, \pi \, 10^{-6}} \frac{\text{W}}{\text{m}^2} = 3{,}8 \cdot 10^5 \frac{\text{W}}{\text{m}^2}$

(b) Schutzstufe: LB 5.

(c) Bezeichnung auf der Brille: z. B. D 480–540 LB 5.

(d) Bezeichnung auf Justierbrille: z. B. 1 W 480–540 RB 3.

(e) Es ist möglich, eine Laserjustierbrille zu verwenden. Sie schützt aber unterhalb von 600 mW nur für 2 s (Tab. 7.4).

7.10 Betrachtung der mittleren Leistung:

Die mittlere Bestrahlungsstärke E_m berechnet sich aus $E_m = \frac{P_m}{A_{63}}$ mit $P_m = Q \cdot f$

Mit $A_{63} = 7{,}8 \cdot 10^{-7} \text{m}^2$ für $r_{63} = 0{,}5$ mm und den Daten des Lasers erhält man $E_m = \frac{Q \cdot f}{A_{63}} = 4{,}8 \cdot 10^6 \text{Wm}^{-2}$.

Aus Tab. 7.1 entnimmt man: D LB 6.

Impulskriterium:

Man erhält für den Einzelimpuls $H = \frac{Q}{A_{63}} = 6{,}28 \cdot 10^{-4} \text{Jm}^{-2}$. Da die Impulsfrequenz f größer als die Grenzfrequenz $v_i = 55{,}6 \cdot 10^3$ Hz ist, erhält man nach Gl. 7.14 $H' = 6{,}28 \cdot 10^{-4} \cdot (76 \cdot 10^6/55{,}6 \cdot 10^3) \cdot 22{,}9$ $\text{Jm}^{-2} = 19{,}4 \text{Jm}^{-2}$. Tab. 7.3 den maximalen Korrekturfaktor 22,9 und $H' = 22{,}9 \cdot 6{,}28 \cdot 10^{-4} \text{Jm}^{-2} = 1{,}44 \cdot 10^{-2} \text{Jm}^{-2}$.

Aus Tab. 7.1 entnimmt man: M LB 2.

Auf der Laserschutzbrille steht z. B.: 600–800 D LB 4 + M LB 2.

7.11 Falls der Sicherheitsabstand NOHD kleiner als der Raum ist, wird durch ihn der Laserbereich begrenzt. Andernfalls muss festgestellt werden, in welchen Bereichen Laserstrahlung auftreten kann. Dabei muss auch reflektierte und gestreute Strahlung berücksichtigt werden. Diese Bereiche sind dann als Laserbereiche zu deklarieren. Durch Messungen und Rechnungen kann der Laserbereich genauer festgelegt werden.

Literatur

1. Technische Regeln optische Strahlung TROS Laserstrahlung, Bundesministerium für Arbeit und Soziales, Bonn (2015)
2. Dickmann, K.: Elektrische Sicherheitssysteme für Laseranlagen. Photonik **1**, 44–47 (2014)
3. Eingebaute Sicherheit: Sichere Konstruktion handgeführter Laserwerkzeuge, baua Bundesanstalt für Arbeitsschutz und Arbeitsmedizin. http://www.baua.de/de/Publikationen/Broschueren/Faltblaetter/F80.html;jsessionid=DB4412C64DB97E1AFAA19611E102F144.1_cid353. Zugegriffen: 5. Okt. 2016
4. Leitfaden für die betriebliche Unterweisung, BG ETEM. http://dp.bgetem.de/pages/service/download/medien/233-1_DP.pdf. Zugegriffen: 4. Okt. 2016
5. Unterweisung –Bestandteil des betrieblichen Arbeitsschutzes, BGHM, BGI 527 (2012). https://www.bghm.de/fileadmin/user_upload/Arbeitsschuetzer/Gesetze_Vorschriften/BG-Informationen/BGI_527.pdf. Zugegriffen: 5. Okt. 2016
6. Reidenbach, H.D., Brose, M., Ott, G., Siekmann, H.: Praxis Handbuch optische Strahlung. Erich Schmidt, Berlin (2012)
7. Ernst Sutter: Schutz vor optischer Strahlung, Bd. 104. VDE Schriftenreihe, Berlin (2002), Abschnitt 13.2.2
8. BG Information Sicherheit durch Betriebsanweisungen BGI 578, BGHM, Dezember 2012
9. Achte Verordnung zum Produktsicherheitsgesetz (Verordnung über die Bereitstellung von persönlichen Schutzausrüstungen auf dem Markt), 8. ProdSV. www.gesetze-im-internet.de/gsgv_8/. Zugegriffen: 4. Okt. 2016
10. Verordnung (EU) 2016/425 des Europäischen Parlaments und des Rates vom 9. März 2016 über persönliche Schutzausrüstungen und zur Aufhebung der Richtlinie 89/686/EWG des Rates. https://www.bundesanzeiger-verlag.de/fileadmin/Betrifft-Gefahrgut/downloads/PSA-Verordnung.pdf. Zugegriffen: 14. Dez. 2016

11. Auswahl und Benutzung von Laser-Schutzbrillen, Laser-Justierbrillen und Schutzabschirmungen, DGUV Information 203–042, 2018
12. DIN EN 207
13. DIN EN 208
14. Fröhlich, T.: Laserschutzhandschuhe nach neuem Prüfgrundsatz. Laservision GmbH & Co. KG. www.dguv.de/medien/ifa/de/vera/2009/laserstrahlung/05_froehlich.pdf. Zugegriffen: 4. Okt. 2016
15. Meier, O., Püster, T., Beier, H., Wenze, D.: Qualifizierung von persönlicher Schutzausrüstung für handgeführte Laser zur Materialbearbeitung. http://www.baua.de/de/Publikationen/Fachbeitraege/F2117.pdf;jsessionid=2AADFD8EB 615AB70578FEE9BF70D4CB 6.1_cid333?__blob=publicationFile&v=8. Zugegriffen: 4. Okt. 2016

Aufgaben und Verantwortung der Laserschutzbeauftragten

8

Inhaltsverzeichnis

Werden im Unternehmen Lasereinrichtungen der Klassen 3R, 3B oder 4 betrieben, so sind schon seit den 1980er Jahren in Deutschland Laserschutzbeauftragte (LSB) gemäß DGUV Vorschrift 11 [10] (bzw. früher BGV B2 und VBG 93) schriftlich zu bestellen (Anhang A.3 zeigt dafür ein Beispiel). Die Laserschutzbeauftragten sind im Bereich des Gesundheits- und Unfallschutzes am Laserarbeitsplatz das Bindeglied zwischen den Vorgesetzten und den Beschäftigten. Sie sind maßgeblich an der Umsetzung der in der Gefährdungsbeurteilung festgelegten Schutzmaßnahmen und deren Wirksamkeitskontrolle beteiligt. Nach § 5(2) der OStrV [1] und deren Änderung vom 19.11.2016 hat der Arbeitgeber vor der Aufnahme des Betriebs von Lasereinrichtungen der Klassen 3R, 3B und 4 Laserschutzbeauftragte mit Fachkenntnissen schriftlich zu bestellen. Die Fachkenntnisse sind durch die erfolgreiche Teilnahme an einem Kurs nachzuweisen. Die Laserschutzbeauftragten *unterstützten* den Arbeitgeber

1. bei der Durchführung der Gefährdungsbeurteilung nach OStrV § 3,
2. bei der Durchführung der notwendigen Schutzmaßnahmen nach OStrV § 7 und

3. bei der **Überwachung** des sicheren Betriebs von Lasern nach Satz 1.

Damit die Laserschutzbeauftragten ihrer verantwortungsvollen Tätigkeit gerecht werden können, ist es wichtig, dass die Aufgaben konkret übertragen werden und sie mit Weisungsbefugnis für die Belange des Laserschutzes ausgestattet werden.

Hinweis
Laserschutzbeauftragte notwendig ab Laserklasse 3R!

8.1 Bestellung zu Laserschutzbeauftragten

Der Arbeitgeber wählt eine geeignete zuverlässige Person aus, veranlasst deren Schulung und bestellt diese dann schriftlich zum Laserschutzbeauftragten (LSB). Die Aufgaben und Pflichten sind genau zu beschreiben, da sich aus diesen die jeweilige Verantwortung der LSB ergibt. Im Falle eines Unfalls oder einer „gefährlichen Situation" muss der LSB genau wissen, welche Maßnahmen (z. B. Stillsetzung der Anlage) sofort zu treffen sind. Verfügt der Unternehmer selbst über die speziellen Fachkenntnisse, kann auf die Bestellung verzichtet werden. Damit auch im Urlaubs- oder Krankheitsfall des LSB eine geeignete Ansprechperson in Sachen Laserschutz zugegen ist, kann es sinnvoll sein, eine zweite Person ausbilden zu lassen und diese zum stellvertretenden LSB zu bestellen.

8.1.1 Wer kann zum Laserschutzbeauftragten bestellt werden?

Laserschutzbeauftragte sollen eine abgeschlossene technische, naturwissenschaftliche, medizinische oder kosmetische Berufsausbildung (jeweils mindestens zwei Jahre) haben oder über mindestens zwei Jahre Berufserfahrung **jeweils** in Verbindung mit einer zeitnah (Anmerkung: zeitnah ist im weiteren nicht klar definiert) ausgeübten beruflichen Tätigkeit an entsprechenden Laser-Einrichtungen der Klassen 3R, 3B bzw. 4 verfügen.

Die Auswahl einer geeigneten zuverlässigen Person obliegt im Rahmen der Personalauswahlpflicht dem Arbeitgeber.

8.1.2 Kriterien bei der Auswahl der Laserschutzbeauftragten

Um die getroffenen Schutzmaßnahmen wirksam umsetzen zu können, sollen Laserschutzbeauftragte ein gutes technisches Verständnis, eine hohe Sozialkompetenz und Akzeptanz bei ihren Kollegen haben.

8.1.3   Unterstützung der Laserschutzbeauftragten durch den Arbeitgeber

Damit Laserschutzbeauftragte ihre Aufgaben vernünftig erfüllen können, erfordert dies die Unterstützung durch den Arbeitgeber. Dieser sollte die Zuständigkeiten klar regeln und für die notwendige Akzeptanz dieser wichtigen Funktion bei den Mitarbeiterinnen und Mitarbeitern sorgen. Die Laserschutzbeauftragten sollten in die internen Prozesse eingebunden und regelmäßig über eventuelle Veränderungen informiert werden.

8.2   Kenntnisse der Laserschutzbeauftragten

Der LSB muss die für den jeweiligen Anwendungsbereich erforderlichen Fachkenntnisse besitzen. Die Weiterbildung ist zu gewährleisten.

Laserschutzbeauftragte sollen nach der TROS Laserstrahlung [2], Teil *Allgemeines,* Kenntnisse haben über:

- rechtliche Grundlagen (Arbeitsschutzgesetz, OStrV, Technische Regeln Laserstrahlung (TROS), Unfallverhütungsvorschriften, Normen und spezielle Regelungen zum Laserschutz),
- physikalische Eigenschaften und biologische Wirkungen der Laserstrahlung,
- Laserklassen und Grenzwerte,
- direkte und indirekte Gefährdungen durch Laserstrahlung,
- Auswahl, Durchführung und Überwachung der Schutzmaßnahmen (TOP-Prinzip),
- Rechte und Pflichten der Laserschutzbeauftragten,
- Inhalte der Unterweisung der Mitarbeiter und Mitarbeiterinnen,
- Aufbau und Inhalt der Gefährdungsbeurteilung,
- den sicheren Betrieb der Lasereinrichtung.

Daneben sollen LSB Informationen zu den im Unternehmen verwendeten Lasersystemen haben und in der Lage sein, die getroffenen Schutzmaßnahmen zu überprüfen und eine Wirksamkeitskontrolle durchzuführen.

Weiterbildung der Laserschutzbeauftragten
Die TROS Laserstrahlung fordert, dass spätestens nach bzw. innerhalb von fünf Jahren die Fachkenntnisse durch die Teilnahme an entsprechenden Kursen und Veranstaltungen (6 Lehreinheiten) zu aktualisieren sind. Laserschutzbeauftragte, die nach DGUV Vorschrift 11 (BGV B2) ausgebildet wurden, sind ebenfalls durch entsprechende Weiterbildungskurse zu qualifizieren.

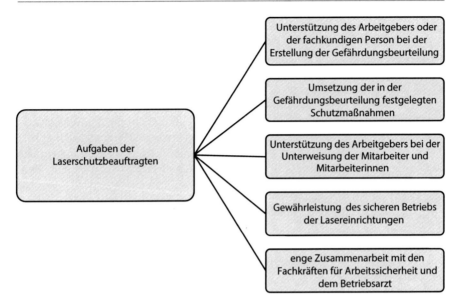

Abb. 8.1   Aufgaben der Laserschutzbeauftragten

8.3   Aufgaben der Laserschutzbeauftragten

Nach der OStrV und der TROS Laserstrahlung haben die LSB folgende Aufgaben im Unternehmen (Abb. 8.1):

- Unterstützung des Arbeitgebers oder der fachkundigen Person bei der Erstellung der Gefährdungsbeurteilung,
- Unterstützung bei der Durchführung der in der Gefährdungsbeurteilung festgelegten Schutzmaßnahmen,
- Unterstützung des Arbeitgebers bei der Überwachung des sicheren Betriebs
- enge Zusammenarbeit mit den Fachkräften für Arbeitssicherheit und dem Betriebsarzt.

8.3.1   Verantwortung der Laserschutzbeauftragten

Eine häufig gestellte Frage von angehenden Laserschutzbeauftragten ist die nach der eigenen Haftung. Die Laserschutzbeauftragten sind nur für die Ihnen gemäß OStrV §5(2) übertragenen Aufgaben verantwortlich und damit auch haftbar. Der Arbeitgeber hat weiterhin die Möglichkeit, durch eine sogenannte Pflichtenübertragung gemäß DGUV Vorschrift 1 §13 [3, 4]. Teile seiner Verantwortung auf die Laserschutzbeauftragten zu übertragen und diese dadurch zu Vorgesetzten zu machen. Die Verantwortung des Unternehmers geht dann in sogenannter Linienverantwortung auf Vorgesetzte (Betriebsleiter, Abteilungsleiter, Meister) über. Der Aufgaben- und Verantwortungsbereich erweitert sich dadurch auf die übertragenen Gebiete. Dies sind z. B. Weisungsbefugnisse, die verantwortliche Durchführung der Gefährdungsbeurteilung und die Unterweisung der Mitarbeiter. Die Beauftragung muss den Verantwortungsbereich und Befugnisse festlegen und ist vom Beauftragten zu unterzeichnen. Eine Ausfertigung der Beauftragung ist ihm auszuhändigen [3]. Aus der übertragenen Verantwortung erwächst Haftung. Nach §11(2) OStrV handelt ordnungswidrig, wer vorsätzlich oder fahrlässig gegen Regeln des Laserschutzes verstößt. Vorsätzlich handelt, wer billigend in Kauf nimmt, dass durch das eigene Handeln ein Tatbestand eintritt. Fahrlässig handelt, wer die erforderliche Sorgfalt außer Acht lässt. Wer vorsätzlich die Gesundheit oder das Leben von Beschäftigten gefährdet, macht sich strafbar (Tab. 8.1).

8.4   Anzahl der Laserschutzbeauftragten

Für die Überwachung des sicheren Betriebs von Laser-Einrichtungen sind erforderlichenfalls mehrere Laserschutzbeauftragte zu bestellen. Folgende Punkte können die Bestellung mehrerer Laserschutzbeauftragter erfordern:

- Komplexität der Aufgabenstellung (z. B. wechselnde Aufbauten, häufige Justierung, Einsatz von Fremdfirmen, unterschiedliche Fachbereiche u. a. in Krankenhäusern, mobiler Einsatz von Lasern)
- Schichtarbeit, Vertretung bei Abwesenheit
- mehrere Betriebsorte mit Laser-Einrichtungen
- Anzahl der Laser-Einrichtungen mit hoher Gefährdung (z. B. hohe optische Leistung, Strahlengang nicht sichtbar) (Siehe TROS Laserstrahlung 5.3 Teil Allgemeines)

Unabhängig von den Mindestvorgaben aus der TROS Laserstrahlung ist es immer sinnvoll, mindestens zwei Laserschutzbeauftragte zu bestellen, da im Falle der Abwesenheit des Laserschutzbeauftragten der Betrieb der Lasereinrichtungen problematisch sein kann. In Krankenhäusern ist es aus organisatorischen Gründen sinnvoll, für jeden Bereich eigene Laserschutzbeauftragte zu bestellen. Grundsätzlich können LSB auch für mehrere Bereiche bestellt werden, dies empfiehlt sich allerdings nur dann, wenn die Fachkenntnisse für alle Einrichtungen vorhanden sind. Des Weiteren ist zu beachten, dass die räumliche Entfernung zwischen den Betriebsbereichen nicht zu groß sein darf, da der Laserschutzbeauftragte ggf. kurzfristig vor Ort sein muss.

Eine wichtige Frage sollte immer vorab geklärt werden: ob und wann (bei welcher Tätigkeit) der Laserschutzbeauftragte die Anlage gemäß Arbeitsvertrag und Gefährdungsbeurteilung überwachen muss/soll.

Tab. 8.1 Rechtsfolgen

Straftat	Geld- bzw. Freiheitsstrafe
Ordnungswidrigkeit	Geldbuße durch Berufsgenossenschaft oder Gewerbeaufsichtsamt oder Amt für Arbeitsschutz
Haftung	Schadensersatz gegenüber Geschädigten, Regress durch Berufsgenossenschaft
Arbeitsrecht	Abmahnung, Kündigung durch Arbeitgeber

8.5 Stellung der Laserschutzbeauftragten

Die Stellung der Laserschutzbeauftragten, ihre Aufgaben, Rechte und Pflichten sollen arbeitsvertraglich geregelt werden. Dabei sollten die Rechte und Pflichten bestimmt und Befugnisse (ggf. das Recht zum Erteilen von Anweisungen an Bedienpersonal und Dritte) schriftlich festgelegt werden. Den Laserschutzbeauftragten muss die, für die Erfüllung der entsprechenden Aufgaben erforderliche Zeit, eingeräumt werden.

8.6 Praxis der Laserschutzbeauftragten

Der folgende Abschnitt beantwortet Fragen (FAQ), die während der Tätigkeit von Laserschutzbeauftragten auftraten.

Rechtliche Fragen

1. Welche Bedeutung haben Normen für den Laserschutzbeauftragten?
   Normen können eine Hilfestellung zur Beurteilung der Gefährdung geben und dem Fachkundigen bei der Erstellung der Gefährdungsbeurteilung dabei helfen, die Laser oder die Schutzmaßnahmen entsprechend der Herstellerinformationen bzw. der Konformitätserklärung einzuschätzen. Die Kenntnis der Normen ist zwar hilfreich, aber nicht Voraussetzung für die Arbeit des LSB. Wichtigste Dokumente für den LSB sind die OStrV, die TROS Laserstrahlung und die berufsgenossenschaftlichen Informationen, sowie Forschungsberichte und arbeitswissenschaftliche Erkenntnisse der Bundesanstalt für Arbeitsschutz und Arbeitsmedizin (BAUA) und der Deutschen Gesetzlichen Unfallversicherung (DGUV). Diese werden in der Regel zu niedrigen Selbstkostenbeiträgen verschickt oder sind online kostenlos abrufbar.
2. Gab es in der Vergangenheit bereits Fälle, in denen ein Laserschutzbeauftragter zur Rechenschaft gezogen wurde?
   Der Autorin und den Autoren ist kein konkreter Fall bekannt, bei dem es durch ein Fehlverhalten des Laserschutzbeauftragten in seiner Funktion als

Laserschutzbeauftragter zu einer Verurteilung kam. Einige Fälle sind jedoch nur deshalb ohne Verurteilung ausgegangen, weil der Laserschutzbeauftragte sich selbst geschädigt hatte.

3. Wer muss den Laserschutz gewährleisten, wenn ich einen Laser miete?
Dies ist eine privatrechtliche und vertraglich freie Regelung. In der Regel wird der Mieter zum Betreiber und ist für den sicheren Betrieb verantwortlich und muss auch den LSB stellen. Die Zuständigkeiten sind vertraglich festzulegen.

Fragen zur Gefährdungsbeurteilung

1. Was kann passieren, wenn es für den Laserarbeitsplatz keine Gefährdungsbeurteilung gibt?
Ein Verstoß gegen das Arbeitsschutzgesetz kann unmittelbar mit einer Geldstrafe oder anderen Sanktionen von Seiten des Staates oder der Unfallversicherungsträger belegt werden. Bei einem Unfall, der durch eine geeignete Gefährdungsbeurteilung hätte verhindert werden können, können auch die Regelungen des Strafgesetzbuches greifen (Geld- oder Freiheitsstrafe). Verantwortlich für die Gefährdungsbeurteilung ist der Arbeitgeber!

2. Wie kann eine Schutzwand oder ein Schutzvorhang auf Sicherheit hin beurteilt werden?
Bei Schutzwänden handelt es sich, je nach Anwendung, um Produkte nach Maschinenrichtlinie bzw. Produktsicherheitsgesetz (ProdSG). Der Hersteller (die Person), der das Produkt auf dem Markt bereitstellt, muss die Sicherheit gewährleisten. In der Regel sollte die Schutzwand die DIN EN 60825-4 oder die DIN EN 12254 erfüllen. Achtung: Bei Selbstbauten übernimmt man in der Regel auch die Haftung. Die Schadenshöhe, z. B. durch einen nicht ausreichenden Brandschutz, kann mehrere Millionen betragen. Bei einem Personenschaden kann eine Haftstrafe drohen.

3. Wo muss die Gefährdungsbeurteilung aufbewahrt werden?
Hierfür gibt es keine Festlegungen. Den Behörden muss auf Verlangen die Gefährdungsbeurteilung vorgelegt werden können.

4. Muss ich beim Führen von Laserstrahlung durch eine Faser einen möglichen Faserbruch berücksichtigen?
Ja. Sofern der Hersteller dies nicht schon durchgeführt und berücksichtigt, hat wird ein unkontrollierter Faserbruch als Fehler in der Regel bei der Erstellung der Gefährdungsbeurteilung unterstellt.

Fragen zur Tätigkeit der Laserschutzbeauftragten

1. Muss ich als Laserschutzbeauftragter Berechnungen zur Lasersicherheit durchführen?
Nein. Dies ist die Aufgabe des Fachkundigen für Messungen und Berechnungen. Führt ein LSB „einfache" Rechnungen durch, so in

der Regel nur, um abzuschätzen, ob eine Gefährdung vorliegt oder die Rechnungen anderer plausibel sind (Beratungsverantwortung).

2. Was muss ein Laserschutzbeauftragter machen, damit er zur fachkundigen Person wird?
Die Aufgaben der fachkundigen Person hängen im Wesentlichen von den Lasern und den Berechnungen ab. Die notwendigen Kenntnisse können in einem Fachkundekurs (z. B. Akademie für Lasersicherheit Berlin, BG ETEM Dresden), im Selbststudium oder durch entsprechende Tätigkeiten beim Hersteller erworben werden.

3. Muss ein Laserschutzbeauftragter bei jeder Laseranwendung anwesend sein?
Nein. Die Überwachung des sicheren Betriebs muss gewährleistet sein. In der Regel reicht eine stichprobenartige Überprüfung und Kontrolle aus, die aber in seiner Aufgabenbeschreibung festgelegt werden sollte (z. B. wöchentlich 1 mal/ 1 mal pro Tag).

4. Muss bei medizinischen Anwendungen ein Laserschutzbeauftragter in der Nähe sein?
Ja. Da bei medizinischen Anwendungen oft sehr schnell Entscheidungen getroffen werden müssen, muss nach der Fachausschussinformation FA ET 5 [6] der LSB in einer Zeit von 15 min erreichbar sein.

5. Muss ein Laserschutzbeauftragter ständig erreichbar sein?
Das hängt von der Gefährdung ab, und welche Schutzmaßnahmen vor Ort getroffen werden müssen. Es muss bei der Gefährdungsbeurteilung festgelegt und betrachtet werden! Das bedeutet also, dass der Arbeitgeber bestimmt, ob ein LSB immer anwesend sein muss. Der Arbeitgeber muss im Falle eines Unfalles seine Entscheidung begründen.

6. Warum braucht man für einen Laser der Klasse 3R einen Laserschutzbeauftragten?
Diese Laser können die Expositionsgrenzwerte schon für Zeiten kleiner 0,25 s deutlich überschreiten. Bei einem direkten Blick in den Strahl kann es zu Augenschäden kommen. Aus Sicht des Staates und der Berufsgenossenschaften sind dann Schutzmaßnahmen von Laserschutzbeauftragten zu treffen und der sichere Betrieb muss überwacht werden.

7. Muss ein Laserschutzbeauftragter beauftragt werden, wenn man sich einen Laser zum Testen für einen Zeitraum von ca. 4 Wochen ausleiht?
Die Zeitdauer hat nichts mit der Verpflichtung zu tun, einen Laserschutzbeauftragten zu bestellen. Eine Minute Betrieb kann ggf. schon zu viel sein!

8. Muss es einen Vertreter für den Laserschutzbeauftragten geben?
Ein Laserschutzbeauftragter sollte zeitnah im Laserbereich sein können. Da dies oft nicht möglich ist, sollte ein Vertreter bestellt werden. Ist kein LSB im Dienst, trägt der Arbeitgeber wieder die Verantwortung. Es empfiehlt sich also, dieses Thema mit dem LSB, der Sicherheitsfachkraft und dem Arbeitgeber zu diskutieren und klar zu regeln.

9. Muss für einen Materialbearbeitungslaser der Klasse 1 ein Laserschutzbeauftragter bestellt werden?

   Sofern keine Wartungsarbeiten am Laser durchgeführt werden, wie
   z. B. bei Beschriftungslasern, ist kein LSB erforderlich. Werden jedoch
   Wartungsarbeiten am Gerät von Mitarbeitern, z. B. der Elektrofachkraft
   des Unternehmens durchgeführt, kann es zu einem Zustand am Gerät
   kommen, bei dem die Expositionsgrenzwerte überschritten werden können.
   Dann handelt es sich quasi um einen Klasse-4-Betrieb und ein LSB wird
   benötigt. Achtung! Gemäß TROS Laserstrahlung muss das Gerät ein Laser
   der Klasse 1 mit der Zeitbasis 30.000 s nach der EN 60825-1:2008 (oder
   früher) sein. Nur dann ist sichergestellt, dass die Expositionsgrenzwerte
   nicht überschritten werden!

10. In der Bedienungsanleitung meines Vermessungslasers der Klasse 3R steht
    geschrieben, dass nach der internationalen Norm 60.825 Teil 1 kein Laser-
    schutzbeauftragter benötigt wird. Stimmt das auch für Deutschland?

    Nein! Für Laser der Klasse 3R, die die Expositionsgrenzwerte schon für
    Zeiten kleiner 0,25 s überschreiten können, muss gemäß OStrV und
    DGUV Vorschrift 11 ein LSB schriftlich vom Arbeitgeber bestellt werden.

Fragen zur Unterweisung

1. Kann die Unterweisung durch ein Rundschreiben, zum Beispiel eine E-Mail,
   durchgeführt werden?

   Nein. Informationen und Hilfestellungen per E-Mail oder sogar Online-
   module, sind heute ein wichtiges Hilfsmittel, um Informationen, auch über
   Gefährdungen, schnell zu verteilen und ein Basisverständnis bei den zu
   Unterweisenden zu erreichen. Die arbeitsplatzbezogene und persönliche
   Unterweisung, insbesondere ggf. praktische Übungen vor Ort, werden hier-
   durch jedoch nicht ersetzt.

   In der nationalen Pandemiesituation „COVID-19" 2020/21 werden und
   wurden viele Unterweisungen online, z. B. als Videokonferenz, durchgeführt. Hiermit können und konnten große Wissensteile, je nach Zuge-
   hörigkeit und Vorwissen, im Betrieb abgedeckt werden. Wichtige Punkte vor
   Ort, z. B. die Schlüsselberechtigung, wo und wann müssen welche Schutzbrillen getragen werden, wo und wie ist die Warnleuchte einzuschalten,
   können und konnten nur zusammen mit den Vorgesetzten am Arbeitsplatz
   geklärt und gezeigt werden.

2. Wie lange muss die Unterweisung dauern?

   Die Dauer der Unterweisung hängt von der Gefährdung und den zu
   treffenden Schutzmaßnahmen ab. Eine Kurzunterweisung für spezielle
   Themen kann wenige Minuten dauern. Bei gefährlichen Laserarbeiten mit
   Schulung und Einarbeitungen kann die Unterweisung sich auch über einen
   längeren Zeitraum erstrecken.

3. Kann die Unterweisung durch den Laserschutzbeauftragten erfolgen?

Ja, sofern er die Anlagen und die örtlichen Gefahren kennt. In der Regel unterstützt der LSB nur den Vorgesetzten hinsichtlich der Lasersicherheit.

4. Wie und wann muss eine Reinigungskraft unterwiesen werden?

dJede Reinigungskraft, die in einem Laserbereich arbeitet oder arbeiten könnte, muss vor dem Beginn ihrer Tätigkeit unterwiesen werden. Hierbei kann es sich um eine Kurzunterweisung handeln wie: „dieser Bereich ist gefährlich und muss nicht gereinigt werden" oder „in diesem Raum zu einer bestimmten Zeit oder nur mit Herrn/Frau Meier reinigen".

Fragen zum Laserbereich

1. Wie kann der Laserbereich ohne Messgeräte festgelegt werden?

Auch ohne Messungen kann bei Vorliegen der genauen Laserdaten gerechnet werden. Liegen jedoch keine Herstellerdaten vor, muss davon ausgegangen werden, dass der gesamte Raum Laserbereich ist und alle dort befindlichen Personen müssen die persönliche Schutzausrüstung tragen. Da für die Berechnung der Schutzbrillen die Laserdaten nötig sind, muss eine fachkundige Person mit der Messung beauftragt werden.

2. Wann muss eine automatische Abschaltung des Lasers beim Öffnen der Tür eingebaut werden?

Besteht die Möglichkeit, dass eine Person beim Öffnen der Tür durch Laserstrahlung geschädigt werden könnte, muss eine automatische Abschaltung erfolgen. An vielen Lasern ist ein geeigneter Anschluss für eine solche Abschaltung angebracht. Bei der Gefährdungsbeurteilung muss insbesondere die Strahlgeometrie bzw. die mögliche Ablenkung des Laserstrahls berücksichtigt werden.

Fragen zu den Laserklassen

1. Kann ich mich darauf verlassen, dass die Angaben auf dem Lasergerät stimmen (zum Beispiel die Angabe der Laserklasse)?

In der Regel kann man sich darauf verlassen, wenn der Laser von einer renommierten Firma stammt. Bei extrem günstig im Internet gekauften Geräten sollte man jedoch vorsichtig sein. Dies gilt vor allem auch für Laserpointer.

2. Muss ein Laser nach dem Erscheinen einer neuen Norm neu klassifiziert werden?

Nein. Laser müssen vom Hersteller entsprechend den zum Zeitpunkt des Inverkehrbringens gültigen Vorschriften gebaut werden. Normen lösen in der Regel nur die Vermutung aus, dass das Produkt dann die aktuelle Produktrichtlinie einhält. Ferner stellt sich die Frage, ob die Norm von der EU gelistet war. Eine Neuklassifizierung ist nicht notwendig. Ergeben sich jedoch aufgrund von neuen Erkenntnissen Hinweise, dass das Produkt unsicher ist, so muss der Hersteller sofort unmittelbar aktiv werden und ggf. Rückrufaktionen durchführen.

3. Müssen bei Lasereigenbauten in Entwicklungslaboren die Laser klassifiziert werden?

Nicht unbedingt. Dies trifft zu, wenn der Laser nicht der DIN EN 60825-1 [7] unterliegt bzw. nicht in ihren Anwendungsbereich fällt, da das Produkt noch nicht verwendungsfertig ist. Eine Gefährdungsbeurteilung muss jedoch durchgeführt werden.

4. Was muss ich berücksichtigen, wenn ich mit einem Klasse-3R-Laser eine Halle vermessen möchte?

Hier muss u. a. der Laserbereich entsprechend abgeschirmt oder abgesperrt werden, sofern Personen in diesen Bereich eintreten könnten.

5. Die Tabellen für den Expositionsgrenzwert der Klassen 1 und 1 M sind gleich. Wie kommt es, dass Laser der Klasse 1M eine Leistung bis zu 500 mW haben können?

Bei beiden Laserklassen tritt die gleiche Leistungsdichte am Auge auf. Die Leistung ist jedoch verschieden, da Laser der Klasse 1M aufgeweitete Strahlen aussenden. Die Messbedingungen zur Leistungsmessung sind für die verschiedenen Klassen unterschiedlich.

Fragen zu Schutzmaßnahmen

1. Was kann ein Laserschutzbeauftragter tun, wenn die Kollegen oder Kolleginnen die Schutzbrillen nicht tragen?

Die Beantwortung dieser Frage hängt von der aktuellen Gefährdung ab. Bei unmittelbarer Gefährdung (starker Laser, die Personen bewegen sich in den Laserbereich) wird er entweder den Laser abschalten oder versuchen müssen, die Personen daran zu hindern, ohne den Augenschutz in den Laserbereich zu gehen. Während der Bestellung des Laserschutzbeauftragten und der Erstellung der speziellen Gefährdungsbeurteilung sollte dieser Fall diskutiert und festgelegt werden, was zu tun ist!

2. Wo muss der Schlüssel des Schlüsselschalters aufbewahrt werden?

Der Schlüssel muss so aufbewahrt werden, dass nur die Berechtigten Zugang zum Schlüssel haben. Geeignet sind zum Beispiel Schlüsselkästen mit einem Zahlenschloss.

3. Muss ich in meiner ärztlichen Praxis, in der ich mit einem Laser arbeite, eine Betriebsanweisung aufhängen?

Man muss es nicht, aber es wird empfohlen.

4. Muss am Zugang zum Behandlungsraum eine Warnleuchte angebracht werden?

Gemäß OStrV und TROS Laserstrahlung ergibt dies die Gefährdungsbeurteilung. Können Externe beim Eintritt gefährdet werden und will man verhindern, dass Personen zufällig eintreten, empfiehlt es sich, eine geeignete Warnleuchte mit erläuterndem Text: „Achtung Laserbehandlung! Nicht eintreten! Zutritt für Unbefugte Verboten!" anzubringen.

Fragen zu Schutzbrillen

1. Wo sollen die Laserschutzbrillen aufbewahrt werden?
   Die Laserschutzbrillen sind sehr teuer und sollten in geeigneten staubgeschützten Ablageschalen am Zugang zum oder im Laserbereich aufbewahrt werden.
2. Muss beim Blicken durch das Okular eines Operationsmikroskops bei einer Laserbehandlung eine Laserschutzbrille getragen werden?
   Hier muss man in der Benutzerinformation des jeweiligen Gerätes nachsehen. In der Regel sollten die Geräte so gebaut sein, dass durch Filter oder Laser-Shutter keine Laserschutzbrille mehr getragen werden muss.
3. Muss ich beim Arbeiten mit Endoskopen innerhalb des Körpers eine Laserschutzbrille tragen?
   In der Regel muss man beim Einsatz im Körper keine Schutzbrille tragen. Da der Laser aber auch außerhalb des Körpers Laserstrahlung aussenden kann, wird häufig während der gesamten Behandlung die Brille getragen. Genaue Festlegungen sind vom Hersteller und der Prüfstelle im Handbuch des jeweiligen Lasers festgehalten.
4. Wann sollte eine Laserschutzbrille ausgetauscht werden?
   Laserschutz- und Justierbrillen sollen mindestens alle 10 Jahre überprüft und gegebenenfalls ausgetauscht werden. Bei Beschädigungen muss der Austausch sofort erfolgen. Laserschutzbrillen und Laser-Justierbrillen die nach neuer PSA-Verordnung seit ca: 2019 zertifiziert wurden und auf dem Markt bereitgestellt werden, haben in der Regel ein Haltbarkeitsdatum. Dieses muss natürlich beachtet werden und die Brille muss spätesten mit Ablauf der Frist (Haltbarkeitsdatum der Brille in der Benutzerinformation) durch den Hersteller oder durch einen entsprechenden Beauftragten überprüft und freigegeben werden. Anm.: Dies wäre oft erst nach 2026 der Fall! Haben Laserschutzbrillen Kratzer, muss immer durch den Hersteller oder durch die beauftragten Fachkundigen überprüft werden, ob die Brille noch verwendet werden kann.

Fragen zum Laserbereich

1. Muss sich am Zugang eines Laserbereichs bereits eine Warnleuchte befinden?
   Warnleuchten und Emissionswarnanzeigen müssen so angebracht werden, dass sie vor dem Erreichen des Laserbereichs und möglichst auch im Laserbereich deutlich erkennbar wahrgenommen werden können. Je nach Intensität der Laser und der räumlichen Ausdehnung des Laserbereichs müssen mehrere Leuchten geeignet angebracht werden.

Fragen zur Anmeldung von Lasern

1. Muss man einen Laser bei der Berufsgenossenschaft anmelden?
   Zur Zeit der Drucklegung dieses Buches galt die DGUV Vorschrift 11 (früher BGV B2) noch bei vielen Berufsgenossenschaften. Solange diese gilt, ist die Anmeldung von Lasern ab Klasse 3R Pflicht.
2. Muss man einen selbst gebauten Laser der Leistung 1 W anmelden?
   Wird der selbst gebaute Laser in Mitgliedsbetrieben der Berufsgenossenschaften eingesetzt, in denen die DGUV Vorschrift 11 noch gilt, so ist er anzeigepflichtig. In der Regel kann Ihnen Ihre zuständige BG weiterhelfen.

Fragen zur Wartung von Lasern

1. Wer ist bei der Wartung eines Lasergeräts für den Laserschutz verantwortlich?
   Dies ist zwischen Auftraggeber und Auftragnehmer abgestimmt und muss im Wartungsvertrag klar geregelt werden.
2. Welche Punkte sollte ein Wartungsvertrag bezüglich der Lasersicherheit beinhalten?
   Wichtige Punkte sind: Worauf bezieht sich der Wartungsvertrag: Laseranlage, zeitliche Befristung, wer stellt den Laserschutzbeauftragten für die Überwachung? Wer spricht die Schutzmaßnahmen vor Ort ab? Müssen Stellwände, Brandschutzmaßnahmen getroffen werden und wer ist für dafür verantwortlich?

Fragen zu Showlasern

1. Darf der Laserstrahl bei einer Lasershow auf die Zuschauer treffen?
   Im Prinzip ja, wenn die Expositionsgrenzwerte gemäß OStrV eingehalten werden. Hierzu muss der Veranstalter mit dem entsprechenden „Gutachter" die Gefährdungen klären. Die Expositionsgrenzwerte müssen auf jeden Fall für alle Personen und die gesamte Showdauer eingehalten werden.
2. Muss ich eine Lasershow auch dann abnehmen lassen, wenn ich nicht ins Publikum strahle?
   Ja. Die Anforderung hat nichts mit der Gefährdung bzw. den Schutzmaßnahmen zu tun.
3. Wie finde ich Gutachter, die meine Lasershow abnehmen können?
   Es gibt nur wenige Gutachter für Lasershows in Deutschland. Leider gibt es zurzeit keine offizielle Liste. Hier helfen das Internet und ggf. Erfahrungsberichte weiter.
4. Muss ich eine Lasershow bei jedem Neuaufbau wieder abnehmen lassen?
   Dies hängt vom Gutachten bzw. von der Gefährdungsbeurteilung ab. In der Regel muss eine Show fast immer neu begutachtet werden, zumindest bezüglich der örtlichen Bedingungen.
5. Kann ich meine Lasershow selbst abnehmen?

In der Regel nicht! Die Show muss durch eine befähigte Person nach der BetrSichV geprüft werden (s. DGUV Information 203-036 [9]). Verfügt man selbst über die Fachkunde, ist es natürlich möglich, diese selbst abzunehmen. Aber selbst dann ist es empfehlenswert, die Show von einem Dritten abnehmen zu lassen, da man ansonsten zugleich aufbaut und prüft.

Fragen zu den Expositionsgrenzwerten

1. Was bedeutet der Faktor C_E?
   Bei der Berechnung von Expositionsgrenzwerten ist C_E ein Korrekturfaktor für ausgedehnte Quellen (Abschn. 5.1). Die Bestimmung dieses Faktors gemäß TROS Laserstrahlung Teil 2 kann sehr schwer und mit großen Fehlern behaftet sein. Der worst case ergibt sich bei $C_E = 1$. Dieser Wert kann im einfachsten Fall bei allen Lasern angewendet werden. Bei Linienlasern kann der Faktor je nach Laser typisch zwischen 1,5 und 2,5 liegen. Eine richtig ausgedehnte Quelle würde z. B. vorliegen, wenn ein stark aufgeweiteter Laser auf eine entsprechende Leinwand trifft. Bei der Betrachtung des Bildes kann dann dessen Ausdehnung (mit 63 % der Leistung) für die weiteren Berechnungen herangezogen werden. Aufgrund der Komplexität sollen bei Arbeitsschutzberechnungen nur dann mit C_E größer 1 gerechnet werden, wenn sichere Angaben des Herstellers oder eines Fachkundigen über die scheinbare Quellgröße vorliegen.

Fragen zu Unfällen

1. Was muss ich veranlassen, wenn ein Mitarbeiter erklärt, dass er einen Laserstrahl ins Auge bekommen hat, er aber nichts merkt?
   Es wird empfohlen, ggf. in Absprache mit dem Betriebsarzt, den Verunfallten so schnell wie möglich zu einem Augenarzt oder in eine Augenklinik bringen zu lassen. Die Untersuchung kann und darf nur mit Zustimmung des Patienten durchgeführt werden. Es empfiehlt sich, in einer Betriebsanweisung entsprechende Telefonnummern und Verfahren (Notfall) mit dem Betriebsarzt abzusprechen.

Allgemeine Fragen

1. Wie groß ist die Reichweite von Laserstrahlung?
   Diese kann von wenigen Zentimetern bei stark divergenten Lasern (z. B. bei DVD-Brennern mit einer Fokussierungslinse) bis zu tausenden von Kilometern bei Laserstrahlung mit sehr geringer Divergenz reichen.
2. Muss ein Tattooentfernungslaser trotz CE-Zeichen vom „TÜV" (einer notifizierten Prüf- und Zertifizierungsstelle für Medizinprodukte) überprüft werden?
   Hierbei stellt sich die Frage, um welche Art von Laser es sich handelt. Je nach Deklarierung des Lasers kann es ein Medizinprodukt sein oder nicht.

Es wird empfohlen, am Menschen nur Produkte einzusetzen, die auch eine sicherheitstechnische Prüfung durch eine notifizierte Prüfstelle haben. Medizinprodukte benötigen diese Prüfung. Andernfalls handelt es sich oft um Haushaltsgeräte, die anderen Normen als die Medizinprodukte unterliegen und oft nicht für den gewerblichen Einsatz gedacht und produziert wurden. Werden diese Laser anders verwendet, so kann es sein, dass der Anwender dann für die sich aus dem anderen Betrieb ergebenen Unfälle voll haftet. Wichtig ist hierbei wieder das Handbuch bzw. die Benutzerinformation des Lasers. Darin müssen die Gefahren und der sichere Einsatz genau beschrieben worden sein.

Literatur

1. Verordnung zum Schutz der Beschäftigten vor Gefährdungen durch künstliche optische Strahllung OstrV: https://www.gesetze-im-internet.de/ostrv/ (2010). Zugegriffen: 4. Okt 2016
2. Technische Regeln optische Strahlung TROS Laserstrahlung, Bundesministerium für Arbeit und Soziales, Bonn (2015)
3. DGUV Vorschrift 1 Grundsätze der Prävention: http://www.dguv.de/medien/inhalt/praevention/vorschr_regeln/vorschrift-1/100-001.pdf (2014). Zugegriffen: 5. Okt 2016
4. Brose, M., Reidenbach, H.-D.: Der Laserschutzbeauftragte (LSB) gestern, heute, morgen, Zeitschrift Strahlenschutzpraxis 4/2015. TÜV Media Verlag, Köln (2015)
5. Fachausschussinformation FA ET 5, Betrieb von Laser-Einrichtungen für medizinische und kosmetische Anwendungen. https://www.bgetem.de/redaktion/arbeitssicherheit-gesundheitsschutz/dokumente-und-dateien/themen-von-a-z/strahlung-optische/betrieb-von-lasereinrichtungen-fuer-medizinische-und-kosmetische-anwendungen. Zugegriffen: 4. Okt 2016
6. DIN EN 60825-1 2008-5
7. DGUV Information 203-036 (BGI 5007) – Laser-Einrichtungen für Show- oder Projektionszwecke. https://www.arbeitssicherheit.de/media/pdfs/bgi_5007.pdf (2004). Zugegriffen: 4. Okt 2016
8. DGUV Vorschrift 11, Unfallverhütungsvorschrift. Laserstrahlung. Januar 1997 – Aktualisierte Nachdruckfassung April 2007 vom 1. April 1988. http://etf.bgetem.de/htdocs/r30/vc_shop/bilder/firma53/dguv_vorschrift_11_a03-2015.pdf. Zugegriffen: 5. Okt 2016

Inhalte und Beispiele der Gefährdungsbeurteilung

Inhaltsverzeichnis

© Springer-Verlag GmbH Deutschland, ein Teil von Springer Nature 2021
C. Schneeweiss et al., *Leitfaden für Laserschutzbeauftragte*,
https://doi.org/10.1007/978-3-662-63198-0_9

Die Gefährdungsbeurteilung ist ein wichtiges Dokument für den Arbeitsschutz und bildet die Grundlage für ein erfolgreiches Sicherheitsmanagement [1]. Sie beruht auf dem *Arbeitsschutzgesetz* (ArbSchG) [2] und den DGUV Vorschriften (Unfallverhütungsvorschrift) insbesondere der DGUV Vorschrift 1 *Grundsätze der Prävention* [3], nach denen alle Arbeitgeber verpflichtet sind, für alle vorhandenen Arbeitsplätze eine Gefährdungsbeurteilung durchzuführen. § 5 ArbSchG beschreibt Gefahrenursachen und Inhalte der Gefährdungsbeurteilung. Ausgehend von den Gefährdungen werden Arbeitsschutzmaßnahmen festgelegt, mit der Verpflichtung, die Einhaltung der Maßnahmen zu überprüfen und das Ergebnis zu dokumentieren (§ 6 ArbSchG). Falls Laserstrahlung am Arbeitsplatz auftreten kann, müssen alle davon ausgehenden Gefährdungen in der Gefährdungsbeurteilung berücksichtigt werden. Das Vorgehen wird in der *Verordnung zum Schutz der Beschäftigten vor Gefährdungen durch künstliche optische Strahlung* (§ 3 OStrV) [4] festgelegt und in diesem Kapitel beschrieben. Der Arbeitgeber kann die Gefährdungsbeurteilung selbst erstellen (z. B. Einsatz von Laserpointern der Klasse 2) oder eine andere fachkundige Person bzw. Dienstleister damit beauftragen. Für die Durchführung der Gefährdungsbeurteilung und die Umsetzung der Schutzmaßnahmen ist der Arbeitgeber verantwortlich.

9.1   OStrV und Gefährdungsbeurteilung

Die Gefährdungsbeurteilung stellt eine vollständige Erfassung und Beurteilung von Gefährdungen und Belastungen am Arbeitsplatz dar. Auf ihr basierend werden die erforderlichen Schutzmaßnahmen abgeleitet, durchgeführt, überprüft und dokumentiert.

Die Grundlagen der Gefährdungsbeurteilung für künstliche optische Strahlung, also auch für Laserstrahlung, werden in der Verordnung zum Schutz der Beschäftigten vor Gefährdungen durch künstliche optische Strahlung (OStrV) [4] beschrieben. Zunächst muss der Arbeitgeber die auftretenden Expositionen durch Laserstrahlung am Arbeitsplatz ermitteln. Dabei kann er sich Informationen des Herstellers oder des Inverkehrbringers des Lasergerätes besorgen. Auch die Benutzung anderer verlässlicher Informationsquellen ist möglich. Eine Gefährdung ist auf jeden Fall gegeben, wenn die Expositionsgrenzwerte überschritten werden können (Kap. 5) [5]. In diesem Fall kann ein Augen- oder Hautschaden auftreten. Lässt sich nicht sicherstellen, dass die Expositionsgrenzwerte unterschritten werden, muss die Exposition durch Berechnungen oder Messungen ermittelt werden. Je nach Ergebnis der Gefährdungsbeurteilung müssen geeignete Schutzmaßnahmen festgelegt werden.

9.1.1   Wichtige Punkte bei der Erstellung der Gefährdungsbeurteilung

Bei der Gefährdungsbeurteilung müssen insbesondere folgende Punkte berücksichtigt werden (§ 3 OStrV [4–6]):

- Art, Ausmaß und Dauer der „Belastung" durch Laserstrahlung – darunter sind die physikalischen Parameter des Lasers zu verstehen, z. B. Laserleistung bei kontinuierlicher Strahlung, genaue Pulsdaten bei Pulslasern, Bestrahlungsstärke oder Bestrahlung im Laserbereich;
- die Wellenlänge oder der Wellenlängenbereich der Laserstrahlung;
- die Herstellerangaben, insbesondere die Laserklasse, die Strahldaten und die bestimmungsgemäße Verwendung der Lasereinrichtungen;
- die Prüfung der Einhaltung der Expositionsgrenzwerte [5];
- die Möglichkeit der Verfügbarkeit alternativer Arbeitsmittel, insbesondere alternativer Laser, die zu einer geringeren Exposition führen (Substitutionsprüfung);
- die Einbeziehung von Erkenntnissen aus der arbeitsmedizinischen Vorsorge, sowie von allgemein zugänglichen Informationen hierzu;
- die Festlegung von Schutzmaßnahmen;
- die Prüfung der Verfügbarkeit und Wirksamkeit von Laserschutzbrillen und Laserjustierbrillen;
- die Beachtung von Auswirkungen auf die Gesundheit und Sicherheit von Beschäftigten, die besonders gefährdeten Gruppen angehören;
- die Festlegung und Kennzeichnung eines Laserbereiches;
- die Beurteilung der Gefährdung durch indirekte Auswirkungen, z. B. durch Blendung, Brand- und Explosionsgefahr, und Schutzmaßnahmen hierzu;

Bei der Gefährdungsbeurteilung sind alle möglichen Betriebszustände wie z. B. Normalbetrieb, Wartung, Service, Instandhaltungs- und Reparaturarbeiten und der Betrieb bei Einrichtvorgängen zu berücksichtigen.

9.1.2   Aktualisierung der Gefährdungsbeurteilung

Der Arbeitgeber muss die Gefährdungsbeurteilung vor Aufnahme einer Tätigkeit durchführen und die erforderlichen Schutzmaßnahmen treffen. Sie muss regelmäßig überprüft und aktualisiert werden, insbesondere dann, wenn wichtige Veränderungen der Arbeitsbedingungen dies erforderlich machen. Die Schutzmaßnahmen sind gegebenenfalls anzupassen [4]. Liegen keine besonderen Gegebenheiten vor, ist eine Aktualisierung in der Regel nach 11–15 Monaten durchzuführen.

9.1.3 Dokumentation der Gefährdungsbeurteilung

Die Gefährdungsbeurteilung muss vor Aufnahme der Tätigkeit so dokumentiert werden, dass eine spätere Einsichtnahme möglich ist. Es ist anzugeben, welche Gefährdungen am Arbeitsplatz auftreten können und welche Maßnahmen zur Vermeidung oder Minimierung der Gefährdung durchgeführt werden müssen. Die Ergebnisse aus Messungen oder Berechnungen müssen in einer Form aufbewahrt werden, die eine spätere Einsichtnahme ermöglicht. Unterlagen über die Exposition durch künstliche ultraviolette Strahlung sind mindestens 30 Jahre lang aufzubewahren.

9.2 Fachkundige Personen

9.2.1 Verantwortung für die Durchführung der Gefährdungsbeurteilung

Die Verantwortung für die Durchführung der Gefährdungsbeurteilung liegt beim Arbeitgeber. Verfügt dieser nicht über die entsprechende Fachkunde, kann er sich durch fachkundige Personen bzw. Dienstleister beraten lassen. Man unterscheidet zwischen Fachkundigen *für die Durchführung der Gefährdungsbeurteilung* und Fachkundigen *für die Durchführung von Messungen und Berechnungen von Expositionen*. Für die Fachkenntnisse eines Laserschutzbeauftragten sind genaue Angaben über entsprechende Lehrinhalte vorhanden, die Gegenstand dieses Buches sind. Dagegen gibt es für die Ausbildung zur Fachkunde nur sehr allgemeine Hinweise, die im Folgenden kurz beschrieben werden [4, 5].

9.2.2 Fachkundige für die Durchführung der Gefährdungsbeurteilung

Fachkundige für die Durchführung der Gefährdungsbeurteilung sind Personen, die aufgrund ihrer fachlichen Ausbildung oder ihrer Erfahrungen ausreichende Kenntnisse über die Gefährdungen durch Laserstrahlung haben. Sie sind mit den Vorschriften und Regelwerken vertraut, sodass sie die Arbeitsbedingungen und die daraus resultierenden Gefährdungen vor Beginn der Tätigkeit ermitteln und bewerten können. Fachkundige können Schutzmaßnahmen festlegen, bewerten und überprüfen. Die notwendigen Kenntnisse sind in Abhängigkeit von der zu beurteilenden Tätigkeit unterschiedlich. Fachkundige in diesem Sinne können beispielsweise die Fachkraft für Arbeitssicherheit und gegebenenfalls der Laserschutzbeauftragte sein.

Die Beurteilung der Gefährdungen verlangt Kenntnisse [5]

- der relevanten Rechtsgrundlagen,
- zu den physikalischen Grundlagen der Laserstrahlung,
- der geeigneten Informationsquellen,

- zu dem für die Beurteilung notwendigen Stand der Technik,
- der Wirkungen von Laserstrahlung auf Augen, Haut und Materialien,
- zur Beurteilung der Wechsel- und Kombinationswirkungen von verschiedenen Laserquellen,
- zu den Tätigkeiten im Betrieb, bei denen Personen Laserstrahlung ausgesetzt werden können,
- der technischen, organisatorischen und personenbezogenen Schutzmaßnahmen, insbesondere Berechnung und Auswahl der Laserschutzbrillen, Laserjustierbrillen und Schutzeinhausungen,
- der alternativen Arbeitsverfahren,
- der Überprüfung der Wirksamkeit der Schutzmaßnahmen und
- der Dokumentation der Gefährdungsbeurteilung.

9.2.3   Fachkundige für die Durchführung von Messungen und Berechnungen

Fachkundige für die Messungen und Berechnungen von Expositionen gegenüber Laserstrahlung müssen je nach Situation über die oben aufgeführten Kenntnisse verfügen. Darüber hinaus sind zusätzliche Kenntnisse in der Lasermesstechnik, über die Durchführung von Expositionsmessungen und die Beurteilung der Ergebnisse erforderlich. Die Fachkundigen müssen über die erforderlichen messtechnischen Einrichtungen verfügen. Die Kenntnisse sind ständig auf dem aktuellen Stand der Technik zu halten. Berechnungen zur Gefährdungsbeurteilung, wie Expositionsgrenzwerte, Berechnungen zur Exposition, Berechnungen zu Schutzbrillen und Abschirmungen, dürfen nur von Personen durchgeführt werden, die über die entsprechende Fachkunde verfügen. Diese Kenntnisse werden beispielsweise durch geeignete Fortbildungsveranstaltungen vermittelt.

9.3   Grundsätze bei der Beurteilung von Gefährdungen

9.3.1   Erste Schritte

Bei der Erstellung einer Gefährdungsbeurteilung an einer Laseranlage wird im ersten Schritt geprüft, ob die Laserstrahlung im Arbeitsbereich den Expositionsgrenzwert überschreiten kann (Abb. 9.1). Ist dies nicht der Fall, sind keine weiteren Maßnahmen erforderlich. Bei Überschreitung des Expositionsgrenzwertes kann ein Augen- oder Hautschaden auftreten. In diesem Fall sind weitere Schritte erforderlich.

9.3.2   Kontinuierlicher Prozess

Die Gefährdungsbeurteilung ist kein einmaliger Vorgang, sondern ein kontinuierlicher Prozess, der ständig aktualisiert werden muss (Abb. 9.2). Zunächst werden

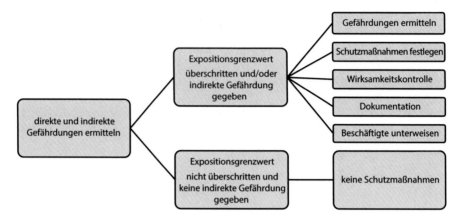

Abb. 9.1 Erster Schritt bei Erstellung einer Gefährdungsbeurteilung an einer Laseranlage [1]

Abb. 9.2 Bei einer Gefährdungsbeurteilung werden die einzelnen Prozessschritte ständig aktualisiert. (Nach BGETEM [7])ss

die am Arbeitsplatz vorliegenden *Gefährdungen* ermittelt und im Anschluss daran die erforderlichen *Schutzmaßnahmen* festgelegt. Dabei wird versucht, den vollständigen Schutz durch **S**ubstitution, **T**echnische und **O**rganisatorische Maßnahmen zu erreichen. Erst wenn das nicht möglich ist, sind **P**ersonen-gebundene Schutzmaßnahmen einzusetzen (STOP-Prinzip). Im nächsten Schritt erfolgt eine *Wirksamkeitskontrolle,* ob die getroffenen Schutzmaßnahmen einen vollständigen Personenschutz bieten. Stellt sich heraus, dass dies nicht der Fall ist, müssen die Schutzmaßnahmen angepasst werden. Finden Veränderungen an der Laseranlage oder im Betriebsablauf statt, müssen diese Gegebenheiten in die *Gefährdungsbeurteilung* einfließen. Die Ergebnisse der Gefährdungsbeurteilung sind schriftlich zu dokumentieren, regelmäßig zu aktualisieren und an geeigneter Stelle aufzubewahren. Die Gefährdungsbeurteilung bildet die Grundlage für die *Unterweisung* der Beschäftigten.

9.3.3 Arbeitsplatz- und personenbezogene Gefährdungsbeurteilung

In der Regel wird die Gefährdungsbeurteilung arbeitsplatzbezogen durchgeführt. In manchen Fällen ist jedoch eine personenbezogene Gefährdungsbeurteilung erforderlich [8]:

Die *tätigkeits- oder arbeitsplatzbezogene* Gefährdungsbeurteilung ist dann sinnvoll, wenn der Arbeitsplatz von vielen Beschäftigten genutzt wird und die Gefährdung für alle die gleiche ist. Die *personenbezogene* Gefährdungsbeurteilung ist für Tätigkeiten, die von besonders schutzbedürftigen Personen wie z. B. körperlich oder geistig beeinträchtigte Personen, werdende und stillende Mütter, Auszubildende, Berufseinsteigern oder Leiharbeitern durchgeführt werden, anzusetzen.

9.3.4 Überprüfung der Gefährdungsbeurteilung

Erstbeurteilung
Die Gefährdungsbeurteilung muss vor der Inbetriebnahme eines Arbeitsplatzes durchgeführt werden.

Überprüfung
Nach der Erstbeurteilung empfiehlt es sich, die Gefährdungsbeurteilung in selbst gewählten, dem Arbeitsplatz angepassten Abständen regelmäßig zu überprüfen. Viele Unternehmen überprüfen die Gefährdungsbeurteilung, falls nicht besondere Anlässe vorliegen, einmal jährlich (ca. alle 11 bis15 Monate). Unabhängig davon muss eine Änderung der Gefährdungsbeurteilung beispielsweise in folgenden Fällen erfolgen [5]:

- Einsatz neuer Strahlungsquellen oder Komponenten des Laserarbeitsplatzes,
- Änderung der geltenden Vorschriften (OStrV [4] oder des technischen Regelwerkes [5]),
- Fortschritte in der Technik, der Arbeitsmedizin oder der Arbeitswissenschaft,
- Mitteilungen über Vorkommnisse am Arbeitsplatz,
- Empfehlung des Betriebsarztes oder des Arztes für die medizinische Vorsorge.

9.3.5 Betriebszustände

Die Gefährdungsbeurteilung muss alle gegebenen Betriebszustände berücksichtigen, den *Normalbetrieb* und die *vom Normalbetrieb abweichenden Betriebszustände* [5]. Letztere sind in der Regel mit einer höheren Gefährdung verbunden. Beispiele für vom Normalbetrieb abweichende Betriebszustände sind Errichtung, Wartung, Service, Reparatur, Einrichtvorgänge, Prüfungen, Aufbau und Außerbetriebnahme der Anlage bzw. der Einrichtung. Die Definitionen der Betriebszustände sind innerbetrieblich zu regeln. Dies hat eine besondere Bedeutung bei eingehausten Laseranlangen, die im Normalbetrieb in Laserklasse 1 eingeordnet sind, bei deren Wartung oder beim Einrichten jedoch Laserstrahlung der Klasse 4 bzw. oberhalb der Expositionsgrenzwerte zugänglich wird.

9.3.6 Worst Case

Die Gefährdungsbeurteilung berücksichtigt alle voraussehbaren Arbeitsabläufe an der Laseranlage. Dazu gehören auch die oben beschriebenen abweichenden Betriebszustände. Dabei ist immer vom ungünstigsten Fall, dem sogenannten Worst-Case-Szenario, auszugehen.

9.3.7 Grenzwertprinzip bei der direkten Gefährdung

Die direkte Gefährdung besteht in der unmittelbaren Einwirkung von Laserstrahlung auf das Auge oder die Haut (Kap. 6). Für diese Gefährdung ist es nicht notwendig, das Risiko eines möglichen Schadens anzugeben, da die Expositionsgrenzwerte für das Auge und die Haut auf jeden Fall unterschritten werden müssen. Dabei kann personengebundene Schutzausrüstung, insbesondere eine Laserschutzbrille, zum Einsatz kommen.

9.3.8 Indirekte Gefährdungen

Neben den direkten Gefährdungen durch Laserstrahlung treten auch noch eine Reihe von indirekten Gefährdungen auf (Kap. 6). Eine vollständige Liste findet sich beispielsweise in [7], wobei hier eine kurze Übersicht folgt.

Indirekte Gefährdungen sind insbesondere:

- mechanische Gefährdungen,
- elektrische Gefährdungen,
- Gefahrstoffe,
- biologische Arbeitsstoffe,

- Brand- und Explosionsgefährdungen,
- thermische Gefährdungen,
- Gefährdungen durch spezielle physikalische Einwirkungen,
- Gefährdungen durch Arbeitsumgebungsbedingungen,
- physische Belastung/Arbeitsschwere,
- Gefährdungen durch Mängel der Organisation der Ersten Hilfe, Brandschutz, Notfallmaßnahmen,
- psychische Faktoren [9].

Bei indirekten Gefährdungen werden in der OStrV keine Grenzwerte angegeben. Liegen auch keine anderen Normen oder Grenzwerte für die entsprechende Gefährdung vor, sind die entsprechenden Technischen Regeln (TROS IOS bei Blendung) heranzuziehen. Es muss das Risiko für einen Gesundheitsschaden bzw. eines Unfalles abgeschätzt werden. Weitere gesetzliche Regelungen, wie z. B. die Gefahrstoffverordnung, sind zu berücksichtigen. Danach muss beurteilt werden, ob das auftretende Risiko beim Betrieb der Anlage tragbar ist.

9.3.9 Gleichartige Arbeitsplätze

Bei gleichartigen Arbeitsverfahren und Arbeitsplätzen erfolgt die Gefährdungsbeurteilung nur einmal, auch wenn eine räumliche Trennung vorliegt.

9.3.10 Tätigkeitsanalyse

Tätigkeiten, Arbeitsabläufe und Aufenthaltsorte von Beschäftigten im Laserbereich sind in der Gefährdungsbeurteilung genau zu beschreiben. Dazu gehören beispielsweise auch Angaben zur Bestrahlungsstärke und Expositionsdauer für Personen sowie zu den verwendeten Schutzausrüstungen.

9.3.11 Berücksichtigung besonders gefährdeter Personen

Die Einhaltung der Expositionsgrenzwerte nach Kap. 5 reicht zum Schutz besonders gefährdeter Personen nicht immer aus. Es können individuelle Schutzmaßnahmen notwendig sein. Dabei kommen beispielsweise folgende Gründe infrage: überdurchschnittlich fotosensible Haut, Vorerkrankungen der Haut, wie z. B. Hautkrebs, oder Vorerkrankungen der Augen, wie z. B. getrübte oder künstliche Augenlinsen. Die Beschäftigten sollten nicht persönlich darauf hingewiesen, sondern allgemein informiert werden, dass bei derartigen Problemen der Betriebsarzt angesprochen werden sollte.

9.3.12 Arbeitsmedizinische Vorsorge

Erkenntnisse aus der arbeitsmedizinischen Vorsorge sind in der Gefährdungs-beurteilung zu berücksichtigen. Beschäftigten, die in Bereichen mit Laserstrahlung arbeiten, ist eine Wunschvorsorge zu ermöglichen [5]. Bedingung dafür ist, dass ein Gesundheitsschaden im Zusammenhang mit der Tätigkeit nicht ausgeschlossen werden kann.

9.3.13 Fremdwartung

In der Gefährdungsbeurteilung ist festzulegen, ob Einstell- oder Wartungsarbeiten durch die eigene Firma oder durch den Hersteller, bzw. durch eine Wartungsfirma, durchgeführt werden. Im Wartungsvertrag ist genau festzulegen, wer die Ver-antwortung für den Laserschutz trägt. Es ist in der Gefährdungsbeurteilung nieder-zuschreiben, wie die Zusammenarbeit mit dem Fremdpersonal organisiert und geregelt wird.

9.4 Ermittlung der Information

Für die Erstellung der Gefährdungsbeurteilung sind eine Reihe von Informationen notwendig, welche bereits in der Betriebsanleitung vorliegen oder die man sich vom Hersteller oder Inverkehrbringer beschaffen kann. Die Beschaffung kann auch über andere Informationsquellen erfolgen.

9.4.1 Unterlagen zu Lasergeräten

Nach dem Produktionssicherheitsgesetz (ProdSG) sind Hersteller, Händler und Einführer von Lasergeräten dazu verpflichtet, Unterlagen in deutscher Sprache zu liefern, die alle zum sicheren Betrieb erforderlichen Informationen enthalten [10]. Entsprechendes gilt für medizinische Geräte nach dem Medizinproduktegesetz (MPG) [11].

9.4.2 Risikobeurteilung durch den Hersteller

Für jede Lasermaschine muss der Hersteller eine Risikobeurteilung und eine Risikominderung durchführen und diese in der Bedienungsanleitung dem Anwender zur Verfügung stellen [12]. Sie stellt eine wichtige Grundlage für die Gefährdungsbeurteilung dar. Risikobeurteilung und Risikominderung lassen sich in fünf Prozessschritte einteilen [13]:

- Bestimmen der Grenzen der Maschine.
- Ermitteln der Gefährdungen und der damit verbundenen Gefährdungssituationen, die von der Maschine ausgehen können.
- Abschätzen der Risiken unter Berücksichtigung der Schwere möglicher Verletzungen oder Gesundheitsschäden und der Wahrscheinlichkeit ihres Eintretens.
- Bewerten der Risiken, um zu ermitteln, ob eine Risikominderung erforderlich ist.
- Beseitigen der Gefährdungen oder mindern der mit diesen Gefährdungen verbundenen Risiken.

9.4.3 Laserklassen

Für den Europäischen Wirtschaftsraum müssen alle Lasereinrichtungen einer Laserklasse zugeordnet sein. Die Klassifizierung erfolgt durch den Hersteller, Bevollmächtigten oder Einführer entsprechend den Normen (Kap. 4). Die Laserklasse und andere Informationen sind wichtige Punkte bei der Erstellung der Gefährdungsbeurteilung.

9.4.4 Technische Daten

Für die Beurteilung der Gefährdung ist die Angabe der technischen Daten der Laseranlage erforderlich. Wichtige Daten sind für Dauerstrichlaser hauptsächlich die Laserleistung, für Impulslaser die Impulsenergie, Impulsdauer, Wiederholfrequenz oder die mittlere Leistung. Weiterhin müssen die Wellenlänge und möglichst der Augen-Sicherheitsabstand (NOHD) gemäß TROS Laserstrahlung bekannt sein (Kap. 1). In die Gefährdungsbeurteilung sollten ebenfalls bereits vorhandene Messergebnisse einfließen.

9.4.5 Berechnung der Expositionsgrenzwerte

Die Berechnung der Expositionsgrenzwerte kann von fachkundigen Personen nach Kap. 5 durchgeführt werden. Grundlage dafür sind die Herstellerangaben wie Wellenlänge, Strahldurchmesser, Strahldivergenz, Laserleistung, Impulsenergie, Impulsdauer und Impulswiederholfrequenz.

9.4.6 Messung der Expositionswerte

Die Messungen der Expositionswerte im Laserbereich müssen ebenfalls von fachkundigen Personen durchgeführt werden. Die wichtigsten Messwerte sind beispielsweise: Bestrahlungsstärke (Leistungsdichte), Bestrahlung (Energiedichte),

Impulsdauer und Impulwiederholfrequenz. Oft ist für die Messung ein erheblicher Aufwand an Messgeräten und Fachkenntnissen notwendig, sodass empfohlen wird, die benötigten Angaben vom Hersteller des Lasergeräts zu beziehen und dadurch Messungen für die Gefährdungsbeurteilung zu vermeiden.

9.4.7   Show- und Projektionslaser

Show- und Projektionslaser werden in der Öffentlichkeit eingesetzt. Daher hat die Gefährdungsbeurteilung für derartige Anlagen eine besondere Bedeutung. Hinweise findet man in der DGUV Information 203–036 – *Laser-Einrichtungen für Show- oder Projektionszwecke* [14] (bisher: BGI 5007) und in der Norm DIN 56912 [15].

9.5   Durchführung der Gefährdungsbeurteilung

9.5.1   Gefährdungen durch Laserstrahlung

Die wichtigsten Punkte bei der Durchführung der Gefährdungsbeurteilung wurden bereits in Abschn. 9.1 bis Abschn. 9.4 aufgeführt. Es sind die direkten und indirekten Gefährdungen durch Laserstrahlung zu berücksichtigen. Aufgrund der Gefährdungen werden die entsprechenden Schutzmaßnahmen festgelegt und auf ihre Wirksamkeit geprüft.

9.5.2   Das Team bei der Erstellung der Gefährdungsbeurteilung

Der Unternehmer oder die Führungskraft kann eine fachkundige Person mit der Durchführung der Gefährdungsbeurteilung beauftragen. Dabei wird ein Team zusammengestellt, das beispielsweise aus der Fachkraft für Arbeitssicherheit, dem Laserschutzbeauftragten, dem Betriebsarzt, den Beschäftigten und dem Betriebsrat besteht (Abb. 9.3). Der Unternehmer und die Führungskraft wirken beratend mit.

9.5.3   Substitutionsprüfung

Es ist zu prüfen, ob alternative Arbeitsverfahren zu einer niedrigeren Gefährdung führen können. Beispiele sind die Verwendung von Lasern mit kleinerer Leistung oder mit anderer Wellenlänge oder auch die Anwendung ganz anderer Verfahren.

Abb. 9.3 Die Gefährdungsbeurteilung wird von einer fachkundigen Person durchführt, dabei werden eine Reihe anderer Personen mit einbezogen. (Nach [7])

9.5.4 Prozessschritte

Die Gefährdungsbeurteilung berücksichtigt alle voraussehbaren Arbeitsabläufe an der Lasereinrichtung. Dazu gehören auch die oben beschriebenen abweichenden Betriebszustände. Dabei ist immer vom ungünstigsten Fall, dem sogenannten Worst-Case-Szenario, auszugehen. Bei gleichartigen Arbeitsverfahren und Arbeitsplätzen erfolgt die Gefährdungsbeurteilung nur einmal, auch wenn eine räumliche Trennung vorliegt. Im Folgenden werden die Prozessschritte beschrieben [16]:

- Festlegen von Arbeitsbereichen und Tätigkeiten,
- Ermitteln der direkten und indirekten Gefährdungen,
- Beurteilung der Gefährdungen,
- Festlegen der Schutzmaßnahmen (TOP-Prinzip),
- Durchführung der Schutzmaßnahmen,
- Überprüfen der Wirksamkeit der Maßnahmen,
- Ständige Aktualisierung der Gefährdungsbeurteilung.

Die Gefährdungsbeurteilung ist nach Abb. 9.2 kontinuierlich zu aktualisieren.

1. Festlegen von Arbeitsbereichen und Tätigkeiten
Am Anfang der Gefährdungsbeurteilung werden die Daten des Unternehmens sowie des Unternehmers aufgeführt. Es folgt die Beschreibung der Lage und der Aufgabe des Laserarbeitsplatzes, sowie Informationen über das Personal mit Angabe der Vorgesetzten, der Fachkraft für Arbeitssicherheit, des Laserschutzbeauftragten mit Vertreter, der Beschäftigten und anderer Zugangsberechtigten.

Von Bedeutung sind die technischen Daten der Laseranlage, wie Laserklasse, Wellenlänge, Laserleistung, genaue Informationen über die Parameter der Impulse im Fall von Impulslasern, Strahldurchmesser, Strahldivergenz, Bestrahlungsdauer und Sicherheitsabstand NOHD. Weiterhin sind die Expositionsgrenzwerte für das Auge und die Haut anzugeben. Die Werte für die Bestrahlungsstärke und Bestrahlung sind möglichst an verschiedenen Stellen im Laserbereich zu ermitteln. Es wird kurz beschrieben, wie der Laserbereich festgelegt, abgeschirmt und abgegrenzt wird. Auch wird auf die technischen Unterlagen des Herstellers der Laseranlage und auf die Risikoanalyse hingewiesen.

In der Gefährdungsbeurteilung wird beschrieben, welche Arbeiten von den Beschäftigen im Laserbereich durchgeführt werden und welche von Fremdfirmen. Dabei wird auf die verschiedenen Betriebszustände wie Normalbetrieb, Wartung, Reparatur und Einrichtvorgänge eingegangen. Zusätzlich wird ein Überblick über die personenbezogenen Schutzausrüstungen gegeben.

2. Ermitteln der direkten und indirekten Gefährdungen
Die direkte Gefährdung betrifft in der Regel das Auge und häufig auch die Haut. Die indirekten Gefährdungen können vielfältig sein und wurden in Abschn. 9.3 aufgelistet.

3. Beurteilung der Gefährdungen
Im sichtbaren und im Infrarot-A-Bereich tritt der Laserschaden an der Netzhaut auf. Bei den angrenzenden Wellenlängenbereichen können die Augenlinse und die Hornhaut geschädigt werden (Kap. 1). Im Laserbereich können die Expositionsgrenzwerte überschritten werden und es ist in jedem Fall mit einem Augenschaden zu rechnen, wenn keine Laserschutzbrille oder Laserjustierbrille getragen wird. Es ist anzugeben, ob Gefährdungen auftreten können, die zu leichten oder schweren Hautschäden führen. Werden indirekte Gefährdungen ermittelt, ist das Risiko für den Eintritt des Schadens anzugeben.

4. Festlegen der Schutzmaßnahmen (STOP-Prinzip)
Nach Kap. 6 stehen die *technischen Schutzmaßnahmen* an erster Stelle des TOP-Prinzips. Dazu gehören das Abschirmen und das Abgrenzen des Laserbereiches. Diese Schutzmaßnahmen werden genau beschrieben. Es werden Angaben über die Kennzeichnung des Laserbereiches, über Sicherheitsverriegelungen, Schlüsselschalter, Emissionswarneinrichtungen, Not-Halt/Not-Aus-Vorrichtungen, Strahlfänger und andere technische Schutzmaßnahmen gemacht.

Die wichtigsten *organisatorischen Schutzmaßnahmen* sind die Unterweisung der Mitarbeiter, die Bestellung des Laserschutzbeauftragten und des Vertreters, die Zugangsbeschränkung, die Berücksichtigung besonders gefährdeter Personen und andere.

Erst wenn durch die technischen und organisatorischen Schutzmaßnahmen kein sicheres Arbeiten möglich ist, sind *personenbezogene Schutzmaßnahmen* durchzuführen. Besonders wichtig ist dabei die Laserschutzbrille. Für Justierarbeiten wird im sichtbaren Bereich oft die Laserjustierbrille verwendet. Zum Schutz der Haut können Schutzhandschuhe oder Schutzkleidung notwendig sein.

5. Durchführung der Schutzmaßnahmen
Nach Festlegung der Schutzmaßnahmen müssen diese auch am Laserarbeitsplatz realisiert werden. Dieses ist in der Gefährdungsbeurteilung zu bestätigen.

6. Überprüfen der Wirksamkeit der Maßnahmen
Natürlich muss überprüft werden, ob die Schutzmaßnahmen auch in der Praxis wirksam sind. Diese Kontrolle ist regelmäßig durchzuführen und durch Unterschrift zu bestätigen.

7. Ständige Aktualisierung der Gefährdungsbeurteilung
In Abschn. 9.3 wurden die Gründe genannt, die zu einer Aktualisierung der Gefährdungsbeurteilung führen. Unabhängig davon empfiehlt es sich, die Gefährdungsbeurteilung in selbst gewählten Abständen zu überprüfen.

Beispiel für eine Gefährdungsbeurteilung
Es gibt keine Vorschrift, wie die äußere Form einer Gefährdungsbeurteilung dargestellt werden soll. Im Anhang A.1 ist ein Beispiel für die Durchführung einer Gefährdungsbeurteilung für Laseranlagen gezeigt. Es handelt sich um eine Anleitung in Form eines Fragebogens zur Ermittlung der Gefährdungen. Die Durchführung und Wirksamkeitsprüfung der Schutzmaßnahmen ist dabei durch Unterschrift zu bestätigen.

9.6 Dokumentation der Gefährdungsbeurteilung

Die Gefährdungsbeurteilung zu Laserarbeitsplätzen ist schriftlich durchzuführen und zu dokumentieren. Dies kann beispielsweise dadurch geschehen, dass die in Abschn. 9.5 beschriebenen Punkte in Schriftform aufbewahrt werden. Im Fall von ultravioletter Strahlung mit Wellenlängen zwischen 100 und 400 nm beträgt die Aufbewahrungsfrist der ermittelten Expositionswerte 30 Jahre.

9.7 Übungen

Aufgaben

9.1 (a) Wer trägt die Verantwortung für die Gefährdungsbeurteilung?
   (b) Wer führt die Gefährdungsbeurteilung durch?
9.2 Wann muss die Gefährdungsbeurteilung des Laserarbeitsplatzes erfolgen?
9.3 Wie oft muss die Gefährdungsbeurteilung überprüft werden?
9.4 Wie kann man die Gefährdungsbeurteilung mit wenigen Worten beschreiben?

9.5 Was ist der Unterschied zwischen einer Gefährdungsbeurteilung und einer Risikobeurteilung?

9.6 Welche Form muss die Gefährdungsbeurteilung haben?

9.7 In welcher Reihenfolge müssen die Schutzmaßnahmen durchgeführt werden?

Lösungen

9.1 (a) Der Arbeitgeber trägt die Verantwortung. Er kann diese jedoch mittels einer Pflichtenübertragung an Vorgesetzte delegieren.

(b) Die Gefährdungsbeurteilung wird von einer fachkundigen Person unter Mitarbeit der Sicherheitsfachkraft, des Laserschutzbeauftragten, dem Betriebsarzt, dem Beschäftigten, dem Betriebsrat u. a. durchgeführt. Der Unternehmer und der Vorgesetzte arbeiten beratend mit.

9.2 Vor der Inbetriebnahme des Lasers.

9.3 Die Gefährdungsbeurteilung wird regelmäßig auf Änderungen hin überprüft. Eine Überprüfung kann auch außerhalb des festgelegten Turnus erforderlich werden, wenn sich irgendetwas bezüglich der Laseranlage ändert oder wenn es einen Unfall oder Beinaheunfall gegeben hat. Es empfiehlt sich jedoch eine regelmäße Überprüfung in festen selbst gewählten Abständen.

9.4 In der Gefährdungsbeurteilung werden die Gefährdungen, die von Tätigkeiten an entsprechenden Arbeitsplätzen ausgehen und die festzulegenden Schutzmaßnahmen, die sich aus den Gefährdungen ergeben, beschrieben sowie festgelegt, wer diese umsetzt und wann dies zu erfolgen hat.

9.5 Die Risikobeurteilung wird vom Hersteller der Lasereinrichtung gemacht. Die Gefährdungsbeurteilung wird vom Unternehmer unter Benutzung der Risikobeurteilung durchgeführt. Dabei werden die speziellen Gegebenheiten berücksichtigt, unter denen die Anlage (Maschine) betrieben wird.

9.6 Es gibt keine spezielle Vorgabe, wie die Form der Gefährdungsbeurteilung auszusehen hat. Dagegen sind die Inhalte vorgeschrieben: Festlegen von Arbeitsbereichen und Tätigkeiten, Ermitteln und Beurteilung der Gefährdungen, Festlegen, Durchführen und Überprüfen der Schutzmaßnahmen, Aktualisierung und Dokumentation.

9.7 Es muss nach dem sogenannten STOP-Prinzip in folgender Reihenfolge vorgegangen werden: Substitution, technische Schutzmaßnahmen, organisatorische Schutzmaßnahmen, personengebundene Schutzmaßnahmen.

Literatur

1. https://www.baua.de/DE/Themen/Arbeitsgestaltung-im-Betrieb/Gefaehrdungsbeurteilung/_functions/BereichsPublikationssuche_Formular.html?nn=8703478 Zugegriffen: 26. Jan 2021
2. Gesetz über die Durchführung von Maßnahmen des Arbeitsschutzes zur Verbesserung der Sicherheit und des Gesundheitsschutzes der Beschäftigten bei Arbeit, ArbSchG. http://www.gesetze-im-internet.de/arbschg/. Zugegriffen: 26. Jan 2021
3. Unfallverhütungsvorschrift Grundsätze der Prävention, Deutsche Gesetzliche Unfallversicherung, DGUV Vorschrift 1. http://publikationen.dguv.de/dguv/pdf/10002/1.pdf. Zugegriffen: 26. Jan 2021
4. Verordnung zum Schutz der Beschäftigten vor Gefährdungen durch künstliche optische Strahlung, OStrV. https://www.gesetze-im-internet.de/ostrv/. Zugegriffen: 21. Jan 2021
5. TROS Laserstrahlung, Technische Regeln zur Arbeitsschutzverordnung zu künstlicher optischer Strahlung. https://www.baua.de/DE/Angebote/Rechtstexte-und-Technische-Regeln/Regelwerk/TROS/TROS.html . Zugegriffen: 26. Jan 2021
6. Künstliche optische Strahlung. Eine Handlungshilfe für die Gefährdungsbeurteilung. M16. Amt für Arbeitsschutz Hamburg. http://www.hamburg.de/arbeitsschutzpublikation/4055762/broschuere-kuenstliche-optische-strahlung/. Zugegriffen: 26. Jan 2021
7. BGETEM Gefährdungsbeurteilung. https://www.bgetem.de/arbeitssicherheit-gesundheitsschutz/themen-von-a-z-1/gefaehrdungsbeurteilung. Zugegriffen: 26. Jan 2021
8. Empfehlung zur Umsetzung der Gefährdungsbeurteilung bei psychischer Belastung. http://www.gda-portal.de/de/pdf/Psyche-Umsetzung-GfB.pdf?__blob=publicationFile. Zugegriffen: 5. Okt 2016
9. Gefährdungsbeurteilung Psychische Belastungen. http://publikationen.dguv.de/dguv/pdf/10002/iag-report-2013-01.pdf. Zugegriffen: 5. Okt 2016
10. Gesetz zur Bereitstellung von Produkten auf dem Markt, ProdSG. http://www.gesetze-im-internet.de/prodsg_2011/. Zugegriffen: 5. Okt 2016
11. Gesetz über Medizinprodukte, MPG. http://www.gesetze-im-internet.de/mpg/. Zugegriffen: 5. Okt 2016
12. Neunte Verordnung zum Produktsicherheitsgesetz (Maschinenverordnung), 9. ProdSV. https://www.gesetze-im-internet.de/bundesrecht/gsgv_9/gesamt.pdf. Zugegriffen: 5. Okt 2016
13. Risikobeurteilung im Maschinenbau, TH. Mössner, Bundesanstalt für Arbeitsschutz und Arbeitsmedizin, Dortmund/Berlin/Dresden (2012)
14. Laser-Einrichtungen für Show- und Projektionszwecke, Gesetzliche Unfallversicherung, GUV – 1 5007. http://publikationen.dguv.de/dguv/pdf/10002/i-5007.pdf. Zugegriffen: 5. Okt 2016
15. Showlaser und Showlaseranlagen – Sicherheitsanforderung und Prüfung, DIN 56912, https://www.beuth.de/de/norm/din-56912/3357570. Zugegriffen: 26. Jan 2021
16. Leitlinie Gefährdungsbeurteilung und Dokumentation. http://www.gda-portal.de/de/pdf/Leitlinie-Gefaehrdungsbeurteilung.pdf?__blob=publicationFile&v=11. Zugegriffen: 26. Jan 2021
17. Laserstrahlung Handlungshilfe für die Gefährdungsbeurteilung Land Hamburg M14 https://www.hamburg.de/arbeitsschutzpublikation/13512202/m14-laserstrahlung/ Zugegriffen: 26. Jan 2021

Bestimmungen für besondere Anwendungen

10

Inhaltsverzeichnis

Der Laserschutz ist in großen Teilen für alle Anwendungsbereiche identisch. Bestimmte Anwendungen benötigen jedoch besondere Schutzmaßnahmen, um ein sicheres Arbeiten zu gewährleisten. Dies betrifft vor allem Showlaser, Vermessungslaser und Laser für Unterrichtszwecke und medizinische Anwendungen.

10.1 Lasereinrichtungen für Vorführ- und Anzeigezwecke

Die im Folgenden beschriebenen Ausführungen wurden im Wesentlichen der DGUV Vorschrift 11 [1] und der DGUV Information 203–036 [2] entnommen.

10.1.1 Auszug aus der DGUV 11

1. Bei Lasereinrichtungen, die für Vorführungen, Anzeigen, Schaustellungen und Darstellungen von Lichteffekten verwendet werden, hat der Unternehmer

© Springer-Verlag GmbH Deutschland, ein Teil von Springer Nature 2021
C. Schneeweiss et al., *Leitfaden für Laserschutzbeauftragte*,
https://doi.org/10.1007/978-3-662-63198-0_10

den Versicherten Anweisungen zu erteilen, wie die zugängliche Bestrahlung möglichst niedrig gehalten werden kann. Die Versicherten haben diese Anweisungen zu befolgen.

2. Bei Lasereinrichtungen nach Absatz 1, bei denen Laserbereiche entstehen, hat der Unternehmer dafür zu sorgen, dass sich in diesen Bereichen nur Versicherte aufhalten, deren Anwesenheit dort erforderlich ist]. (DGUV 11 [1]).

10.1.2 Auszüge aus der DGUV Information 203-036

Für den Betrieb von Lasereinrichtungen, die in Diskotheken und bei Showveranstaltungen eingesetzt werden, sind die Ausführungen aus der DGUV-Information *Laser-Einrichtungen für Show- oder Projektions*anwendungen zu beachten, die im Folgenden ausschnittsweise zitiert werden [2].

Prüfung durch eine befähigte Person:

Vor der erstmaligen Verwendung sind Show- und Projektionslaser von einer zur Prüfung befähigten Person prüfen zu lassen. Die befähigte Person zur Prüfung von Show- und Projektions-Lasern ist eine Person, die durch ihre Berufsausbildung, ihre Berufserfahrung, z.b. einschlägige Arbeit beim Laserhersteller, und ihre zeitnahe berufliche Tätigkeit über die erforderlichen Fachkenntnisse zur Prüfung der Lasersicherheit des Show- und/ oder Projektions-Lasers verfügt. Ferner muss sie auch mit den einschlägigen staatlichen Arbeitsschutzvorschriften, insbesondere Technische Regeln Betriebssicherheit (z.b. TRBS 1203), DGUV Vorschriften und allgemein anerkannten Regeln der Technik (z.b. DGUV Informationen, DIN-Normen, VDE-Bestimmungen) vertraut sein. Zur Prüfung der elektrischen Komponenten des Show- und Projektionslasers muss die zur Prüfung befähigte Person die Anforderungen nach Abschnitt 3.1 der TRBS 1203 erfüllen. Dies ist insbesondere eine elektrotechnische Berufsausbildung oder eine andere für die Prüf-aufgaben ausreichende elektrotechnische Qualifikation. Anmerkung: Die Qualifizierung zu Laserschutzbeauftragten beinhaltet nicht die Befähigung zur Prüfung von Show- und Projektionslasern. (DGUV Information 203-036 [2])

Zuschauerbereich und andere Bereiche:

Der **Zuschauerbereich** ist der Bereich, in dem sich Personen während der gesamten Show aufhalten können. Hier wird der EGW unterschritten.

Der **Laserbereich** bei Show- und Projektionsanwendungen ist der Bereich, in dem die EGWs überschritten werden können. Der Show- und Projektionslaserbereich ist durch einen Mindestabstand vom Zuschauerbereich sicher abzugrenzen, z.b. durch eine erhöhte Bühnenfläche (Mindesthöhe 0,8m), Orchestergraben oder Gitter Mindesthöhe 0,8m). Zwischen dem Show- und Projektionslaserbereich und dem Zuschauerbereich muss z.b. seitlich ein Sicherheitsabstand von mindestens 1m vorgesehen sein. Von der dem Show- und Projektionslaserbereich nächstgelegenen Über- oder Durchgriffsmöglichkeit muss der Abstand nach unten mindestens 1m betragen. Er darf von unbefugten Personen nicht erreicht werden; dies wird z.b. durch Strahlführung, Abschrankung und Eingrenzung erreicht

Der **Bedienbereich** ist der Bereich, von dem aus der Laser bedient wird und bei dem die EGW im Normalbetrieb unterschritten sind [2].

Gefährdungsberurteilung

Vor dem ersten Einsatz einer Lasershow ist eine Gefährdungsbeurteilung durchzuführen. Wichtige Checkpunkte sind:

* Allgemeine Anforderungen zur Gefährdungsbeurteilung:
  - Sind beim Umgang mit Show- oder Projektionslasern Anweisungen erteilt, wie die zugängliche Bestrahlung möglichst niedrig gehalten werden kann?
  - Ist der Laser fest, unverrückbar eingebaut?
  - Ist der Laser so eingebaut, dass er nur befugten Personen zugänglich ist?
  - Falls der Laserstrahl auch in den Zuschauerraum gelenkt wird, ist geprüft worden, ob die Expositionsgrenzwerte (MZB-Werte) auch unter allen vorhersehbaren Umständen eingehalten sind?
  - Hat die verantwortliche Führungskraft (und der Laserschutzbeauftragte bei Lasern der Klasse 3R, 3B oder 4) die erforderlichen Schutzmaßnahmen schriftlich festgelegt (Gefährdungsbeurteilung)?

* Laser der Klasse 3R, 3B und 4:
  - Ist ein Laserschutzbeauftragter (bei Lasereinrichtungen der Klasse 3R, 3B oder 4) schriftlich vom Unternehmer bestellt?
  - Besitzt der Laser eine Einrichtung, mit der der Strahlenaustritt jederzeit unterbrochen werden kann?
  - Sind bei einem Laser, der konstant auf einen festen Punkt gerichtet ist und in dessen Strahlengang Personen mit Hilfsmitteln gelangen können, Einrichtungen (z. B. Fotozellen) vorhanden, die bei Unterbrechung des Strahlenganges den Laser selbständig abschalten?
  - Wenn eine Strahlaufweitung nicht möglich ist: Sind die Strahlen durch Spiegel reflektiert so geführt, dass sie an allen Punkten des Raumes mindestens 2,7 m (bei älteren bestehenden Lasereinrichtungen mindestens 2,5 m) über den Ebenen verlaufen, auf denen sich Personen aufhalten?
  - Ist dies nicht möglich: Ist der Laserstrahl durch feste Einrichtungen (z. B. Rohre) so geführt, dass Personen nicht in den Strahlenbereich gelangen können?
  - Sind Spiegel, auch z. B. eine rotierende Spiegelkugel, fest und unverrückbar angebracht, um eine sichere Strahlenführung zu garantieren?

10.2 Lasereinrichtungen für Leitstrahlverfahren und Vermessungsarbeiten

Im Folgenden werden Auszüge aus der DGUV 11 zitiert, die sich auf Vermessungsarbeiten beziehen [1].

1. Der Unternehmer hat dafür zu sorgen, dass für Leitstrahlverfahren und Vermessungsarbeiten nur folgende Lasereinrichtungen verwendet werden:
   1. Lasereinrichtungen der Klassen 1, 2 oder oder 3R
   2. Lasereinrichtungen der Klasse 3B, die nur im sichtbaren Wellenlängenbereich (400 bis 700 nm) strahlen, eine maximale Ausgangsleistung von 5 mW haben und bei denen Strahlachse oder Strahlfläche so eingerichtet und gesichert sind, dass eine Gefährdung der Augen verhindert wird.
2. Von Absatz 1 darf abgewichen werden, wenn der Unternehmer die beabsichtigte Verwendung stärkerer Lasereinrichtungen und die hierbei zu treffenden Sicherheitsmaßnahmen der Berufsgenossenschaft mindestens 14 Tage vor Aufnahme der Arbeiten unter Angabe der Gründe schriftlich mitteilt und die Berufsgenossenschaft nicht widerspricht.

Bei der Anwendung von Lasereinrichtungen der Klasse 1 M, 2 M oder 3A ist sicherzustellen, dass der Laserstrahl nicht durch optisch sammelnde Instrumente, z. B. Nivelliergeräte, Ferngläser oder Teleskope, beobachtet wird.

Bei der Verwendung von Lasereinrichtungen der Klasse 3B mit maximal 5 mW (seit 2001 Laser der Klasse 3R) Ausgangsleistung im sichtbaren Wellenlängenbereich (400 nm bis 700 nm begrenzt), bzw. Lasereinrichtungen der Klasse 3R, bei denen die Strahlrichtung konstant ist, haben sich folgende Maßnahmen bewährt:

1. Die Ausgangsleistung des Lasers wird auf das für die Anwendung erforderliche Maß beschränkt. Dieser Forderung kann durch die Auswahl des Lasergerätes oder durch Vorschalten abschwächender Filter entsprochen werden.
2. Der Laserstrahl soll möglichst außerhalb des Arbeits- und Verkehrsbereiches verlaufen (siehe auch Nummer 4).
3. Die Strahlachse wird so gesichert, dass ein Auswandern des Laserstrahls nicht möglich ist. Diese Sicherung kann beispielsweise aus einem Rohr vor dem Lasergerät bestehen, das als Strahlfänger dient.
4. Der Bereich um den Laserstrahl wird in einem Abstand von wenigstens 1,5 m, z. B. mit einer Flatterleine, abgegrenzt und mit Laserwarnzeichen gekennzeichnet. Kann die Abgrenzung nicht durchgeführt werden, z. B. unter Tage, ist auf andere Weise, z. B. durch Warnposten, zu verhindern, dass Versicherte in den Bereich des Laserstrahls geraten können.
   An gefährlichen Stellen sind folgende Ersatzmaßnahmen geeignet:

   – Umwehren des Strahlenganges z. B. mit Maschendraht.
   – Anbringen von Vorrichtungen zur Strahlunterbrechung, z. B. Klappen, die eine matte Oberfläche besitzen. Wichtig ist, dass diese Vorrichtungen betätigt werden können, ohne dabei in den gefährlichen Bereich zu geraten.
   – Hochlegen des Strahls.

5. Ein Laserstrahl darf sich nur soweit erstrecken, wie es für die Art des Einsatzes notwendig ist. Der Strahl wird am Ende dieser Nutzentfernung durch eine matte Zielfläche aufgefangen. Zu beachten bleibt, dass die Bestrahlungsstärke mit der Entfernung nur wenig abnimmt. Der Strahl kann beispielsweise noch in einer Entfernung von 1000 m und mehr für das Auge gefährlich sein.

6. Spiegelnde oder glänzende Gegenstände, z. B. Metallteile, Fahrzeugscheiben, Rückspiegel, sind aus der Umgebung des Laserstrahls zu entfernen oder abzudecken. Von Absatz 1 darf abgewichen werden, wenn der Unternehmer die beabsichtigte Verwendung stärkerer Lasereinrichtungen und die hierbei zu treffenden Sicherheitsmaßnahmen der Berufsgenossenschaft mindestens 14 Tage vor Aufnahme der Arbeiten unter Angabe der Gründe schriftlich mitteilt und die Berufsgenossenschaft nicht widerspricht. (DGUV 11 [1])

10.3 Lasereinrichtungen für Unterrichtszwecke

In der DGUV 11 [1] findet man folgende Anweisungen für den Einsatz von Lasern im Unterricht.

1. Der Unternehmer hat dafür zu sorgen, dass für Unterrichtszwecke nur Lasereinrichtungen der Klassen 1 oder 2 verwendet werden. Neben den Klassen 1 und 2 können auch Laser der Klassen 1 M und 2 M verwendet werden, wenn zusätzlich sichergestellt wird, dass der Strahlquerschnitt nicht durch optisch sammelnde Instrumente verkleinert werden kann.

2. Beim Betrieb von Lasereinrichtungen der Klasse 2 für Unterrichtszwecke hat der Unternehmer dafür zu sorgen, dass besondere Schutzmaßnahmen getroffen werden, insbesondere durch zusätzliche Leistungsbegrenzung, Abgrenzung, Kennzeichnung, spezielle Unterweisung und Unterrichtung.
   Die Forderung aus Absatz 1 ist z. B. erfüllt, wenn:
   1. der Laserbereich durch Abschirmung auf das notwendige Maß begrenzt und durch Abgrenzung gegen unbeabsichtigtes Betreten gesichert ist,
   2. Zugänge zu Laserbereichen mit Laserwarnzeichen gekennzeichnet sind,
   3. Lasereinrichtungen der Klassen 1 M, 2 und 2 M nur von befugten und unterwiesenen Personen betrieben werden,
   4. bei der Vorbereitung von Versuchen und Vorführungen nur Personen beteiligt oder zugegen sind, die zuvor über die Gefahren der Laserstrahlung und die erforderlichen Schutzmaßnahmen unterrichtet worden sind,
   5. Beobachter bzw. Teilnehmer vor Beginn des Versuches bzw. der Vorführung über die Gefahren der Laserstrahlung unterrichtet worden sind,
   6. Versuche und Vorführungen mit der jeweils geringsten notwendigen Laserleistung durchgeführt werden.

3. Die Absätze 1 und 2 gelten nicht für Lasereinrichtungen, die in der Lehre in Hochschulen, bei der individuellen Ausbildung und in der Erwachsenenbildung verwendet werden. (DGUV 11 [1]).

10.4 Lasereinrichtungen für medizinische Anwendung

Im Folgenden werden Auszüge aus der DGUV 11 zitiert, die sich auf den Einsatz des Lasers in der Medizin beziehen [1].

1. Der Unternehmer hat dafür zu sorgen, dass bei der medizinischen Anwendung von Laserstrahlung im Bereich von Organen, Körperhöhlen und Tuben, die brennbare Gase oder Dämpfe enthalten können, Schutzmaßnahmen gegen Brand- und Explosionsgefahr getroffen werden.
   Diese Forderung ist z. B. erfüllt, wenn Tuben und Sonden aus Materialien bestehen oder mit Materialien umhüllt sind, die ausreichend standfest gegen die verwendete Laserstrahlung sind bzw. wenn Organe frei von explosionsfähiger oder brennbarer Atmosphäre sind.

2. Müssen Instrumente bei medizinischer Anwendung in den Strahlengang gebracht werden, so hat der Unternehmer solche Instrumente zur Verfügung zu stellen, die durch Formgebung und Material gefährliche Reflexionen weitgehend ausschließen.
   Diese Forderung ist z. B. erfüllt, wenn die Instrumente für medizinische Anwendung, die tatsächlich in den Strahlengang gebracht werden müssen, über möglichst kleine Radien verfügen. Plane und insbesondere konkave Flächen sind zu vermeiden. Geeignet sind auch diffus reflektierende Oberflächen. Ungeeignet sind absorbierende Oberflächen, die sich aufheizen können und deshalb zu vermeiden sind.

3. Wird Laserstrahlung zu medizinischen Zwecken eingesetzt, so hat der Unternehmer dafür zu sorgen, dass dabei verwendete optische Einrichtungen zur Beobachtung oder Einstellung mit geeigneten Schutzfiltern ausgerüstet sind, sofern die maximal zulässige Bestrahlung überschritten werden kann.
   Optische Einrichtungen zur Beobachtung oder Einstellung sind z. B. Endoskope oder Mikroskope.
   Diese Forderung ist z. B. bei optischen Einrichtungen, die ausschließlich für den Lasereinsatz bestimmt sind, durch in die Betrachtungsoptik fest eingebaute Filter erfüllt bzw. für gelegentlich beim Lasereinsatz verwendete optische Einrichtungen durch die Verwendung zusätzlicher geeigneter Vorsatzfilter. Geeignete Filter sind Filtergläser, die den Anforderungen an Filtergläser für Laserschutzbrillen entsprechen, in nur mit Hilfswerkzeugen entfernbaren Aufsteck- oder Einschraubfassungen, deren Einbauzustand deutlich erkennbar ist. Auswechselbare Schutzfilter für die Anwendung an optischen Betrachtungseinrichtungen in medizinischer Anwendung müssen entsprechend *DIN EN 207 Persönlicher Augenschutz; Filter und Augenschutz gegen Laserstrahlung (Laserschutzbrillen)* gekennzeichnet sein.

4. Der Unternehmer hat bei der medizinischen Anwendung der Laserstrahlung von Lasereinrichtungen der Klasse 4 mittels freibeweglichen Lichtleiterendes oder Handstücks dafür zu sorgen, dass Hilfsgeräte und Abdeckmaterialien, die

dem Laserstrahl versehentlich ausgesetzt werden können, mindestens schwer entflammbar sind.

Diese Forderung ist z. B. erfüllt, wenn die versehentlich bestrahlten Materialien nach Strahlabschaltung nicht weiter brennen oder glimmend abtropfen. Die Eigenschaften in dieser Hinsicht können z. B. bei Abdeckmaterialien auch durch Befeuchten verbessert werden. (DGUV 11 [1]).

Weitere Informationen findet man im Fachausschuss-Informationsblatt Nr. FA ET5, *Betrieb von Laser-Einrichtungen für medizinische und kosmetische Anwendungen* [3].

10.5   Lichtwellenleiter-Übertragungsstrecken in Fernmeldeanlagen und Informationsverarbeitungsanlagen mit Lasersendern

10.5.1 Auszug aus der DGUV 11

In der DGUV 11 [1] findet sich folgende Angaben.

1. Der Unternehmer hat dafür zu sorgen, dass auch bei einer nicht bestimmungsgemäßen Trennung des Übertragungsweges von Lichtwellenleiter-Übertragungsstrecken Versicherte keiner Laserstrahlung oberhalb der maximal zulässigen Bestrahlung ausgesetzt werden.
2. Kann bei der Errichtung, beim Einmessen, bei der Erprobung und bei der Instandhaltung von Lichtwellenleiter-Übertragungssystemen Laserstrahlung oberhalb der Werte der maximal zulässigen Bestrahlung austreten, darf der Unternehmer mit diesen Arbeiten nur Versicherte beauftragen, die für den Umgang mit diesen Systemen besonders unterwiesen sind. Unter Licht-wellenleiter-Übertragungsstrecken im Sinne dieser Unfallverhütungsvor-schrift werden „Lichtwellenleiter-Kommunikationssysteme" nach DIN EN 60 825–2 „Sicherheit von Laser-Einrichtungen; Sicherheit von Lichtwellenleiter-Kommunikationssystemen (LWLKS)" verstanden. (DGUV 11 [1]).

10.5.2 Wichtiges aus der DGUV Information 203–039

Ausführliche Informationen zur Gefährdungsanalyse und zur Festlegung der erforderlichen Schutzmaßnahmen sind in der DGUV-Information *Umgang mit Lichtwellenleiter-Kommunikationssystemen (LWLKS)* enthalten. Es folgen einige Fakten aus dieser Schrift [4].

Gefährdungsgrad und Laserklasse
Bei Lichtwellenleitern (LWLKS) muss unterschieden werden, ob man sich am Ort der Einkopplung oder an einem anderen Ort entlang der Faser befindet. Am

Anfang der Faser wird die Gefährdung durch die Laserklasse definiert. Da sich die Leistung entlang der Strecke ändert, muss für jeden zugänglichen Ort ein sogenannter Gefährdungsgrad bestimmt werden. Die Einteilung der Gefährdungsgrade erfolgt wie bei den Laserklassen durch die Grenzwerte der zugänglichen Strahlung (GZS). Dabei werden automatische Leistungsverringerungen berücksichtigt.

Als Sender für LWLKS dürfen Laser der Klassen 1 bis 4 verwendet werden. Allerdings darf am LWLKS ein maximaler Gefährdungsgrad 3B auftreten.

Gefährdungsbereich und Laserbereich
Der Laserbereich eines (glatt geschliffenen) LWLKS-Endes, das in den freien Raum strahlt, wird als Gefährdungsbereich bezeichnet. Dabei muss berücksichtigt werden, dass das Faserende beweglich sein kann. Im Gefährdungsbereich können die Expositionsgrenzwerte (EGW oder MZB) überschritten werden und es kann ein Augenschaden auftreten. Im Gefährdungsbereich muss eine Laserschutzbrille getragen werden.

Beim Gefährdungsgrad 1 und 2 entsteht kein Gefährdungsbereich. Liegt ein Gefährdungsgrad 1 M oder 2 M vor, gibt es einen Gefährdungsbereich bei Verwendung von Lupen und Fasermikroskopen. Im Fall von Gefährdungsgraden 3R und 3B liegt ein Gefährdungsbereich vor. Welcher Gefährdungsgrad zulässig ist, hängt von der Zugänglichkeit des Standortes ab.

Standorte
Man unterscheidet bei Kommunikationssystemen mit Lichtwellenleitern verschiedene Standorte.

- Kontrollierter Zugang: Der Zugang ist nur für befugte Personen mit einer ausreichenden Lasersicherheitsunterweisung möglich.
- Eingeschränkter Zugang: Der Zugang ist für die Öffentlichkeit durch organisatorische oder technische Maßnahmen verhindert. Der Zugang ist aber durch befugte Personen möglich, die unter Umständen nicht in Lasersicherheit unterwiesen wurden.
- Uneingeschränkter Zugang: Der Zugang zum LWLKS und zum offenen Strahl ist für jeden möglich.

Spezielle Gefährdungen bei LWLKS
Im Folgenden werden einige Beispiele für spezielle Gefährdungen bei Lichtwellenleitern erwähnt.

- Die Enden der Lichtwellenleiter sind üblicherweise flexibel und eine Abstrahlung ist nahezu in alle Richtungen möglich.
- Es werden häufig Mikroskope oder Lupen benutzt, z. B. zur Begutachtung von Steckerstirnflächen, die die Gefährdung erhöhen können.

- Die Strahlung liegt allgemein im nicht sichtbaren IR-Bereich. Es besteht kein visueller Warnreiz. Die Strahlung kann jedoch bis zu 1400 nm auf die Netzhaut fokussiert werden.
- Der Kerndurchmesser bei LWLKS liegt im Bereich einiger Mikrometer, sodass im Auge des Betrachters ein minimaler Brennfleck von 20 μm Durchmesser entsteht (Punklichtquelle).
- Eine Gefährdung besteht beim Faserbruch. Dieser kann gewollt beim Spleißen oder ungewollt entstehen.
- Die Strahlung aus dem LWLKS ist je nach numerischer Apertur NA divergent. Die Gefährdung nimmt mit dem Quadrat des Abstandes von der Faser-Austrittsstelle ab. Bei Hochleistungssteckern mit Modenfeldaufweitung gilt dies jedoch nur eingeschränkt.
- Werden einzelne Fasern zu einem Faserbändchen zusammengefasst, kann sich die Gefährdung erhöhen.
- In Datenblättern wird üblicherweise die in den LWL eingekoppelte Leistung angegeben. Sie beinhaltet die Koppelverluste. Diese Verluste gibt es bei direktem Blick auf das Sendeelement nicht. Dies muss bei der Gefährdungsbeurteilung berücksichtigt werden.

Gefährdungen im Normalbetrieb
Wird das LWLKS bestimmungsgemäß betrieben, besteht keine Strahlungsgefährdung, weil die Laserstrahlung im LWL vollständig eingeschlossen ist. Auch nicht unterwiesene Personen sind nicht gefährdet.

Indirekte Gefährdungen
Es folgen einige Beispiele für indirekte Gefährdungen.

- Brand- und Explosionsgefahr: Im Laserbereich (Gefahrenbereich), besonders in der Nähe von offenen Faserenden, dürfen keine leicht entzündlichen oder explosiven Stoffe vorhanden sein. Auch manche LWL-Gels sind leicht entzündlich.
- Verletzung durch Faserreste: Faserreste sollten in gesonderten Behältnissen gesammelt und entsorgt werden. Feine Fasern können in die Haut oder ins Auge eindringen und zu Entzündungen führen.
- Lichtwellenleiter-Gel: Es sind allergische Reaktionen beim Entfernen des Gels (z. B. mit Isopropanol) möglich.

Literatur

1. DGUV Vorschrift 11, Unfallverhütungsvorschrift Laserstrahlung, vom 1. April 1988 in der Fassung vom 1. Januar 1997, mit Durchführungsanweisungen vom Oktober 1995
2. DGUV Information 203-036 – Laser-Einrichtungen für Show- oder Projektionsanwendungen, Januar 2021

3. Fachausschuss-Informationsblatt Nr. FA ET5, Betrieb von Laser-Einrichtungen für medizinische und kosmetische Anwendungen, Ausgabe Stand: 15. Nov 2009
4. DGUV Information 203-039 – Umgang mit Lichtwellenleiter-Kommunikations-Systemen (LWKS) (bisher: BGI 5031) (2007)

Anhang

Inhaltsverzeichnis

© Springer-Verlag GmbH Deutschland, ein Teil von Springer Nature 2021
C. Schneeweiss et al., *Leitfaden für Laserschutzbeauftragte*,
https://doi.org/10.1007/978-3-662-63198-0_11

11.1   A.1 Arbeitshilfe zur Erstellung einer Gefährdungsbeurteilung nach OStrV

Gefährdungsbeurteilungen müssen individuell auf die Struktur und die Tätigkeiten an den entsprechenden Arbeitsplätzen ggf. für entsprechende Tätigkeiten (z. B. Wartung an der Anlage) im Unternehmen angepasst werden. Demzufolge gibt es keine festen Vorlagen, wie die Gefährdungsbeurteilung auszusehen hat. Die im Folgenden aufgeführte Literatur und die Tabellen zur Gefährdungsbeurteilung sind beispielhaft und sollen eine Hilfestellung für die Anwender sein. Anhand dieser kann der Anwender dann die konkrete Gefährdungsbeurteilung bezüglich des Einsatzes von Lasern und der Tätigkeiten erstellen. Es wird kein Anspruch auf Vollständigkeit erhoben.

11.1.1   Beispielhafte Gefährdungsbeurteilung nach §3 OStrV und TROS Laserstrahlung

Die Gefährdungsbeurteilung kann in Form einer Tabelle angelegt werden. Die folgende beispielhafte Tabelle zeigt eine Möglichkeit der Dokumentation.

▲L⧉ ALB AKADEMIE FÜR LASERSICHERHEIT BERLIN	Gefährdungsbeurteilung für Arbeitsplätze und Tätigkeiten mit Exposition durch Laserstrahlung Nach §§3,5 OStrV und TROS Laserstrahlung	Erstellt am
Unternehmen/Institution/Klinik		
Abteilung		
Arbeitsbereich/Gebäude/Raum		
Bezeichnung der Anlage/n		
Beschreibung der Tätigkeit		

An der Gefährdungsbeurteilung beteiligte Personen	Vor- und Zuname	Telefon
Unternehmer(in)/Führungsperson		
Fachkundige Person		
Laserschutzbeauftragte(r)		
Fachkraft für Arbeitssicherheit		
Arbeitsmediziner(in)		
Betriebliche Interessenvertretung		

Die Gefährdungsbeurteilung erfolgt

- ☐ arbeitsbereichsbezogen
- ☐ tätigkeits- arbeitsplatzbezogen
- ☐ personenbezogen

_____

Unterschrift verantwortliche Person

Art und Ausmaß der Laserstrahlung

Hersteller	
Herstellungsdatum	
Lasertyp	
Laserklasse	
Wellenlänge(n)	
Leistung (cw-Laser)	
Energie (Impulslaser)	
Impulsbreite	
Impulswiederholfrequenz	
Mittlere Leistung P_m	
Impulsspitzenleistung P_p	
Kleinster zugänglicher Strahldurchmesser	
Strahldivergenz	
Zielstrahl (Wellenlänge, Leistung)	
Bestrahlungsdauer	
Expositionsgrenzwert gemäß TROS Laserstrahlung	
NOHD gemäß TROS Laserstrahlung	

Allgemeine Angaben

Lasergerät/ Hersteller	Liegen die Herstellerdaten vor?		Ist die CE-Kennzeichnung vorhanden?		Wurde das Ausmaß der Exposition ermittelt?	
	Ja □	nein □	Ja □	nein □	Ja □	nein □
	Ja □	nein □	Ja □	nein □	Ja □	nein □
	Ja □	nein □	Ja □	nein □	Ja □	nein □

Ermittlung der direkten Gefährdungen

Lasergerät/Hersteller	Expositionsgrenzwert nach TROS Laserstrahlung		NOHD		Exposition in W/m² oder	Expositionsdauer in s
	Auge	Haut	Auge	Haut	J/m²	

Wurde ermittelt, ob die Expositionsgrenzwerte eingehalten werden (Normalbetrieb /Wartung/Service)?

ja	nein
□	□

Falls ja, durch

Angaben des Herstellers (Expositionsgrenzwerte, NOHD)	□
durch eigene Berechnung	□
durch eigene Messung	□

Die Herstellerdokumentation bzw. Messprotokolle oder Berechnungen werden dieser Gefährdungsbeurteilung beigefügt.

Wurden die Expositionsgrenzwerte bzw. der NOHD nicht ermittelt, so wird der gesamte Raum (Fenster und Türen beachten!) zum Laserbereich und es müssen dann die entsprechenden Schutzmaßnahmen festgelegt werden. Durch Stellwände oder Vorhänge kann der Laserbereich verkleinert werden.

Werden Expositionsgrenzwerte überschritten? Für jede Laseranlage eine eigene Tabelle anlegen.

Betriebszustand	Auge			Haut		
Aufbau	Ja ☐	nein☐	n. a. ☐	Ja ☐	nein ☐	n. a. ☐
Probebetrieb	Ja ☐	nein ☐	n. a. ☐	Ja ☐	nein ☐	n. a. ☐
Normalbetrieb	Ja ☐	nein ☐	n. a. ☐	Ja ☐	nein ☐	n. a. ☐
Einrichten	Ja ☐	nein ☐	n. a. ☐	Ja ☐	nein ☐	n. a. ☐
Wartung und Pflege	Ja ☐	nein ☐	n. a. ☐	Ja ☐	nein ☐	n. a. ☐
Störung	Ja ☐	nein ☐	n. a. ☐	Ja ☐	nein ☐	n. a. ☐
Abbau	Ja ☐	nein ☐	n. a. ☐	Ja ☐	nein ☐	n. a. ☐

Ermittlung indirekter Gefährdungen
Für jede Laseranlage eine eigene Tabelle anlegen.

Gefährdung			Handlungsbedarf	
Blendung	Ja ☐	nein ☐	ja ☐	nein ☐
Brandgefahr	Ja ☐	nein ☐	ja ☐	nein ☐
Explosionsgefahr	Ja ☐	nein ☐	ja ☐	nein ☐
Inkohärente optische Strahlung	Ja ☐	nein ☐	ja ☐	nein ☐
Gefahrstoffe	Ja ☐	nein ☐	ja ☐	nein ☐
Ionisierende Strahlung	Ja ☐	nein ☐	ja ☐	nein ☐
Lärm	Ja ☐	nein ☐	ja ☐	nein ☐

Schutzmaßnahmen

Substitution

Substitution	
Ergebnis der Substitution	

Technische Schutzmaßnahmen*				Handlungs-bedarf	
Wird durch eine Emissionseinrichtung (optisch oder akustisch) angezeigt, dass der Laser in Betrieb ist?	Ja ☐	nein ☐	n. a.☐	Ja☐	nein☐
Ist ein Schlüsselschalter oder eine andere Vorrichtung am Laser vorhanden, welche das unbefugte Einschalten verhindert (Pflicht bei Laserklassen 3B und 4)?	Ja ☐	nein ☐	n. a. ☐	Ja ☐	nein ☐
Ist die Strahlaustrittsöffnung gekennzeichnet (Laser-klassen 3R, 3B, 4)?	Ja ☐	nein ☐	n. a. ☐	Ja ☐	nein ☐

Technische Schutzmaßnahmen*				Handlungs-bedarf	
Wird durch eine Emissionseinrichtung (optisch oder akustisch) angezeigt, dass der Laser in Betrieb ist?	Ja ☐	nein ☐	n. a.☐	Ja☐	nein☐
Wurde der Laserbereich abgegrenzt?	Ja ☐	nein ☐	n. a. ☐	Ja ☐	nein ☐
Wurde der Laserbereich durch geeignete Abschirmungen nach DIN EN 60825-4 oder DIN EN 12254 abgegrenzt?	Ja ☐	nein ☐	n. a. ☐	Ja ☐	nein ☐
Ist sichergestellt, dass medizinische Instrumente durch Material und Formgebung gefährliche Reflexionen ausschließen?	Ja ☐	nein ☐	n. a. ☐	Ja ☐	nein ☐
Sind Beobachtungsoptiken mit geeigneten Filtern ausgestattet, welche sicherstellen, dass die GZS für Klasse 1 nicht überschritten werden?	Ja ☐	nein ☐	n. a. ☐	Ja ☐	nein ☐
Befinden sich Not-Aus-Schalter im Laserbereich?	Ja ☐	nein ☐	n. a. ☐	Ja ☐	nein ☐
Sind Laserbereiche, in denen sich unterschiedliche Laser befinden, voneinander abgegrenzt?	Ja ☐	nein ☐	n. a. ☐	Ja ☐	nein ☐
Sind Fenster im Laserbereich mit geeigneten Abdeckungen (Vorhänge, Rollos, Abdeckungen z. B. aus Holz) versehen?	Ja ☐	nein ☐	n. a. ☐	Ja ☐	nein ☐
Weisen Decken, Wände und weitere Flächen im Laserbereich der Laserklassen 3R, 3B und 4 diffuse Oberflächen auf?	Ja ☐	nein ☐	n. a. ☐	Ja ☐	nein ☐
Ist sichergestellt, dass offene Laserstrahlung nicht in Augenhöhe von Beschäftigten und Besuchern verlaufen?	Ja ☐	nein ☐	n. a. ☐	Ja ☐	nein ☐
Ist sichergestellt, dass keine unbeabsichtigten Reflexionen von Materialien im Laserbereich auftreten können (spiegelnde Fläche abdecken oder entfernen)?	Ja ☐	nein ☐	n. a. ☐	Ja ☐	nein ☐
Ist sichergestellt, dass bei Lasereinrichtungen der Klassen 1M und 2M keine optisch vergrößernden und sammelnden Instrumente benutzt werden (z. B. im Freien)?	Ja ☐	nein ☐	n. a. ☐	Ja ☐	nein ☐

n. a. = nicht anwendbar, * weitere technische Schutzmaßnahmen finden Sie unter Abschn. 11.1.2

Organisatorische Schutzmaßnahmen*				Handlungs-bedarf	
Ist der Laserbereich durch Warnschilder gekennzeichnet?	Ja ☐	nein ☐	n. a. ☐	Ja ☐	nein ☐
Wurden Zugangsregelungen zum Laserbereich festgelegt?	Ja ☐	nein ☐	n. a. ☐	Ja ☐	nein ☐
Wird der Einschaltzustand des Lasers durch eine Warnleuchte an den Zugängen zum Laserbereich angezeigt?	Ja ☐	nein ☐	n. a. ☐	Ja ☐	nein ☐
Ist ein Laserschutzbeauftragter, bzw. sind alle notwendigen (mehrere) Laserschutzbeauftragten, schriftlich bestellt?	Ja ☐	nein ☐	n. a. ☐	Ja ☐	nein ☐
Ist sichergestellt, dass die Laserschutzbeauftragten spätestens 5 Jahre nach der letzten Ausbildung an einem Fortbildungskurs zur Auffrischung der Kenntnisse teilnehmen?	Ja ☐	nein☐	n. a. ☐	Ja ☐	nein ☐

Organisatorische Schutzmaßnahmen*				Handlungs-bedarf	
Ist der Laserbereich durch Warnschilder gekennzeichnet?	Ja ☐	nein ☐	n. a. ☐	Ja ☐	nein ☐
Werden die Beschäftigten vor dem ersten Einsatz im Laserbereich und danach jährlich zum Thema Laser-sicherheit unterwiesen?	Ja ☐	nein ☐	n. a. ☐	Ja ☐	nein ☐
Sind Betriebs- und Arbeitsanweisungen vorhanden und den Beschäftigten zugänglich?	Ja ☐	nein ☐	n. a. ☐	Ja ☐	nein ☐
Ist die nach §22 Jugendschutzgesetz und §11 DGUV VORSCHRIFT 11 geforderte Beschäftigungs-beschränkung von Jugendlichen sichergestellt (Laser-klasse 3R, 3B und 4)?	Ja ☐	nein ☐	n. a. ☐	Ja ☐	nein ☐
Wurde beim Lasereinsatz im Freien, welcher den Luft-verkehr gefährden könnte, die Flugsicherungsbehörde informiert?	Ja ☐	nein ☐	n. a. ☐	Ja ☐	nein ☐
Ist sichergestellt, dass alle Beschäftigten im Laserbereich über das Verhalten im Falle eines Unfalls unterwiesen wurden?	Ja ☐	nein ☐	n. a. ☐	Ja ☐	nein ☐
Ist eine allgemeine arbeitsmedizinische Beratung der betroffenen Beschäftigten sichergestellt?	Ja ☐	nein ☐	n. a. ☐	Ja ☐	nein ☐

* weitere organisatorische Schutzmaßnahmen finden Sie unter Abschn. 11.1.2

Personenbezogene Schutzmaßnahmen					
Laseranlage	Augenschutz Kennzeichnung	Hersteller und Herstellungs datum	Handschutz Bezeichnung	Schutz-kleidung	Atemschutz Bezeichnung

Indirekte Gefährdung und Schutzmaßnahmen		
Gefährdung	Maßnahmen	Durchführung
		Wer?/ Bis wann? Unterschrift
☐ Blendung	☐ Sichtbare Laserstrahlung wird vor den Beschäftigten abgeschirmt ☐ Es wird sichergestellt, dass Pilotlaser nicht auf Augen gerichtet werden ☐ Die Beschäftigten werden informiert, dass beim Auftreffen von Laserstrahlung auf die Augen diese sofort geschlossen und abgewendet werden müssen ☐ Es werden keine reflektierenden Gegenstände in den Laserstrahl eingebracht ☐ Die Laserstrahlung wird so ausgerichtet, dass sie oberhalb oder unterhalb der Augenhöhe verläuft	

Indirekte Gefährdung und Schutzmaßnahmen		
Gefährdung	Maßnahmen	Durchführung
		Wer?/ Bis wann? Unterschrift
☐ Brandgefahr	☐ Brennbare Stoffe oder Flüssigkeiten werden möglichst durch solche mit geringerer Gefährdung ersetzt ☐ Brennbare Flüssigkeiten werden auf die Mindestmenge begrenzt ☐ Laserstrahlung der Klasse 4 wird durch geeignete Strahlbegrenzungen abgrenzt ☐ Beim offenen Umgang mit brennbaren Stoffen wird auf ausreichende Lüftung geachtet ☐ Entflammbare Materialien werden, soweit möglich, aus dem Laserbereich entfernt ☐ Es werden keine alkoholhaltigen oder brennbaren Flüssigkeiten der Laserstrahlung ausgesetzt ☐ Abdecktücher und Tupfer, welche in der Medizin Anwendung finden, werden angefeuchtet ☐ Es werden nur lasergeeignete Tuben verwendet	
☐ Explosionsgefahr	☐ Explosionsfähige Atmosphäre und explosible Stoffe werden aus dem Laserbereich entfernt ☐ Brennbare Gase werden beim medizinischen Einsatz in Körperhöhlen sicher abgesaugt	
☐ Gefahrstoffe	☐ Es werden Schutzmaßnahmen nach Kap. 4 GefStV festgelegt	
☐ Gefährdung durch inkohärente optische Strahlung	☐ Es wird geeigneter Augen- und Gesichtsschutz (TROS IOS und DGUV Regel 112–192) benutzt ☐ Es wird geeigneter Hautschutz benutzt	
☐ Gefährdung durch ionisierende Strahlung	☐ Schutzmaßnahmen werden nach Strahlenschutzgesetz festgelegt; ggf. werden Strahlenschutzbeauftragte ausgebildet. Es erfolgt die Abstimmung und Anzeige bei der örtlich zuständigen Behörde	
☐ Gefährdung durch Lärm	☐ Es wird geeigneter Gehörschutz benutzt	
☐	☐	
☐	☐	

Wirksamkeitskontrolle

>

Wirksamkeitskontrolle			
Datum	Wie wurde die Wirksamkeitskontrolle durchgeführt*	Durchgeführt durch	Ergebnis

*Möglichkeiten sind:

1. Gespräche mit den Beschäftigten über die Wirksamkeit der Maßnahmen. Diese können durch die Führungskraft im regelmäßigen Mitarbeitergespräch oder beim Teammeeting erfolgen.
2. Ein Kurz-Mitarbeiterworkshop, zum Beispiel im Rahmen der jährlichen Unterweisung. Hier können die Beschäftigten eine Rückmeldung über die Wirkung der umgesetzten Maßnahmen geben und ggf. neue Maßnahmen anregen
3. Begehung des Arbeitsplatzes/Stichpunktkontrolle durch Fachkundige, LSB oder Fachkraft für Arbeitssicherheit

Abweichungen

Ermittelte Abweichungen				
Zu Punkt	Aufgabe	Maßnahme	Verantwortliche Person	Unterschrift und Datum, wenn erledigt

Überblick über Gesetze, Verordnungen und Normen

Richtlinie 2006/25/EG	Richtlinie des Europäischen Parlaments und des Rates vom 5. April 2006 zum Schutz von Sicherheit und Gesundheit der Arbeitnehmer vor der Gefährdung durch künstliche optische Strahlung
Leitfaden zur Richtlinie 2006/25/EG	Unverbindlicher Leitfaden über künstliche optische Strahlung
ArbSchG	Arbeitsschutzgesetz
MuschSchG	Mutterschutzgesetz
JArbSchG	Jugendarbeitsschutzgesetz
MPG	Medizinproduktegesetz
BetrSichV	Betriebssicherheitsverordnung
ArbStV	Arbeitsstättenverordnung
GefStV	Gefahrstoffverordnung
OStrV	Verordnung zum Schutz der Beschäftigten vor Gefährdungen durch künstliche optische Strahlung
MPV	Medizinprodukteverordnung
TROS Laserstrahlung	Technische Regeln zur Verordnung zu künstlicher optischer Strahlung TROS Laserstrahlung
DGUV Vorschrift 1	Grundsätze der Prävention
DGUV Vorschrift 11/12	Unfallverhütungsvorschrift *Laserstrahlung* (wird demnächst zurückgezogen)
DGUV Regel 112-192	Benutzung von Augen- und Gesichtsschutz
DGUV Regel 113-001	Explosionsschutz-Regeln (EX-RL)

DGUV Information 203-042	Auswahl- und Benutzung von Laser-schutz- und Justierbrillen
DGUV Information 203-039	Umgang mit Lichtwellenleiter-Kommunikationssystemen (LWLKS)
DGUV Information 203-036	Lasereinrichtungen für Show- oder Projektionszwecke
DIN EN 60825-1 bis 2008-05	Sicherheit von Lasereinrichtungen Klassifizierung von Anlagen
DIN EN 60825-2	Lichtwellenleiter-Kommunikationssysteme
DIN EN 60825-4	Laserschutzwände
DIN EN 207	Filter- und Augenschutzgeräte gegen Laserstrahlung
DIN EN 208	Augenschutzgeräte für Justierarbeiten an Lasern und Laseraufbauten

11.1.2 Tabelle weiterer Schutzmaßnahmen, welche in die Gefährdungsbeurteilung übernommen werden können

Technische Schutzmaßnahmen

Allgemein
- Wurde der Laserbereich so klein wie möglich gehalten (Mindestgröße für Arbeitsplatz berücksichtigen)?
- Wird durch eine Emissionseinrichtung (optisch oder akustisch) angezeigt, dass der Laser in Betrieb ist?
- Ist ein Schlüsselschalter oder eine andere Vorrichtung am Laser vorhanden, welche das unbefugte Einschalten verhindert (Pflicht bei Laserklassen 3B und 4)?
- Ist die Strahlaustrittsöffnung gekennzeichnet (Laserklassen 3R, 3B, 4)?
- Ist sichergestellt, dass Lasereinrichtungen der Klassen 2-4 nicht unbeabsichtigt strahlen können?
- Wurde die Nutzstrahlung lückenlos umschlossen (Laser Klasse 1)?
- Wurde die Laserstrahlung durch diffuse Reflektoren, Strahlfänger oder Shutter begrenzt (Verhinderung von vagabundierender Laserstrahlung)?
- Wurde der Laserbereich durch geeignete Abschirmungen nach DIN EN 60825-4 abgegrenzt?
- Wurde der Laserbereich durch geeignete Abschirmungen nach DIN EN 12254 abgegrenzt?
- Ist sichergestellt, dass die Laserstrahlungsquelle so positioniert ist, dass sie nicht in Richtung von Türen oder Fenstern strahlt?
- Ist der Laser mit einem Türkontakt verbunden, der das Austreten der Laser-strahlung, falls eine Person den Laserbereich betritt, verhindert?
- Ist sichergestellt, dass nicht abgeschirmte Laserstrahlen nicht in Augenhöhe von Beschäftigten und Besuchern verlaufen?

- Ist sichergestellt, dass keine unbeabsichtigten Reflexionen von Materialien im Laserbereich auftreten können (spiegelnde Fläche abdecken oder entfernen)?
- Ist sichergestellt, dass medizinische Instrumente durch Material und Formgebung gefährliche Reflexionen ausschließen?
- Sind Beobachtungsoptiken mit geeigneten Filtern ausgestattet, welche sicherstellen, dass die GZS für Klasse 1 nicht überschritten werden?
- Befinden sich ausreichend Not-Aus-Schalter im Laserbereich und wissen alle, welcher davon welchen Laser abschaltet?
- Sind Laserbereiche, in denen sich unterschiedliche Laser befinden, voneinander abgegrenzt?
- Sind Fenster im Laserbereich mit geeigneten Abdeckungen (Vorhänge, Rollos) versehen?
- Weisen Decken, Wände und weitere Flächen im Laserbereich der Laserklassen 3R, 3B und 4 diffuse Oberflächen auf?
- Sind nicht fest verbaute Beobachtungsoptiken mit Daten versehen (z. B. die Vergrößerung), aus welchen die Erhöhung der Gefährdung ersichtlich ist?
- Ist sichergestellt, dass richtungsveränderliche Strahlung (z. B. Scanner) durch mechanische oder elektrische Begrenzungen den Laserbereich begrenzen?
- Verläuft der Laserstrahl außerhalb von Verkehrsräumen?
- Ist sichergestellt, dass bei Lasereinrichtungen der Klassen 1M und 2M keine optisch vergrößernden Instrumente benutzt werden (z. B. im Freien)?
- Sind die Zugänge zum Laserbereich mit einem Warnschild und einer Warnleuchte versehen?

Lichtwellenleiterkommunikationssysteme
- Ist bei Lichtwellenleiter-Kommunikationssystemen (LWLKS) sichergestellt, dass diese über eine automatische Leistungsverringerung (ALV) verfügen?
- Ist bei LWLKS sichergestellt, dass Mikroskopiereinrichtungen zur Betrachtung des Faserendes mit geeigneten Laserschutzfiltern versehen sind oder diese durch eine Videoeinrichtung erfolgt?
- Ist bei LWLKS sichergestellt, dass Faserenden möglichst nur ohne Beaufschlagung von Laserstrahlung begutachtet werden?
- Ist bei LWLKS sichergestellt, dass der Laser gegen Wiedereinschalten gesichert ist?
- Ist bei LWLKS sichergestellt, dass vor dem Betrachten der Prüfaustrittstelle die Leistungsfreiheit mit einem geeigneten Leistungsmesser überprüft wurde?
- Ist bei LWLKS sichergestellt, dass Steckverbinder möglichst nur mit selbstschließenden Kappen benutzt werden?
- Ist bei LWLKS sichergestellt, dass bei Spleißarbeiten die Fasern so positioniert sind, dass eine eventuell austretende Laserstrahlung niemanden gefährden kann?
- Ist bei LWLKS sichergestellt, dass bei Faserbändchen die Fasern nur bei abgekoppeltem Sender gebrochen werden und ein spezielles Bandspleißgerät verwendet wird?

Medizin

- Ist beim medizinischen Einsatz sichergestellt, dass Instrumente, die dem Laser-strahl ausgesetzt werden können, matte, diffus reflektierende Oberflächen auf-weisen?
- Ist beim medizinischen Einsatz sichergestellt, dass Instrumente, die dem Laser-strahl ausgesetzt werden können, kleine Radien haben?
- Ist beim medizinischen Einsatz sichergestellt, dass Tuben, die dem Laserstrahl ausgesetzt werden können, schwer entflammbar sind?

Showlaser

- Sind Show- und Projektionslaser fest und unverrückbar eingebaut?
- Sind Show- und Projektionslaser für Unbefugte unzugänglich eingebaut?
- Ist bei Show- und Projektionslasern sichergestellt, dass richtungsverändernde Komponenten mit Blenden oder anderen Einrichtungen versehen sind, welche das Eindringen des Laserstrahls in den Zuschauerbereich verhindern?
- Ist bei Show- und Projektionslasern sichergestellt, dass unaufgeweitete Laser-strahlen in einer Höhe von mindestens 2,70 m verlaufen oder durch feste Ein-richtungen (Rohre) geführt werden?
- Ist bei Show- und Projektionslasern sichergestellt, dass Spiegel und rotierende Kugeln fest und unverrückbar angebracht sind?
- Ist bei Show- und Projektionslasern sichergestellt, dass fest eingestellte Laser-strahlung, sobald sie unterbrochen wird, (z. B. durch Eingreifen mit einem Hilfsmittel) ausgeschaltet wird?
- Ist bei Show- und Projektionslasern der Laserklasse 3R, 3B oder 4 sicher-gestellt, dass an keinem Auftreffort im Raum, auch bei längerer Bestrahlung, die Temperatur von 80 °C nicht überschritten wird?
- Ist ein Not-Halt-Taster zur jederzeitigen Abschaltung der Anlage von sicherer Stelle aus vorhanden?
- Ist bei Show- und Projektionslasern sichergestellt, dass die Lasereinrichtung mit einer Strahlüberwachung versehen ist?

Organisatorische Schutzmaßnahmen

Allgemein

- Sind bei Lasern der Klassen 3R, 3B und 4 Laserschutzbeauftragte nach §5 Abs. 2 OStrV und §6 DGUV Vorschrift 11 schriftlich bestellt?
- Wurden die Laserbereiche mit geeigneten Maßnahmen (z. B. schwer entflamm-bare Vorhänge oder Stellwände, Lichtschranken, Türverriegelungen, Absperr-ketten im Freien) abgegrenzt?
- Wurden die Zugänge zum Laserbereich mit einem Laserwarnschild gekenn-zeichnet?
- Wird der Einschaltzustand der Lasereinrichtung der Klasse 3R, 3B und 4 durch eine Warnleuchte angezeigt?
- Ist beim Lasereinsatz im Freien sichergestellt, dass Personen nicht in den Laserstrahl blicken können?

- Ist beim Lasereinsatz im Freien sichergestellt, dass Laserstrahlen nicht auf Personen oder Fahrzeuge gerichtet sind?
- Ist sichergestellt, dass Personen, die sich in Laserbereichen aufhalten, vor dem ersten Einsatz und danach mindestens einmal jährlich unterwiesen werden?
- Ist eine Betriebsanweisung vorhanden und für die Beschäftigten zugänglich?
- Ist die nach §22 Jugendschutzgesetz und §11 DGUV Vorschrift 11 geforderte Beschäftigungsbeschränkung von Jugendlichen sichergestellt (Laserklasse 3R, 3B und 4)?
- Ist sichergestellt, dass sich nur Personen im Laserbereich aufhalten, die dort zwingend erforderlich sind?
- Wurden die Beschäftigten darüber informiert, dass es besondere Gefährdungen bei bestimmten Vorerkrankungen gibt (z. B. durch Gespräch mit dem Arbeitsmediziner)?
- Wurde beim Lasereinsatz im Freien, welcher den Luftverkehr gefährden könnte, die Flugsicherungsbehörde informiert?
- Ist sichergestellt, dass Arbeiten im Laserbereich möglichst nicht allein ausgeführt werden?
- Ist sichergestellt, dass im Laserbereich keine stark reflektierenden Gegenstände (Uhren, Ringe, Ketten) getragen werden?
- Ist sichergestellt, dass Justierarbeiten möglichst mit Lasern der Laserklassen 1 und 2 bzw. mit abgeschwächter Leistung, die einem Laser der Klasse 1 oder 2 entsprechen würde, durchgeführt werden?
- Ist sichergestellt, dass alle Beschäftigten im Laserbereich über das Verhalten im Falle eines Unfalls unterwiesen wurden?
- Ist sichergestellt, dass die Anzahl der Zugänge zu Laserbereichen auf ein Mindestmaß begrenzt wurde?
- Ist eine allgemeine arbeitsmedizinische Beratung der betroffenen Beschäftigten sichergestellt?
- Wurden die Beschäftigten über die Möglichkeit einer Wunschvorsorge nach MedVV informiert?
- Sind geeignete Feuerlöscher in den Laserbereichen vorhanden (ggf. Absprache mit dem Brandschutzbeauftragten)?

Lichtwellenleiterkommunikationssysteme
- Wurde der Gefährdungsbereich festgelegt?
- Wurden Zugangsregelungen zum Laserbereich festgelegt?
- Ist sichergestellt, dass Gefährdungsbereiche ab Gefährdungsbereich 1M mit einem Warnschild und einem Hinweisschild gekennzeichnet sind?
- Ist sichergestellt, dass die Beschäftigten wissen, dass das Betrachten der Lichtwellenleiterenden ohne Schutzmaßnahmen verboten ist?
- Ist sichergestellt, dass die Fasern bei Spleißarbeiten so positioniert sind, dass von einem eventuell austretenden Strahl keine Gefährdung ausgehen kann?
- Ist sichergestellt, von anderen Stellen aus nicht zugeschaltet werden kann?
- Ist sichergestellt, dass beim Arbeiten an „Dark Fibres" nur mit Schutzmaßnahmen entsprechend der max. möglichen Strahlung von ca. 2 W gearbeitet wird?

Medizin

- Werden beim Lasereinsatz in der Medizin ein aktuelles Bestandsverzeichnis und ein Medizinproduktebuch geführt?
- Sind Zugänge zu medizinischen Laserbereichen schleusenartig ausgebaut?
- Ist eine wiederkehrende Prüfung der Lasereinrichtung durch eine befähigte Person festgelegt?

Showlaser

- Ist bei Showlasern, bei denen die Expositionsgrenzwerte auf der Bühne überschritten werden können, der Bühneneingang durch ein Warnschild gekennzeichnet?
- Ist bei Showlaseranlagen die permanente Überwachung durch den Bediener sichergestellt?
- Ist sichergestellt, dass Lasereinrichtungen vor der ersten Inbetriebnahme durch eine befähigte Person geprüft wurden?
- Ist sichergestellt, dass vor jeder Inbetriebnahme der Showlasereinrichtung die Justierung überprüft wurde?
- Ist sichergestellt, dass das Lasersystem mit einem Schlüsselschalter gegen Einschalten von unbefugten Personen gesichert ist?
- Ist sichergestellt, dass im Showlaserbereich nur schwer entflammbare Materialien Verwendung finden?

11.2   Beispiel einer Laserklassifizierung

An einem gepulsten Lasersystem wurden nach DIN EN Norm 60825-1 2008-05 folgende Parameter gemessen:

- Wellenlänge $\lambda = 532$ nm
- Impulsspitzenleistung $P_\mathrm{P} = 2{,}1$ mW
- Impulsbreite $t_\mathrm{P} = 50$ µs
- Impulswiederholfrequenz $f = 500$ Hz
- Direkter Strahl ($C_6 = 1$)

Fragestellung: In welche Laserklasse ist dieser Laser einzuordnen?

11.2.1   Vorgehensweise

Die gemessene Leistung lässt vermuten, dass dieser Laser in die Klasse 2 einzuordnen ist. Diese Annahme muss durch die Bestimmung der GZS-Werte für Klasse 2 bestätigt oder wiederlegt werden.

In der Norm findet man 3 Kriterien, welche jeweils eingehalten werden müssen. Diese sind:

1. Die Bestrahlung durch jeden Einzelimpuls einer Impulsfolge darf den GZS für den Einzelimpuls nicht überschreiten.

2. Die mittlere Leistung für eine Impulsfolge der Emissionsdauer t darf die Leistung entsprechend dem GZS für einen Einzelimpuls der Dauer t nicht überschreiten.
3. Die Energie je Impuls darf den GZS für einen einzelnen Impuls multipliziert mit dem Korrekturfaktor C_5 (für die Impulsfolge) nicht überschreiten.

Für eine Einordnung in die Laserklasse 2 müssen alle 3 Kriterien eingehalten werden. Für die Überprüfung als Laserklasse 2 findet die Zeitbasis 0,25 s Anwendung.

11.2.2 Berechnungen

1. Kriterium

Zunächst wird die Impulsenergie Q_{EP} eines Einzelimpulses berechnet:

$$Q_{EP} = P_P \cdot t = 2,1 \cdot 10^{-3}\text{W} \cdot 50 \cdot 10^{-6}\text{s} = 1,05 \cdot 10^{-7}\text{J}$$

Danach wird der GZS eines Einzelimpulses (EP) bestimmt: Für $t < 0{,}25$ s entspricht der GZS dem der Klasse 1. Aus Tab. 4 der DIN EN 60825-1 entnimmt man:

$$\text{GZS}_{EP} = 7 \cdot 10^{-4}\text{J} \cdot t^{0,75}\text{J} = 4,16 \cdot 10^{-7}\text{J}$$

Da $Q_{EP} < \text{GZS}_{EP}$ wird das 1. Kriterium für Klasse 2 eingehalten.

2. Kriterium

Nun wird überprüft, ob das 2. Kriterium eingehalten wird. Für t werden nun 0,25 s angenommen. Die mittlere Leistung P_m berechnet sich zu

$$P_m = Q_{EP} \cdot f = Q_{EP} \cdot f = 1,05 \cdot 10^{-7}\text{J} \cdot 500\frac{1}{\text{s}} = 5,25 \cdot 10^{-5}\text{W}$$

Für $t > 0{,}25$ s wird der GZS aus Tab. 6 der DIN EN 60825-1 entnommen

$$\text{GZS} = 1,00 \cdot 10^{-3}\text{W}$$

Da $P_0 < \text{GZS}$ wird das 2. Kriterium für Klasse 2 eingehalten.

3. Kriterium

Zum Schluss muss nun auch noch das 3. Kriterium überprüft werden. Hierzu wird der GZS für eine Impulsfolge bestimmt. Hierzu geht man folgendermaßen vor:

$$\text{GZS}_{EP,\text{Folge}} = \text{GZS}_{EP} \cdot C_5$$

Wobei $C_5 = N^{-0,25}$ mit N = der Anzahl der Impulse in der Zeitdauer t (in diesem Fall 0,25 s für Klasse 2) ist.

$$N = t \cdot f = 0.25\text{s} \cdot 500\frac{1}{\text{s}} = 125$$

$$C_5 = 125^{-0,25} = 0,3$$

$$\text{GZS}_{EP,\text{Folge}} = \text{GZS}_{EP} \cdot C_5 = 4,16 \cdot 10^{-7}\text{J} \cdot 0,3 = 1,25 \cdot 10^{-7}\text{J}$$

Da $Q_{EP} < GZS_{EP,Folge}$ ist auch das 3. Kriterium eingehalten und der Laser darf in die Laserklasse 2 eingestuft werden.

11.3 Formular zur Bestellung von Laserschutzbeauftragten

Bestellung zum Laserschutzbeauftragten nach § 5 Abs. 2 OStrV
Herr/Frau

_____

(Vorname, Name).
wird ab dem _____ für den Bereich/Betrieb _____
gemäß § 5 Abs. 2 der Verordnung zum Schutz der Beschäftigten vor Gefährdungen durch künstliche optische Strahlung (OStrV) zum/zur Laserschutzbeauftragten bestellt.

11.3.1 Aufgaben (Beispielhaft! Diese müssen betriebsspezifisch angepasst werden)

- Unterstützung des Arbeitgebers bei der Durchführung der Gefährdungsbeurteilung (Arbeitsbereiche benennen!)
- Unterstützung des Arbeitgebers bei der Durchführung der Schutzmaßnahmen
- Mitwirkung bei der Durchführung und Umsetzung der in der Gefährdungsbeurteilung festgelegten Maßnahmen
- Mitwirkung bei der Vorbereitung und Durchführung der Unterweisung
- Mitwirkung bei der Erstellung von Betriebsanweisungen
- Unterstützung des Betriebsarztes bei der arbeitsmedizinischen Vorsorge und Beratung zur medizinischen Versorgung bei Augenunfällen
- Überwachung des sicheren Betriebs von Lasern (Lasereinrichtungen benennen!)
- Mitwirkung bei der Inbetriebnahme, Service, Wartung der genannten Laseranlage
- Motivation von Beschäftigten für die Aufgaben des Laserschutzes
- Regelmäßige Überprüfung und Dokumentation der Wirksamkeit der getroffenen Schutzmaßnahmen
- Melden von Mängeln an den Vorgesetzten und ggf. Stillsetzung der Laseranlage
- Mitwirkung bei der Prüfung der Laseranlage und der persönlichen Schutzausrüstung
- Enge Zusammenarbeit mit Sicherheitsfachkraft und Betriebsarzt

11.3.2 Übertragung von Unternehmerpflichten

Zusätzliche Aufgaben des Laserschutzbeauftragten durch weitere Pflichtenübertragung gemäß § 13 „Grundsätze der Prävention" (DGUV Vorschrift 1) mit Weisungsbefugnissen und Verantwortung für den Betrieb von Laseranlagen:

- Abstellen von Mängeln, gegebenenfalls Stillsetzen der Laseranlagen
- Veranlassung von ärztlichen Untersuchungen bei vermuteten Laserunfällen

---

Ort, Datum, Unterschrift des
Laserschutzbeauftragten

Ort, Datum, Unterschrift des
Arbeitgebers

11.4 Formular für die jährliche Unterweisung

11.4.1 Nachweis der jährlichen Unterweisung zum Laserschutz nach OStrV(§ 8)

Unternehmen:
Arbeitsbereich:

Unterweisende Person/Funktion:

Bei der Unterweisung handelt es sich um eine:
O Ersteinweisung
O Wiederholungseinweisung
Bei der Art der Unterweisung handelt es sich um:
O einen Vortrag
O Video/Multimedia
Die nachfolgend genannten Mitarbeiter/innen bestätigen mit ihrer Unterschrift, über die Gefährdungen der Laseranlage aufgeklärt worden zu sein und die festgelegten Schutzmaßnahmen und Verhaltensregeln zu beachten.

Name des Mitarbeiters/der Mitarbeiterin	Unterschrift	Datum

Ziel der Unterweisung
Die Beschäftigten sollen über die Gefährdungen, die mit den vorhandenen Laseranlagen verbunden sind, informiert werden. Es wird auf die strikte Einhaltung der Schutzmaßnahmen hingewiesen, um Unfälle zu vermeiden.

Inhalt der Unterweisung
Die Unterweisung beruht auf den Ergebnissen der Gefährdungsbeurteilung und enthält u. a. folgende Informationen:

- Die mit der Tätigkeit verbundenen Gefährdungen durch Laserstrahlung, z. B. Entstehung eines Augenschadens, Entstehung eines Hautschadens, Entstehung von Bränden, Explosionen, Rauch;
- Maßnahmen zur Beseitigung oder zur Minimierung der Gefährdungen unter Berücksichtigung der Arbeitsschutzbedingungen, z. B. Festlegung, Kennzeichnung und Abgrenzung des Laserbereiches, Benutzung von Schutzbrillen, Wegstellen brennbarer Materialien;
- Laserklassen, Expositionsgrenzwerte und ihre Bedeutung;
- die Ergebnisse der Expositionsermittlung, ihre Bedeutung und Bewertung der Gefährdungen und gesundheitlichen Folgen;
- die Beschreibung sicherer Arbeitsverfahren zur Minimierung der Gefährdung;
- die sachgerechte Benutzung der persönlichen Schutzausrüstung, z. B. die Identifizierung und das Tragen einer Schutzbrille im Laserbereich;
- Verhalten bei Unfällen;
- Informationen zur Wunschvorsorge, ggf. Angebots-oder Pflichtvorsorge.

11.5   Beispiel für eine Betriebsanweisung

Das folgende Beispiel für eine Betriebsanweisung wurde der TROS Laserstrahlung Teil 3 Anlage 5 entnommen.

Beispiel	BETRIEBSANWEISUNG	
1. Anwendungsbereich		
	ARBEITSBEREICH: MUSTERBETRIEB **DATUM:** dd.mm.jjjj **RAUM:** Werkstatt **Name: UNTERSCHRIFT:** **ARBEITSPLATZ:** Laserschweißanlage, Nd:YAG 1000 W; Klasse 4	
	2. Gefährdungen für Menschen	
	Die bei der Bearbeitung auftretende Laserstrahlung und durch die Zusammenwirkung mit dem Material auftretende inkohärente optische Strahlung kann Gesundheitsschäden an Haut und Augen hervorrufen. Im Falle von durch die Laserstrahlung hervorgerufenen Bränden besteht Verbrennungs- und Erstickungsgefahr. An bzw. innerhalb des Lasergehäuses besteht durch die spannungsführenden Teile die Gefährdung des elektrischen Schlages bzw. Körperdurchströmung. Es kann zu tödlichen Verletzungen kommen	

Beispiel	BETRIEBSANWEISUNG	
	3. Schutzmaßnahmen und Verhaltensregeln	
	• Umgang mit der Laserschweißanlage gemäß **HANDBUCH: H00** • Persönliche Schutzausrüstung, Verwendung von Laserschutz- brillen LB 7 nach DIN EN 207 • Absaugung im Entstehungsbereich bei Laserschweißarbeiten einschalten • Beseitigen der Brand- und ggf. Explosionsgefahr • Lüftung (natürliche: Fenster, Türen, Tore; maschinelle: Ventilatoren)	
	4. Verhalten bei Störungen	
	• Bei Auftreten von Gefahren vor oder während der Arbeit ist der Vorgesetzte und der Arbeitsverantwortliche zu informieren. Name: Herr Mustermann Telefon: 1234 • Der Arbeitsverantwortliche ist berechtigt und verpflichtet, die Arbeiten zu stoppen oder abzubrechen • Bei Arbeitsunterbrechung ist der Arbeitsplatz abzusichern • Reparaturen der elektrischen Teile der Laseranlage nur von einer Elektrofachkraft durchführen lassen	
	5. Verhalten bei Unfällen	
	Bei Unfällen Maschine abschalten! Im Brandfall Löschversuche unternehmen! Verletzte bergen! Unfallstelle sichern, Notarzt verständigen, Erste Hilfe leisten! Notruf: 112 oder 9999 (Zentrale intern) Erste Hilfe: 112 oder 9999 (Zentrale intern) Telefonische Unfallmeldung an: Frau Musterfrau, 2233	
	6. Instandhaltung, Entsorgung	
	• Alle Wartungs- und Instandhaltungsarbeiten müssen bei ausgeschalteten Laserquellen in elektrisch spannungs- freiem Zustand durchgeführt werden. Wartungsarbeiten sowie einfache Reparaturen darf nur eine speziell unter- wiesene Person (Herr XX) durchführen • Schäden an der Lasermaschine dürfen nur von den dazu beauftragten Personen nach Betriebssicherheitsverordnung beseitigt werden (siehe Person XX) • Für die Instandhaltung ist zustän dig:_____	
	6. Abschluss der Arbeiten	
	Herstellen des ordnungsgemäßen und sicheren Arbeitsplatzes. Auf- räumen der Arbeitsstelle Kontrolle und Reinigung der Ausrüstungen und Hilfsmittel, leere Gasflaschen in das Lager bringen	

11.6   Arbeitsschutzverordnung zu künstlicher optischer Strahlung – OStrV vom 18. Oktober 2017

Inhaltsübersicht:

11.6.1   Abschn. 1 Anwendungsbereich und Begriffsbestimmungen

§ 1 Anwendungsbereich

(1) Diese Verordnung gilt zum Schutz der Beschäftigten bei der Arbeit vor tatsächlichen oder möglichen Gefährdungen ihrer Gesundheit und Sicherheit durch optische Strahlung aus künstlichen Strahlungsquellen. Sie betrifft insbesondere die Gefährdungen der Augen und der Haut.

(2) Die Verordnung gilt nicht in Betrieben, die dem Bundesberggesetz unterliegen, soweit dort oder in den auf Grund dieses Gesetzes erlassenen Rechtsverordnungen entsprechende Rechtsvorschriften bestehen.

(3) Das Bundesministerium der Verteidigung kann für Beschäftigte, für die tatsächliche oder mögliche Gefährdungen ihrer Gesundheit und Sicherheit durch künstliche optische Strahlung bestehen, Ausnahmen von den Vorschriften dieser Verordnung zulassen, soweit öffentliche Belange dies zwingend erfordern, insbesondere für Zwecke der Verteidigung oder zur Erfüllung zwischenstaatlicher Verpflichtungen der Bundesrepublik Deutschland. In diesem Fall ist gleichzeitig

festzulegen, wie die Sicherheit und der Gesundheitsschutz der Beschäftigten nach dieser Verordnung auf andere Weise gewährleistet werden können.

§ 2 Begriffsbestimmungen
(1) Optische Strahlung ist jede elektromagnetische Strahlung im Wellenlängenbereich von 100 nm bis 1 mm. Das Spektrum der optischen Strahlung wird unterteilt in ultraviolette Strahlung, sichtbare Strahlung und Infrarotstrahlung:
1. Ultraviolette Strahlung ist die optische Strahlung im Wellenlängenbereich von 100 bis 400 nm (UV-Strahlung); das Spektrum der UV-Strahlung wird unterteilt in UV-A-Strahlung (315 bis 400 nm), UV-B-Strahlung (280 bis 315 nm) und UV-C-Strahlung (100 bis 280 nm);
2. sichtbare Strahlung ist die optische Strahlung im Wellenlängenbereich von 380 bis 780 nm;
3. Infrarotstrahlung ist die optische Strahlung im Wellenlängenbereich von 780 nm bis 1 mm (IR-Strahlung); das Spektrum der IR-Strahlung wird unterteilt in IR-A-Strahlung (780 bis 1400 nm), IR-B-Strahlung (1400 bis 3000 nm) und IR-C-Strahlung (3000 nm bis 1 mm).
(2) Künstliche optische Strahlung im Sinne dieser Verordnung ist jede optische Strahlung, die von künstlichen Strahlungsquellen ausgeht.
(3) Laserstrahlung ist durch einen Laser erzeugte kohärente optische Strahlung. Laser sind Geräte oder Einrichtungen zur Erzeugung und Verstärkung von kohärenter optischer Strahlung.
(4) Inkohärente künstliche optische Strahlung ist jede künstliche optische Strahlung außer Laserstrahlung.
(5) Expositionsgrenzwerte sind maximal zulässige Werte bei Exposition der Augen oder der Haut durch künstliche optische Strahlung.
(6) Bestrahlungsstärke oder Leistungsdichte ist die auf eine Fläche fallende Strahlungsleistung je Flächeneinheit, ausgedrückt in Watt pro Quadratmeter.
(7) Bestrahlung ist das Integral der Bestrahlungsstärke über die Zeit, ausgedrückt in Joule pro Quadratmeter.
(8) Strahldichte ist der Strahlungsfluss oder die Strahlungsleistung je Einheitsraumwinkel je Flächeneinheit, ausgedrückt in Watt pro Quadratmeter pro Steradiant.
(9) Ausmaß ist die kombinierte Wirkung von Bestrahlungsstärke, Bestrahlung und Strahldichte von künstlicher optischer Strahlung, der Beschäftigte ausgesetzt sind.
(10) Fachkundig ist, wer über die erforderlichen Fachkenntnisse zur Ausübung einer in dieser Verordnung bestimmten Aufgabe verfügt. Die Anforderungen an die Fachkunde sind abhängig von der jeweiligen Art der Aufgabe. Zu den Anforderungen zählen eine entsprechende Berufsausbildung oder Berufserfahrung jeweils in Verbindung mit einer zeitnah ausgeübten einschlägigen beruflichen Tätigkeit sowie die Teilnahme an spezifischen Fortbildungsmaßnahmen.

(11) Stand der Technik ist der Entwicklungsstand fortschrittlicher Verfahren, Einrichtungen oder Betriebsweisen, der die praktische Eignung einer Maßnahme zum Schutz der Gesundheit und zur Sicherheit der Beschäftigten gesichert erscheinen lässt. Bei der Bestimmung des Standes der Technik sind insbesondere vergleichbare Verfahren, Einrichtungen oder Betriebsweisen heranzuziehen, die mit Erfolg in der Praxis erprobt worden sind. Gleiches gilt für die Anforderungen an die Arbeitsmedizin und Arbeitshygiene.

(12) Den Beschäftigten stehen Schülerinnen und Schüler, Studierende und sonstige in Ausbildungseinrichtungen tätige Personen, die bei ihren Tätigkeiten künstlicher optischer Strahlung ausgesetzt sind, gleich.

11.6.2   Abschn. 2 Ermittlung und Bewertung der Gefährdungen durch künstliche optische Strahlung; Messungen

§ 3 Gefährdungsbeurteilung

(1) Bei der Beurteilung der Arbeitsbedingungen nach § 5 des Arbeitsschutzgesetzes hat der Arbeitgeber zunächst festzustellen, ob künstliche optische Strahlung am Arbeitsplatz von Beschäftigten auftritt oder auftreten kann. Ist dies der Fall, hat er alle hiervon ausgehenden Gefährdungen für die Gesundheit und Sicherheit der Beschäftigten zu beurteilen. Er hat die auftretenden Expositionen durch künstliche optische Strahlung am Arbeitsplatz zu ermitteln und zu bewerten. Für die Beschäftigten ist in jedem Fall eine Gefährdung gegeben, wenn die Expositionsgrenzwerte nach § 6 überschritten werden. Der Arbeitgeber kann sich die notwendigen Informationen beim Hersteller oder Inverkehrbringer der verwendeten Arbeitsmittel oder mit Hilfe anderer ohne Weiteres zugänglicher Quellen beschaffen. Lässt sich nicht sicher feststellen, ob die Expositionsgrenzwerte nach § 6 eingehalten werden, hat er den Umfang der Exposition durch Berechnungen oder Messungen nach § 4 festzustellen. Entsprechend dem Ergebnis der Gefährdungsbeurteilung hat der Arbeitgeber Schutzmaßnahmen nach dem Stand der Technik festzulegen.

(2) Bei der Gefährdungsbeurteilung nach Absatz 1 ist insbesondere Folgendes zu berücksichtigen:

  1. Art, Ausmaß und Dauer der Exposition durch künstliche optische Strahlung,
  2. der Wellenlängenbereich der künstlichen optischen Strahlung,
  3. die in § 6 genannten Expositionsgrenzwerte,
  4. alle Auswirkungen auf die Gesundheit und Sicherheit von Beschäftigten, die besonders gefährdeten Gruppen angehören,
  5. alle möglichen Auswirkungen auf die Sicherheit und Gesundheit von Beschäftigten, die sich aus dem Zusammenwirken von künstlicher optischer Strahlung und fotosensibilisierenden chemischen Stoffen am Arbeitsplatz ergeben können,

6. alle indirekten Auswirkungen auf die Sicherheit und Gesundheit der Beschäftigten, zum Beispiel durch Blendung, Brand- und Explosionsgefahr,

7. die Verfügbarkeit und die Möglichkeit des Einsatzes alternativer Arbeitsmittel und Ausrüstungen, die zu einer geringeren Exposition der Beschäftigten führen (Substitutionsprüfung),

8. Erkenntnisse aus arbeitsmedizinischen Vorsorgeuntersuchungen sowie hierzu allgemein zugängliche, veröffentlichte Informationen,

9. die Exposition der Beschäftigten durch künstliche optische Strahlung aus mehreren Quellen,

10. die Herstellerangaben zu optischen Strahlungsquellen und anderen Arbeitsmitteln,

11. die Klassifizierung der Lasereinrichtungen und gegebenenfalls der in den Lasereinrichtungen zum Einsatz kommenden Laser nach dem Stand der Technik,

12. die Klassifizierung von inkohärenten optischen Strahlungsquellen nach dem Stand der Technik, von denen vergleichbare Gefährdungen wie bei Lasern der Klassen 3R, 3B oder 4 ausgehen können,

13. die Arbeitsplatz- und Expositionsbedingungen, die zum Beispiel im Normalbetrieb, bei Einrichtvorgängen sowie bei Instandhaltungs- und Reparaturarbeiten auftreten können.

(3) Vor Aufnahme einer Tätigkeit hat der Arbeitgeber die Gefährdungsbeurteilung durchzuführen und die erforderlichen Schutzmaßnahmen zu treffen. Die Gefährdungsbeurteilung ist regelmäßig zu überprüfen und gegebenenfalls zu aktualisieren, insbesondere wenn maßgebliche Veränderungen der Arbeitsbedingungen dies erforderlich machen. Die Schutzmaßnahmen sind gegebenenfalls anzupassen.

(4) Der Arbeitgeber hat die Gefährdungsbeurteilung unabhängig von der Zahl der Beschäftigten vor Aufnahme der Tätigkeit in einer Form zu dokumentieren, die eine spätere Einsichtnahme ermöglicht. In der Dokumentation ist anzugeben, welche Gefährdungen am Arbeitsplatz auftreten können und welche Maßnahmen zur Vermeidung oder Minimierung der Gefährdung der Beschäftigten durchgeführt werden müssen. Der Arbeitgeber hat die ermittelten Ergebnisse aus Messungen und Berechnungen in einer Form aufzubewahren, die eine spätere Einsichtnahme ermöglicht. Für Expositionen durch künstliche ultraviolette Strahlung sind entsprechende Unterlagen mindestens 30 Jahre aufzubewahren.

§ 4 Messungen und Berechnungen

(1) Der Arbeitgeber hat sicherzustellen, dass Messungen und Berechnungen nach dem Stand der Technik fachkundig geplant und durchgeführt werden. Dazu müssen Messverfahren und -geräte sowie eventuell erforderliche Berechnungsverfahren

1. den vorhandenen Arbeitsplatz- und Expositionsbedingungen hinsichtlich der betreffenden künstlichen optischen Strahlung angepasst sein und

2. geeignet sein, die jeweiligen physikalischen Größen zu bestimmen; die Messergebnisse müssen die Entscheidung erlauben, ob die in § 6 genannten Expositionsgrenzwerte eingehalten werden.

(2) Die durchzuführenden Messungen können auch eine Stichprobenerhebung umfassen, die für die persönliche Exposition der Beschäftigten repräsentativ ist.

§ 5 Fachkundige Personen, Laserschutzbeauftragter

(1) Der Arbeitgeber hat sicherzustellen, dass die Gefährdungsbeurteilung, die Messungen und die Berechnungen nur von fachkundigen Personen durchgeführt werden. Verfügt der Arbeitgeber nicht selbst über die entsprechenden Kenntnisse, hat er sich fachkundig beraten zu lassen.

(2) Vor der Aufnahme des Betriebs von Lasereinrichtungen der Klassen 3R, 3B und 4 hat der Arbeitgeber, sofern er nicht selbst über die erforderlichen Fachkenntnisse verfügt, einen Laserschutzbeauftragten schriftlich zu bestellen. Der Laserschutzbeauftragte muss über die für seine Aufgaben erforderlichen Fachkenntnisse verfügen. Die fachliche Qualifikation ist durch die erfolgreiche Teilnahme an einem Lehrgang nachzuweisen und durch Fortbildungen auf aktuellem Stand zu halten. Der Laserschutzbeauftragte unterstützt den Arbeitgeber
1. bei der Durchführung der Gefährdungsbeurteilung nach § 3,
2. bei der Durchführung der notwendigen Schutzmaßnahmen nach § 7 und
3. bei der Überwachung des sicheren Betriebs von Lasern nach Satz 1.

Bei der Wahrnehmung seiner Aufgaben arbeitet der Laserschutzbeauftragte mit der Fachkraft für Arbeitssicherheit und dem Betriebsarzt zusammen.

11.6.3 Abschn. 3 Expositionsgrenzwerte für und Schutzmaßnahmen gegen künstliche optische Strahlung

§ 6 Expositionsgrenzwerte für künstliche optische Strahlung

(1) Die Expositionsgrenzwerte für inkohärente künstliche optische Strahlung entsprechen den festgelegten Werten im Anhang I der Richtlinie 2006/25/EG des Europäischen Parlaments und des Rates vom 5. April 2006 über Mindestvorschriften zum Schutz von Sicherheit und Gesundheit der Arbeitnehmer vor der Gefährdung durch physikalische Einwirkungen (künstliche optische Strahlung) (19. Einzelrichtlinie im Sinne des Artikels 16 Absatz 1 der Richtlinie 89/391/EWG) (ABl. L 114 vom 27.4.2006, S. 38) in der jeweils geltenden Fassung.

(2) Die Expositionsgrenzwerte für Laserstrahlung entsprechen den festgelegten Werten im Anhang II der Richtlinie 2006/25/EG des Europäischen Parlaments und des Rates vom 5. April 2006 über Mindestvorschriften zum Schutz von Sicherheit und Gesundheit der Arbeitnehmer vor der Gefährdung durch

physikalische Einwirkungen (künstliche optische Strahlung) (19. Einzelrichtlinie im Sinne des Artikels 16 Absatz 1 der Richtlinie 89/391/EWG) (ABl. L
114 vom 27.4.2006, S. 38) in der jeweils geltenden Fassung.

(3) Die Expositionsgrenzwerte für Laserstrahlung entsprechen den festgelegten
Werten im Anhang II der Richtlinie 2006/25/EG des Europäischen Parlaments und des Rates vom 5. April 2006 über Mindestvorschriften zum Schutz
von Sicherheit und Gesundheit der Arbeitnehmer vor der Gefährdung durch
physikalische Einwirkungen (künstliche optische Strahlung) (19. Einzelrichtlinie im Sinne des Artikels 16 Absatz 1 der Richtlinie 89/391/EWG) (ABl. L
114 vom 27.4.2006, S. 38) in der jeweils geltenden Fassung. § 7 Maßnahmen
zur Vermeidung und Verringerung der Gefährdungen von Beschäftigten durch
künstliche optische Strahlung

§ 7 Maßnahmen zur Vermeidung und Verringerung der Gefährdungen von Beschäftigten durch künstliche optische Strahlung

(1) Der Arbeitgeber hat die nach § 3 Absatz 1 Satz 7 festgelegten
Schutzmaßnahmen nach dem Stand der Technik durchzuführen, um
Gefährdungen der Beschäftigten auszuschließen oder so weit wie möglich zu verringern. Dazu sind die Entstehung und die Ausbreitung künstlicher optischer Strahlung vorrangig an der Quelle zu verhindern oder auf
ein Minimum zu reduzieren. Bei der Durchführung der Maßnahmen hat
der Arbeitgeber dafür zu sorgen, dass die Expositionsgrenzwerte für die
Beschäftigten gemäß § 6 nicht überschritten werden. Technische Maßnahmen
zur Vermeidung oder Verringerung der künstlichen optischen Strahlung
haben Vorrang vor organisatorischen und individuellen Maßnahmen. Persönliche Schutzausrüstungen sind dann zu verwenden, wenn technische und
organisatorische Maßnahmen nicht ausreichen oder nicht anwendbar sind.

(2) Zu den Maßnahmen nach Absatz 1 gehören insbesondere:
1. alternative Arbeitsverfahren, welche die Exposition der Beschäftigten
   durch künstliche optische Strahlung verringern,
2. Auswahl und Einsatz von Arbeitsmitteln, die in geringerem Maße künstliche optische Strahlung emittieren,
3. technische Maßnahmen zur Verringerung der Exposition der Beschäftigten
   durch künstliche optische Strahlung, falls erforderlich auch unter Einsatz von Verriegelungseinrichtungen, Abschirmungen oder vergleichbaren
   Sicherheitseinrichtungen,
4. Wartungsprogramme für Arbeitsmittel, Arbeitsplätze und Anlagen,
5. die Gestaltung und die Einrichtung der Arbeitsstätten und Arbeitsplätze,
6. organisatorische Maßnahmen zur Begrenzung von Ausmaß und Dauer der
   Exposition,
7. Auswahl und Einsatz einer geeigneten persönlichen Schutzausrüstung,
8. die Verwendung der Arbeitsmittel nach den Herstellerangaben.

(3) Der Arbeitgeber hat Arbeitsbereiche zu kennzeichnen, in denen die
Expositionsgrenzwerte für künstliche optische Strahlung überschritten werden
können. Die Kennzeichnung muss deutlich erkennbar und dauerhaft sein.

Sie kann beispielsweise durch Warn-, Hinweis- und Zusatzzeichen sowie Verbotszeichen und Warnleuchten erfolgen. Die betreffenden Arbeitsbereiche sind abzugrenzen und der Zugang ist für Unbefugte einzuschränken, wenn dies technisch möglich ist. In diesen Bereichen dürfen Beschäftigte nur tätig werden, wenn das Arbeitsverfahren dies erfordert; Absatz 1 bleibt unberührt.

(4) Werden die Expositionsgrenzwerte trotz der durchgeführten Maßnahmen nach Absatz 1 überschritten, hat der Arbeitgeber unverzüglich weitere Maßnahmen nach Absatz 2 durchzuführen, um die Exposition der Beschäftigten auf einen Wert unterhalb der Expositionsgrenzwerte zu senken. Der Arbeitgeber hat die Gefährdungsbeurteilung nach § 3 zu wiederholen, um die Gründe für die Grenzwertüberschreitung zu ermitteln. Die Schutzmaßnahmen sind so anzupassen, dass ein erneutes Überschreiten der Grenzwerte verhindert wird.

11.6.4   Abschn. 4 Unterweisung der Beschäftigten bei Gefährdungen durch künstliche optische Strahlung; Beratung durch den Ausschuss für Betriebssicherheit

§ 8 Unterweisung der Beschäftigten

(1) Bei Gefährdungen der Beschäftigten durch künstliche optische Strahlung am Arbeitsplatz stellt der Arbeitgeber sicher, dass die betroffenen Beschäftigten eine Unterweisung erhalten, die auf den Ergebnissen der Gefährdungsbeurteilung beruht und die Aufschluss über die am Arbeitsplatz auftretenden Gefährdungen gibt. Sie muss vor Aufnahme der Beschäftigung, danach in regelmäßigen Abständen, mindestens jedoch jährlich, und sofort bei wesentlichen Änderungen der gefährdenden Tätigkeit erfolgen. Die Unterweisung muss mindestens folgende Informationen enthalten:

1. die mit der Tätigkeit verbundenen Gefährdungen,
2. die durchgeführten Maßnahmen zur Beseitigung oder zur Minimierung der Gefährdung unter Berücksichtigung der Arbeitsplatzbedingungen,
3. die Expositionsgrenzwerte und ihre Bedeutung,
4. die Ergebnisse der Expositionsermittlung zusammen mit der Erläuterung ihrer Bedeutung und der Bewertung der damit verbundenen möglichen Gefährdungen und gesundheitlichen Folgen,
5. die Beschreibung sicherer Arbeitsverfahren zur Minimierung der Gefährdung auf Grund der Exposition durch künstliche optische Strahlung,
6. die sachgerechte Verwendung der persönlichen Schutzausrüstung.

Die Unterweisung muss in einer für die Beschäftigten verständlichen Form und Sprache erfolgen.

(2) Können bei Tätigkeiten am Arbeitsplatz die Grenzwerte nach § 6 für künstliche optische Strahlung überschritten werden, stellt der Arbeitgeber sicher, dass die betroffenen Beschäftigten arbeitsmedizinisch beraten werden. Die

Beschäftigten sind dabei auch über den Zweck der arbeitsmedizinischen Vorsorgeuntersuchungen zu informieren und darüber, unter welchen Voraussetzungen sie Anspruch auf diese haben. Die Beratung kann im Rahmen der Unterweisung nach Absatz 1 erfolgen. Falls erforderlich, hat der Arbeitgeber den Arzt nach § 7 Absatz 1 der Verordnung zur arbeitsmedizinischen Vorsorge zu beteiligen.

§ 9 Beratung durch den Ausschuss für Betriebssicherheit
Das Bundesministerium für Arbeit und Soziales wird in allen Fragen der Sicherheit und des Gesundheitsschutzes bei künstlicher optischer Strahlung durch den Ausschuss nach § 21 der Betriebssicherheitsverordnung beraten. § 21 Absatz 5 und 6 der Betriebssicherheitsverordnung gilt entsprechend.

11.6.5   Abschn. 5 Ausnahmen; Straftaten und Ordnungswidrigkeiten

§ 10 Ausnahmen
(1) Die zuständige Behörde kann auf schriftlichen Antrag des Arbeitgebers Ausnahmen von den Vorschriften des § 7 zulassen, wenn die Durchführung der Vorschrift im Einzelfall zu einer unverhältnismäßigen Härte führen würde und die Abweichung mit dem Schutz der Beschäftigten vereinbar ist. Diese Ausnahmen können mit Nebenbestimmungen verbunden werden, die unter Berücksichtigung der besonderen Umstände gewährleisten, dass die Gefährdungen, die sich aus den Ausnahmen ergeben können, auf ein Minimum reduziert werden. Die Ausnahmen sind spätestens nach vier Jahren zu überprüfen; sie sind aufzuheben, sobald die Umstände, die sie gerechtfertigt haben, nicht mehr gegeben sind. Der Antrag des Arbeitgebers muss mindestens Angaben enthalten zu
   1. der Gefährdungsbeurteilung einschließlich der Dokumentation,
   2. Art, Ausmaß und Dauer der Exposition durch die künstliche optische Strahlung,
   3. dem Wellenlängenbereich der künstlichen optischen Strahlung,
   4. dem Stand der Technik bezüglich der Tätigkeiten und der Arbeitsverfahren sowie zu den technischen, organisatorischen und persönlichen Schutzmaßnahmen,
   5. den Lösungsvorschlägen, wie die Exposition der Beschäftigten reduziert werden kann, um die Expositionswerte einzuhalten, sowie einen Zeitplan hierfür.

Der Antrag des Arbeitgebers kann in Papierform oder elektronisch übermittelt werden.

(2) Eine Ausnahme nach Absatz 1 Satz 1 kann auch im Zusammenhang mit Verwaltungsverfahren nach anderen Rechtsvorschriften beantragt werden.

§ 11 Straftaten und Ordnungswidrigkeiten

(1) Ordnungswidrig im Sinne des § 25 Absatz 1 Nr. 1 des Arbeitsschutzgesetzes handelt, wer vorsätzlich oder fahrlässig

1. entgegen § 3 Absatz 3 Satz 1 Beschäftigte eine Tätigkeit aufnehmen lässt,
2. entgegen § 3 Absatz 4 Satz 1 und 2 eine Gefährdungsbeurteilung nicht richtig, nicht vollständig oder nicht rechtzeitig dokumentiert,
3. entgegen § 4 Absatz 1 Satz 1 nicht sicherstellt, dass eine Messung oder eine Berechnung nach dem Stand der Technik durchgeführt wird,
4. entgegen § 5 Absatz 1 Satz 1 nicht sicherstellt, dass die Gefährdungs-beurteilung, die Messungen oder die Berechnungen von fachkundigen Personen durchgeführt werden,
5. entgegen § 5 Absatz 2 Satz 1 einen Laserschutzbeauftragten nicht schrift-lich bestellt,
5a. entgegen § 5 Absatz 2 Satz 2 einen Laserschutzbeauftragten bestellt, der nicht über die für seine Aufgaben erforderlichen Fachkenntnisse verfügt,
6. entgegen § 7 Absatz 3 Satz 1 einen Arbeitsbereich nicht kennzeichnet,
7. entgegen § 7 Absatz 3 Satz 4 einen Arbeitsbereich nicht abgrenzt,
8. entgegen § 7 Absatz 4 Satz 1 eine Maßnahme nicht oder nicht rechtzeitig durchführt oder
9. entgegen § 8 Absatz 1 Satz 1 nicht sicherstellt, dass ein Beschäftigter eine Unterweisung in der vorgeschriebenen Weise erhält.

(2) Wer durch eine in Absatz 1 bezeichnete vorsätzliche Handlung das Leben oder die Gesundheit von Beschäftigten gefährdet, ist nach § 26 Nr. 2 des Arbeitsschutzgesetzes strafbar.

11.7 Formelsammlung und Begriffe

11.7.1 Physikalische Begriffe

Wellenlänge λ in nm
UV (Ultraviolett): 100 nm–400 nm
IR (Infrarot): 700 nm–1 mm

VIS (Sichtbare Strahlung):

- Im Laserschutz Definition nach IEC und TROS Laserstrahlung und DGUV V11: 400 nm–700 nm.
- Definition sichtbare inkohärente Strahlung nach DIN 5031-7: 380 nm–780 nm und TROS Inkohärente Optische Strahlung (IOS).

11.7.2 Mathematische Begriffe

Bogenmaß und Winkelgrad:
   1 rad $=360°/2\pi = 57{,}3°$
   $1° = 0{,}0175$ rad
   Kreisfläche A in m^2.
   $A = \pi \cdot r^2$, Kreisradius r.

11.7.3 Strahlparameter

Strahlungsenergie Q in J $=$ Ws
   $Q =$ Leistung $P \cdot$ Zeit t
   Leistung P in W $=J/s$
   $P = Q/t$

Strahlparameter für Dauerstrichlaser Dauerstrichleistung P in W $= J/s$.
   Ausgangsleistung eines Dauerstrichlasers (cw $=$ continous wave).

Strahlparameter für Pulslaser Pulsfolgefrequenz f in $1/s =$ Hz
   $f =$ Anzahl der Pulse N/Zeit t
   Pulsdauer t_H in s
   Pulsenergie Q in J $=$ Ws
   $Q =$ Energie eines Impulses

   Impulsspitzenleistung P_P in W $= J/s$
$$P_P = Q/t_H$$

   Mittlere Leistung P_m in W $= J/s$
$$P_m = Q \cdot f$$
$$P_m = P_P \cdot t_H \cdot f$$

Geometrische Strahlparameter (für die Grundmode TEM 00)
Strahldurchmesser d_{63}.
   Der Strahldurchmesser d_{63} ist der Durchmesser, der 63 % der gesamten Strahlungsleistung (oder Energie) umfasst. In diesem Falle fällt die Bestrahlungsstärke auf 1/e (37 %) des Maximalwerts ab.
   Bemerkung: Laserhersteller geben für den Strahldurchmesser meist den 1/e^2-Wert an, der um den Faktor $\sqrt{2} = 1{,}41$ größer ist. Diesen bezeichnet man dann als d_{86}.

Strahldurchmesser im Fokus einer Linse d'_{63}

$$d'_{63} = \frac{\lambda \cdot f}{\pi \cdot d_{63}}$$

f = Brennweite der Linse, d_{63} = Strahldurchmesser an der Linse.

Rayleigh-Länge z in m

$$z = \frac{d_{63}^2 \cdot \pi}{4 \cdot \lambda}$$

Divergenz φ in rad

$$\varphi_{63} = \frac{\lambda}{\pi \cdot d_{63}}$$

Bemerkung: Laserhersteller geben oft eine Divergenz φ_{86} an, die um den Faktor $\sqrt{2} = 1,41$ größer ist.

Vereinfacht gilt für den Durchmesser $d(x)$ in der Entfernung x:
$d(x) = \varphi \cdot$ Entfernung x

Bemerkung: Die obige Formel gilt näherungsweise für kleine Winkel φ ($\tan\varphi \approx \varphi$).
Beispiel:
Eine Divergenz von 2 mrad bedeutet, dass sich der Laserstrahl in einer Entfernung von 1000 mm um 2 mm oder nach 1000 m auf 2 m aufweitet.

Parameter für die Bestrahlung

Gesamtenergie Q in J = Ws

$$Q = P_m \cdot t$$

Bestrahlungsstärke E in $\frac{W}{m^2}$

$$E = \frac{P}{A}$$

Bestrahlung H in $\frac{J}{m^2}$

$$H = \frac{Q}{A}$$

H_{EGW}, E_{EGW} = Expositionsgrenzwerte.

Nominal ocular hazard distance (NOHD)
cw-Laser:

$$NOHD = \frac{\sqrt{\frac{4 \cdot P}{\pi \cdot E_{EGW}}} - d_{63}}{\varphi}$$

d_{63} = anfänglicher Strahldurchmesser

Impulslaser (Einzelimpuls):

$$\text{NOHD} = \frac{\sqrt{\frac{4 \cdot Q}{\pi \cdot H_{\text{EGW}}}} - d_{63}}{\varphi}$$

Bemerkung: Die obige Formel gilt näherungsweise für kleine Winkel φ($\tan\varphi \approx \varphi$). Bei Impulsfolgen wird der NOHD-Wert größer.

11.8   Erweiterte Aufgabensammlung

Die folgenden Aufgaben sind etwas komplexer als die Aufgaben in den Kapiteln. Sie dienen der Weiterbildung und gehen teilweise in ihrem Anspruch über das geforderte Wissen der Laserschutzbeauftragten hinaus. Für die Lösung der Aufgaben werden die Tabellen aus der TROS Laserstrahlung Teil 2 Anwendung finden.

11.8.1   Berechnungen zur Energiedichte (= Bestrahlung) H

1. Ein Laser mit einer Strahlfläche von $A = 72 \text{ mm}^2 = 72 \cdot 10^{-6} \text{ m}^2$ strahlt mit einer Leistung von $P = 350 \text{ mW} = 0,35 \text{ W}$ über eine Zeit von $t = 10$ s. Berechnen Sie:

   (a) die abgestrahlte Energie Q,
   (b) die Energiedichte H im Laserstrahl,
   (c) die Leistungsdichte E im Laserstrahl.

Formeln:
Energie Q = Leistung P · Bestrahlungszeit t
Energiedichte H = Energie Q/Strahlfläche A
Leistungsdichte E = Energiedichte H/Bestrahlungszeit t
Lösung:
   (a) Abgestrahlte Energie: $Q = P \cdot t = 0,35 \cdot 10 \text{ Ws} = 3,5 \text{ J}$.
   (b) Energiedichte: $H = \frac{Q}{A} = \frac{3,5}{72 \cdot 10^{-6}} \text{J/m}^2 = 4,9 \cdot 10^4 \, \frac{\text{J}}{\text{m}^2}$.
   (c) Leistungsdichte: $E = \frac{H}{t} = \frac{4,9 \cdot 10^4}{10} \, \frac{\text{W}}{\text{m}^2} = 4,9 \cdot 10^3 \, \frac{\text{W}}{\text{m}^2}$.

2. Ein kontinuierlich strahlender Diodenlaser mit einer Leistung von $P = 60 \text{ W}$ strahlt $t = 100$ s lang mit einer Strahlfläche von $A = 2 \text{ mm}^2$. Berechnen Sie:

   (a) die Bestrahlungsstärke E und
   (b) die Bestrahlung H.

Lösung:
   (a) Bestrahlungsstärke: $E = \frac{P}{A} = \frac{60}{2 \cdot 10^{-6}} \, \frac{\text{W}}{\text{m}^2} = 3 \cdot 10^7 \, \frac{\text{W}}{\text{m}^2}$.
   (b) Bestrahlung: $H = E \cdot t = 3 \cdot 10^7 \cdot 100 \, \frac{\text{J}}{\text{m}^2} = 3 \cdot 10^9 \, \frac{\text{J}}{\text{m}^2}$.

11.8.2 Berechnungen zur Impulsenergie Q und Impulsspitzenleistung P_P

3. (a) Ein CO_2-Laser mit einer Impulsbreite von $t_P = 1\mu$ s hat eine Impulsenergie von $Q = 1$ J. Wie groß ist die Impulsspitzenleistung P_P?

Formel:

$$P_P = \frac{Q}{t_P}$$

(b) Wie groß ist die mittlere Leistung P_m bei einer Impulsfolgefrequenz von $f = 1000$ Hz?

Formel:

$$P_m = Q \cdot f$$

(c) Der Laserstrahl hat eine Strahlfläche von $A = 10$ mm². Wie groß sind Bestrahlungsstärke E und Bestrahlung H bei einem Einzelpuls?

Lösung:

(3a) Impulsspitzenleistung: $P_P = \frac{Q}{t_P} = \frac{1}{10^{-6}}\frac{J}{s} = 10^6$ W.

(3b) Mittlere Leistung: $P_m = Q \cdot f = 1 \cdot 1000\frac{J}{s} = 1000|$ W

(3c) Bestrahlungsstärke: $E = \frac{P_P}{A} = \frac{10^6}{10 \cdot 10^{-6}}\frac{W}{m^2} = 10^{11}\frac{W}{m^2}$.

Bestrahlung: $H = \frac{Q}{A} = \frac{1}{10 \cdot 10^{-6}}\frac{J}{m^2} = 10^5\frac{J}{m^2}$.

11.8.3 Aufgaben zu Wellenlängen

4. Geben Sie die ungefähren Wellenlängen für Strahlung im UV, Blau, Grün, Rot und IR an.

Lösung:
UV-C: 100–280 nm, UV-B: 280–315 nm, UV-A: 315–400 nm,
Blau: ca. 440–500 nm, Grün: ca. 500–550 nm, Rot: ca. 620–700 nm,
IR-A: 700–1400 nm, IR-B: 1400–3000 nm, IR-C: 3000 nm–1 mm.

11.8.4 Berechnungen zur Strahldivergenz φ

5. Der Strahl eines Diodenlasers breitet sich mit einem Divergenzwinkel von $\varphi = 30°$ aus. Wie groß ist der Stahlradius r' in $z = 35$ cm Entfernung?

Formel (Strahlradius am Laserausgang vernachlässigt):

$$r' = z \cdot \tan \varphi/2$$

Bitte beachten: An ihrem Taschenrechner können Sie angeben, ob der Winkel φ in Winkelgrad (*degree*) oder im Bogenmaß (rad) angeben wird.
Lösung:
Strahlradius: $r' = z \cdot \tan \frac{\varphi}{2} = 35 \cdot \tan 15^\circ = 9,37$ cm..

6. Ein Laserstrahl mit dem Radius von $r = 0,5$ mm breitet sich mit einem Divergenzwinkel von $\varphi = 1$ mrad $= 10^{-3}$ rad aus. Welchen Radius r' hat der Strahl bei folgenden Entfernungen z:

   (a) Entfernung $z = 10$ m,
   (b) Entfernung $z = 100$ m,
   (c) Entfernung $z = 1$ km.

Formel:

$$r' = z \cdot \tan \varphi/2 + r$$
$$\text{Näherung: } r' \approx z \cdot \varphi/2 \quad \varphi | \text{im Bogenmaß (rad).}$$

Lösung:

   (a) Strahlradius in 10 m: $r' = 10 \cdot 0,5 \cdot 10^{-3} = 0,005$ m $= 0,5$ cm
   (b) Strahlradius in 100 m: $r' = 100 \cdot 0,5 \cdot 10^{-3}$ m $= 0,05$ m $= 5$ cm
   (c) Strahlradius in 1 km: $r' = 10000 \cdot 0,5 \cdot 10^{-3}$ m $= 0,5$ m $= 50$ cm

7. Ein Laserimpuls mit einer Energie von $Q = 20$ mJ und einer Impulsbreite von $t_H = 1$ ns hat eine Divergenz von $\varphi = 5$ mrad. Wie groß sind die bestrahlte Fläche in $z = 20$ m Entfernung und die entsprechende Bestrahlung H und Bestrahlungsstärke E?

Lösung:
Strahlradius: $r \approx z \cdot \frac{\varphi}{2} = 20 \cdot 2,5 \cdot 10^{-3}$ m $= 5$ cm.
Bestrahlte Fläche: $A = r^2 \cdot \pi = (0,05 \text{ m})^2 \cdot \pi = 7,85 \cdot 10^{-3} \text{m}^2$.
Bestrahlung: $H = \frac{Q}{A} = \frac{0,02}{7,85 \cdot 10^{-3}} \frac{\text{J}}{\text{m}^2} = 2,5 \frac{\text{J}}{\text{m}^2}$.
Bestrahlungsstärke: $E = \frac{H}{t_H} = \frac{2,5}{1 \cdot 10^{-9}} \frac{\text{W}}{\text{m}^2} = 2,5 \cdot 10^9 \frac{\text{W}}{\text{m}^2}$.

11.8.5 Berechnungen zu Expositionsgrenzwerten

8. Ermitteln Sie den Expositionsgrenzwert (in J/m² und W/m²) bei Bestrahlung des Auges mit blauer Laserstrahlung ($\lambda = 405$ nm) bei einer Dauer von $t = 1$s (direkter Blick in den Strahl, $C_E = 1$).

Formel:

$$H_{\text{EGW}} = E_{\text{EGW}} \cdot t$$

Lösung:

Aus Abb. 5.3 dieses Buches oder aus der Tabelle A 4.3 der TROS Laserstrahlung Teil 2 entnimmt man für die Bestrahlung H_{EGW}:

$$H_{\text{EGW}} = 18 \cdot t^{0,75} \cdot C_E \frac{\text{J}}{\text{m}^2} = 18 \cdot 1^{0,75} \frac{\text{J}}{\text{m}^2} = 18 \cdot 1 \frac{\text{J}}{\text{m}^2} = 18 \frac{\text{J}}{\text{m}^2}$$

Daraus berechnet man die Bestrahlungsstärke E_{EGW}:

$$E_{\text{EGW}} = \frac{H_{\text{EGW}}}{t} = \frac{18}{1} \frac{\text{W}}{\text{m}^2} = 18 \frac{\text{W}}{\text{m}^2}$$

9. Ermitteln Sie die Expositionsgrenzwerte H_{EGW} und E_{EGW} für einen Dauerstrichlaser im Sichtbaren für folgende Bestrahlungsdauern t:

(a) $t = 1$ s
(b) $t = 0{,}25$ s
(c) $t = 1$ ms
(d) $t = 0{,}1$ ms
(e) $t = 0{,}02$ ms

Lösung:

Aus Abb. 5.3 dieses Buches oder aus der Tabelle A 4.3 der TROS Laserstrahlung Teil 2 folgt im Bereich von 1,8 10^{-5} bis 10 s:

$$H_{\text{EGW}} = 18 \cdot t^{0,75} \cdot C_E \frac{\text{J}}{\text{m}^2}$$

In dieser Aufgabe ist $C_E = 1$.
Es folgt:

(a) $H_{\text{EGW}} = 18 \cdot 1^{0,75} \dfrac{\text{J}}{\text{m}^2} = 18 \dfrac{\text{J}}{\text{m}^2}$ und $E_{\text{EGW}} = \dfrac{18}{1} \dfrac{\text{W}}{\text{m}^2} = 18 \dfrac{\text{W}}{\text{m}^2}$

(b) $H_{\text{EGW}} = 18 \cdot 0{,}25^{0,75} \dfrac{\text{J}}{\text{m}^2} = 6{,}4 \dfrac{\text{J}}{\text{m}^2}$ und $E_{\text{EGW}} = \dfrac{6{,}4}{0{,}25} \dfrac{\text{W}}{\text{m}^2} = 25{,}6 \dfrac{\text{W}}{\text{m}^2}$

(c) $H_{\text{EGW}} = 18 \cdot 0{,}001^{0,75} \dfrac{\text{J}}{\text{m}^2} = 0{,}10 \dfrac{\text{J}}{\text{m}^2}$ und $E_{\text{EGW}} = \dfrac{0{,}1}{0{,}001} \dfrac{\text{W}}{\text{m}^2} = 100 \dfrac{\text{W}}{\text{m}^2}$

(d) $H_{\text{EGW}} = 18 \cdot 0{,}0001^{0,75} \dfrac{\text{J}}{\text{m}^2} = 0{,}018 \dfrac{\text{J}}{\text{m}^2}$ und $E_{\text{EGW}} = \dfrac{0{,}018}{0{,}0001} \dfrac{\text{W}}{\text{m}^2} = 180 \dfrac{\text{W}}{\text{m}^2}$

(e) $H_{\text{EGW}} = 18 \cdot 0{,}00002^{0,75} \dfrac{\text{J}}{\text{m}^2} = 0{,}0054 \dfrac{\text{J}}{\text{m}^2}$ und $E_{\text{EGW}} = \dfrac{0{,}0054}{0{,}00002} \dfrac{\text{W}}{\text{m}^2} = 270 \dfrac{\text{W}}{\text{m}^2}$

Vergleich der Ergebnisse (a) und (d) zeigt: Eine Verringerung der Bestrahlungszeit um 4 Zehnerpotenzen erhöht den Expositionswert E_{EGW} um nur eine Zehnerpotenz.

10. Ermitteln Sie die Expositionsgrenzwerte H_{EGW} und E_{EGW} für den Strahl eines Diodenlasers ($\lambda = 980$ nm) für eine Emissionsdauer von 10 s (direkter Blick in den Strahl: $C_E = 1$). Benutzen Sie die vereinfachte Tab. 5.2. aus diesem Buch.

Lösung:

In Tab. 5.2 dieses Buches findet man: $E_{EGW} = 10 \frac{W}{m^2}$.

Daraus berechnet man: $H_{EGW} = E_{EGW} \cdot t = 100 \frac{J}{m^2}$.

11. (a) Ermitteln Sie aus Abb. 5.3 den genauen Expositionsgrenzwert für Strahlung im sichtbaren Bereich für eine Bestrahlungszeit von $t = 1$ s und vergleichen Sie ihn mit dem Ergebnis aus der vereinfachten Tab. 5.2.
    (b) Berechnen Sie die Bestrahlungsstärke eines 1mW-Laserpointers und vergleichen Sie den Wert mit den Ergebnissen von Aufgabenteil a).

Lösung:

(a) Aus Abb. 5.3 dieses Buches entnimmt man $H_{EGW} = 18 \cdot t^{0,75} \cdot C_E \frac{J}{m^2}$. Für den direkten Blick in den Strahl erhält man mit $C_E = 1$ und mit $t = 1$ s:

$H_{EGW} = 18 \frac{J}{m^2}$ und $E_{EGW} = \frac{H_{EGW}}{t} = 18 \frac{W}{m^2}$.

Aus der vereinfachten Tab. 5.2 folgt: $E_{EGW} = 10 \frac{W}{m^2}$ und $H_{EGW} = 10 \frac{J}{m^2}$.

(b) Für einen Laserpointer mit $P = 1$ mW berechnet man bei einem „Blendendurchmesser" von 7 mm: $E = P / A = 0{,}001/((3{,}5 \cdot 10^{-3})^2 \pi)$ W/m² $= 25 \frac{W}{m^2}$.

Der Expositionsgrenzwert bei einer Bestrahlungsdauer von 1 s wird also bei einem Laserpointer überschritten. Erst bei $t = 0{,}25$ s ergibt aus $H_{EGW} = 18 \cdot t^{0,75} \cdot C_E$ J/m² ein Expositionsgrenzwert von $E_{EGW} = H_{EGW} / t = 25$ W/m². Der Expositionsgrenzwert wird erst unterhalb einer Bestrahlungszeit von 0,25 s unterschritten!

11.8.6   Berechnungen zu ausgedehnten Quellen (diffuse Reflexion)

12. Berechnen Sie den Expositionsgrenzwert für blaue Laserstrahlung ($\lambda = 405$ nm, Bestrahlungsdauer $t = 1$ s, wie in Aufgabe 8), wenn der Laserstrahl auf eine diffus streuende Wand gerichtet wird. Der Strahldurchmesser an der Wand beträgt 10 cm und die bestrahlte Fläche wird in einer Entfernung von 2 m betrachtet. Verwenden Sie die TROS Laserstrahlung Teil 2.

Formel:

Für 1,5 mrad $< \alpha <$ 100 mrad gilt $C_E = \alpha/1,5$ mrad.

Lösung:

Der Sehwinkel beträgt $\alpha \approx \frac{0,1\,\text{m}}{2\,\text{m}} = 0,05 = 50\,\text{mrad}$. Damit erhält man:

$$C_E = \alpha/1,5\ \text{mrad} = 50/1,5 = 33,3$$

Die Expositionsgrenzwerte von Aufgabe 8 sind damit für diesen Fall der diffusen Reflexion um den Faktor $C_E = 33,3$ größer.

11.8.7 Berechnungen zur fotochemischen und thermischen Netzhautschädigung

13. Berechnen Sie den Expositionsgrenzwert für den direkten Blick in einen Laserstrahl ($a \leq 1,5$ mrad) (440 nm) für eine Bestrahlungszeit von 120 s. Verwenden Sie die TROS Laserstrahlung Teil 2.

Lösung:

Für Bestrahlungszeiten über 10 s kann zwischen im Bereich zwischen 400 nm und 600 nm sowohl eine fotochemische als auch eine thermische Netzhautschädigung auftreten. Es müssen die Expositionsgrenzwerte für beide Fälle berechnet werden. Gültig ist dann der kleinere Wert.

Aus den Tab. A4.4 und A4.6 der TROS Laserstrahlung Teil 2 entnimmt man bei einer Wellenlänge von 440 nm und einer Bestrahlungsdauer von 120 s:

Fotochemische Gefährdung:

$$E_{\text{EGW}} = 1 \cdot C_B \frac{\text{W}}{\text{m}^2}\ \text{mit}\ \gamma_p = 1,1 \cdot t^{0,5}\,\text{mrad und}\ C_B = 1.$$

Es folgt: $E_{\text{EGW}} = 1\frac{\text{W}}{\text{m}^2}$ und $\gamma_p = 12$ mrad.

Die Winkelausdehnung der Quelle $\alpha \leq 1,5$ mrad ist kleiner als obiger Grenzempfangswinkel $\gamma_p = 12$ mrad. Für diesen Fall folgt, dass der reale Empfangswinkel des Messgerätes die betrachtete Quelle voll erfassen muss. Er braucht aber nicht genau festgelegt werden.

Thermische Gefährdung:

Für $\alpha \leq 1,5$ mrad gilt:

$E_{\text{EGW}} = 10\frac{\text{W}}{\text{m}^2}$.

Ergebnis: Als Grenzwert ist der kleinere fotochemische Wert zu verwenden: $E_{\text{EGW}} = 1\text{W/m}^2$.

11.8.8 Berechnungen zum Sicherheitsabstand NOHD

14. Im Internet wird ein illegaler „Laserpointer" mit einer Leistung von $P = 100$ mW mit einer Wellenlänge von $\lambda = 532$ nm und einem Divergenzwinkel von $\varphi = 1$ mrad angeboten. Berechnen Sie den Sicherheitsabstand.

Formel (Gl. 1.21):

$$NOHD = \frac{\sqrt{\frac{4P}{\pi \cdot E_{EGW}}} - d_0}{\varphi}$$

mit $P =$ Laserleistung, $d_0 =$ Strahldurchmesser am Laserausgang, $\varphi =$ voller Divergenzwinkel in rad,
Aus Tab. 5.2 entnimmt man $E_{EGW} = 10$ W/m² bis max. 10 s im Sichtbaren.

Lösung:

Sicherheitsabstand: $NOHD = \frac{\sqrt{\frac{0,4}{\pi \cdot 10}} - d_0}{0,001}$ m $= 113$ m.

Anmerkung: Der Wert für d_0 ist vernachlässigbar.

15. Berechnen Sie den Sicherheitsabstand NOHD für ein Lasergerät, bei dem ein sichtbarer Strahl mit 350 mW mit einer Divergenz von $\varphi = 30 = 0,52$ rad austritt. Benutzen Sie einen Expositionsgrenzwert von $E_{EGW} = 10$ W/m².

Lösung (Gleichung 1.21):

Sicherheitsabstand $NOHD = \frac{\sqrt{\frac{4 \cdot 0,35}{\pi \cdot 10}} - d_0}{0,52}$ m $= 0,4$ m (d_0 ist vernachlässigbar klein).

Bemerkung: Die Gleichung gilt näherungsweise nur, wenn $\tan \varphi \approx \varphi$ (in rad) gilt.
Bemerkung: In den Aufgaben zum Laserschutz sind jeweils die 1/e-Werte für die Strahlradien und -durchmesser (r_{63} und d_{63}) angegeben.

11.8.9 Berechnungen zur Fokussierung mit einer Linse

16. Ein Nd:YAG-Laser (Wellenlänge $\lambda = 1064$ nm, Leistung $P = 2$ W, Durchmesser $d_{63} = 2$ mm, $C_E = 1$, da $\alpha \leq 1,5$mrad) wird durch eine Linse mit der Brennweite $f = 25$ mm fokussiert. Zur Ermittlung der maximalen Gefährdung für eine Exposition der Augen und der Haut über $t = 100$ s soll die Bestrahlungsstärke E mit den Expositionsgrenzwerten E_{EGW} verglichen werden. Verwenden Sie ausschließlich die Tabellen und Abbildungen aus der TROS Laserstrahlung Teil 2.

Formel:

$$d'_x = \frac{d_{63} \cdot x}{f} \text{ und } A = r'^2_x \pi$$

mit $d'_x =$ Durchmesser im Abstand x, $x =$ Abstand, $f =$ Brennweite, $d_{63} =$ Strahldurchmesser an der Linse, mit $A =$ Fläche des Laserstrahls im Abstand x, $r'_x =$ Radius des Laserstrahls im Abstand x.

Lösung:
Berechnung der Augengefährdung:

Da der Laserstrahl mit der Wellenlänge 1064 nm auf die Netzhaut fokussiert werden kann, wird der Strahldurchmesser (nach TROS Laserstrahlung) d_x im Abstand von $x = 100$ mm vom Fokus der Linse bestimmt und daraus die Fläche A und die Bestrahlungsstärke E errechnet:

$$d'_x = \frac{2\text{mm} \cdot 100\,\text{mm}}{25\text{mm}} = 8\,\text{mm}$$

$$A = (4\text{mm})^2 \pi = 50,2\text{mm}^2 = 50,2 \cdot 10^{-6}\,\text{m}^2$$

$$E = \frac{P}{A} = \frac{2\text{W}}{50,2 \cdot 10^{-6}\text{m}^2} = 3,98 \cdot 10^4\,\frac{\text{W}}{\text{m}^2}$$

Für den Expositionsgrenzwert E_{EGW} entnimmt man aus Tab. A4.4 der TROS Laserstrahlung Teil 2.

für $\alpha \leq 1,5$ mrad $E_{\text{EGW}} = 10 \cdot C_A \cdot C_C \frac{\text{W}}{\text{m}^2}$.

aus Tab. A4.6 entnimmt man für $C_A = 5$ und $C_C = 1$

$$E_{\text{EGW}} = 10 \cdot 5 \cdot 1\,\frac{\text{W}}{\text{m}^2} = 50\,\frac{\text{W}}{\text{m}^2}$$

Da der Expositionsgrenzwert die Exposition übersteigt, sind Schutzmaßnahmen zu treffen.

Berechnung der Hautgefährdung:

Nach Tab. A3.1 ist für die Berechnung der Fläche A eine Messblende mit einem Durchmesser von 3,5 mm anzuwenden. Diese Messblende muss nur berücksichtigt werden, wenn der Strahldurchmesser kleiner als 3,5 mm ist. Dies ist im Fokus der Linse der Fall, in welchem die maximale Bestrahlungsstärke vorliegt. Für diesen Fall gilt:

$$A = (1,75\,\text{mm})^2 \cdot \pi = 9,6\,\text{mm}^2 = 9,6 \cdot 10^{-6}\text{m}^2$$

$$E = \frac{P}{A} = \frac{2\text{W}}{9,6 \cdot 10^{-6}\text{m}^2} = 2,08 \cdot 10^5\,\frac{\text{W}}{\text{m}^2}$$

Nach Tab. A4.5 und A4.6 gilt

$$E_{\text{EGWHaut}} = 2 \cdot 10^3 \cdot C_A \frac{\text{W}}{\text{m}^2} = 10^4\,\frac{\text{W}}{\text{m}^2}$$

Da der Expositionsgrenzwert für die Haut die Exposition übersteigt, sind Schutzmaßnahmen zu treffen.

11.8.10 Berechnungen zu Laserschutzbrillen

17. (a) Berechnen Sie die Schutzstufe einer Schutzbrille für einen kontinuierlich strahlenden Laser mit der Wellenlänge $\lambda = 980$ nm, der Leistung $P = 3,5$ W und dem Strahldurchmesser $d = 5,2$ mm.

b) Welche Bezeichnungen müssen auf der Schutzbrille stehen?

c) Wählen Sie eine Justierbrille für den Laser.

Lösung:

Bestrahlungsstärke: $E = \frac{P}{A} = \frac{P \cdot 4}{d^2 \cdot \pi} = \frac{3,5 \cdot 4}{5,2^2 \cdot 10^{-6} \cdot \pi} \frac{W}{m^2} = 1,6 \cdot 10^5 \frac{W}{m^2}$.

8. Schutzstufe aus Tab. 7.1: LB 5

(a) Bezeichnung: z. B. 940-1070 D LB 5

(b) Außerhalb der sichtbaren Spektralbereichs gibt keine Justierbrille.

18. Berechnen Sie die Schutzklasse eines Schutzvorhanges. Er wird mit dem Strahl eines CO_2-Lasers (cw) mit 5 W und einer Strahlfläche von 1 cm^2 bestrahlt.

Lösung:

Bestrahlungsstärke: $E = \frac{P}{A} = \frac{5}{10^{-4}} \frac{W}{m^2} = 5 \cdot 10^4 \frac{W}{m^2}$.

Schutzstufe nach DIN EN 12254: AB2.

Bemerkung: In den Aufgaben zum Laserschutz sind jeweils die 1/e-Werte für die Strahlradien und Strahldurchmesser (r_{63} und d_{63}) angegeben.

11.9 Beispielhafte Berechnungen für die Gefährdungsbeurteilung

19. Berechnen Sie für folgendes Beispiel alle Daten, die für eine Gefährdungsbeurteilung von Nutzen sind. Es handelt sich um einen gütegeschalteten Nd:YAG-Laser, der für das Abtragen von Schichten bei der Restaurierung eingesetzt wird. Der Strahl wird mit einem Handstück über eine 1 m lange flexible Zuführung über die Oberfläche des zu reinigenden Objektes geführt. Das System steht in einem geschlossenen Raum.

Der Laserstrahl des Nd:YAG-Laserreinigungssystems hat folgende Daten: Wellenlänge: 1064 nm, Strahlradius bei Austritt aus dem Handstück $d_{63} = 7$mm, Impulsbreite $t_H = 8$ ns, Impulsfolgefrequenz $f = 30$ Hz, Impulsenergie $Q = 330$ mJ, mittlere Leistung $P_m = 10W$ Größe des Bearbeitungsflecks 1–8 mm (einstellbar durch Teleskop). Die Divergenz wird mit $\varphi = 2$ mrad angenommen. Die Bestrahlung wird nach jeweils $t = 5$ min unterbrochen.

Berechnung der Impulsspitzenleistung P_P

$$P_P = \frac{Q}{t} = \frac{0,33}{8 \cdot 10^{-9}} \frac{J}{s} = 4,13 \cdot 10^7 \text{ W}$$

Berechnung der Expositionsgrenzwerte (nach TROS Laserstrahlung).

(a) Expositionsgrenzwerte Einzelimpuls (direkter Blick in den Strahl $C_E = 1$):

$$H_{EGW} = 5 \cdot 10^{-2} \cdot C_C \cdot C_E \frac{J}{m^2} = 5 \cdot 10^{-2} \frac{J}{m^2} (\text{mit } C_C = 1 \text{ und } C_E = 1 \text{ für 1064 nm})$$

Dieser Grenzwert dient als Ausgangspunkt für Pkt. 3.

(b) Expositionsgrenzwerte mittlere Bestrahlungsstärke:
Der Expositionsgrenzwert für mittlere Bestrahlungsstärke für eine Impulsfolge der Einwirkungsdauer $t = 5$ min $= 300$ s beträgt:

$$E_{EGW} = 10 \cdot C_A \cdot C_C \frac{W}{m^2} = 50 \frac{W}{m^2} \left(\text{mit } C_A = 5 \text{ und } C_C = 1 \text{ für } 1064 \text{ nm} \right)$$

Beim Vergleich der Exposition mit diesem Grenzwert ist die mittlere Bestrahlungsstärke mit der mittleren Leistung von $P_m = 10 W$ zu berechnen. Diese darf den ermittelten Expositionsgrenzwert nicht überschreiten.

(c) Expositionsgrenzwert H'_{EGW} für Impulsfolge mit Korrekturfaktoren:
Für eine Impulsfolge ist der Expositionsgrenzwert H_{EGW} eines Einzelimpulses mit dem Faktor C_P zu multiplizieren. Nach der TROS Laserstrahlung wird unter Abschn. A4.1 für diese Wellenlänge eine Zeit von 10 s angegeben, über die die Impulszahl zu ermitteln ist.

$$C_P = N^{-0,25} = 0,1 \ (N = \text{Gesamtzahl der Impulse} = 10 \cdot 1000 = 10000).$$
$$H'_{EGW} = 5 \cdot 10^{-2} \cdot 0,1 \frac{J}{m^2} = 5 \cdot 10^{-3} \frac{J}{m^2}.$$

Die Bestrahlung H eines Einzelimpulses darf den Expositionsgrenzwert der Impulsfolge (nach c) nicht überschreiten.

Sicherheitsabstand NOHD für das Auge

Mittlere Bestrahlungsstärke ($E_{EGW} = 50 \frac{W}{m^2}$) ($d_{63}$ ist vernachlässigbar klein):

$$\text{NOHD} = \frac{\sqrt{\frac{4P_m}{\pi \cdot E_{EGW}}} - d_{63}}{\varphi} = \frac{\sqrt{\frac{4 \cdot 10}{\pi \cdot 50}} - d_{63}}{0,002} \text{m} = 252 \text{ m mit } P_m = 10 \text{ W und } E_{EGW} = 50 \frac{W}{m^2}$$

Einzelimpuls der Impulsfolge

$$\text{NOHD} = \frac{\sqrt{\frac{4Q}{\pi \cdot H_{EGW}}} - d_{63}}{\varphi} \frac{\sqrt{\frac{4 \cdot 0,33}{\pi \cdot 5 \cdot 10^{-3}}} - d_{63}}{0,002} \text{m} = 4583 \text{ m mit } Q = 0,33 \text{ J und } H_{EGW} = 5 \cdot 10^{-3} \frac{J}{m^2}$$

.Hier zeigt sich, dass der strengere Grenzwert (c) gilt. Der NOHD beträgt 4583 m.

Berechnung der Laserschutzbrille nach Abschn. 7.4 und DGUV Information 203-042

Entfernung vom Strahlaustritt $z = 10$ cm:

$$\text{Strahlradius } r' \approx \frac{\varphi_z}{2} + r_{63} = 0,001 \cdot 100 \text{mm} + 3,5 \text{ mm} = 3,6 \text{ mm}.$$

Strahlfläche A im Abstand von $z = 10$ cm:

$$A = (3,6 \text{mm})^2 \cdot \pi = 40,7 \cdot 10^{-6} \text{ m}^2$$

Bestrahlung Einzelimpuls H und mittlere Bestrahlungsstärke E in 10 cm:

$$H = \frac{Q}{A} = \frac{0,33}{40,7 \cdot 10^{-6}} \frac{J}{m^2} = 8108 \frac{J}{m^2}. \text{ und}$$

$$E = \frac{P_m}{A} = \frac{10}{40,7 \cdot 10^{-6}} \frac{W}{m^2} = 2,46 \cdot 10^5 \frac{W}{m^2}$$

Korrigierte Bestrahlung Einzelimpuls H'

$$H' = H \cdot N^{1/4} \text{ mit } N^{1/4} = (5s \cdot 1000\text{Hz})^{0,25} = 8,4$$

$$H' = 8,4 \cdot 8108 \frac{\text{J}}{\text{m}^2} = 66486 \frac{\text{J}}{\text{m}^2}$$

Schutzstufe Impulsbetrieb nach Tab. 7.1: IR LB 7
Schutzstufe Dauerstrichbetrieb: D LB 5

Expositionsgrenzwerte für die Haut
(a) Einzelimpuls:

$$H_{\text{EGW}} = 200 \cdot C_A \frac{\text{J}}{\text{m}^2} = 1000 \frac{\text{J}}{\text{m}^2} \text{ mit } C_A = 5.$$

(b) Impulsfolge:
Für eine Impulsfolge ist der Expositionsgrenzwert eines Einzelimpulses mit folgendem Faktor zu multiplizieren. Für die Haut wird eine Bestrahlungszeit von $t = 1$ s angenommen:

$$C_P = N^{-0,25} = 0,178 \qquad (N = \text{Gesamtzahl der Impulse} = 1000).$$
$$H'_{\text{EGW}} = 1000 \cdot 0,178 \frac{\text{J}}{\text{m}^2} = 178 \frac{\text{J}}{\text{m}^2}.$$

(c) Expositionsgrenzwert für mittlere Bestrahlungsstärke $t = 1$ s:

$$H_{\text{EGW}} = 1,1 \cdot 10^4 C_A \cdot t^{0,25} \frac{\text{J}}{\text{m}^2} = 55000 \frac{\text{J}}{\text{m}^2} \qquad E_{\text{EGW}} = \frac{H_{\text{EGW}}}{t} = 55000 \frac{\text{W}}{\text{m}^2}$$

Sicherheitsabstand NOHD für die Haut
Mittlere Bestrahlungsstärke (d_{63} ist vernachlässigbar klein):

$$\text{NOHD} = \frac{\sqrt{\frac{4 \cdot 10 \text{ Wm}^2}{\pi \cdot 55000 \text{W}}} - d_{63}}{0,002} \text{ m} = 7,6 \text{ m mit } P_m = 10 \text{ W und } E_{\text{EGW}} = 55000 \frac{\text{W}}{\text{m}^2}.$$

Impulsfolge:

$$\text{NOHD} = \frac{\sqrt{\frac{4 \cdot 0,33}{\pi \cdot 178}} - d_{63}}{0,002} \text{ m} = 24,3 \text{ m mit } Q = 0,33 \text{ J und } H_{\text{EGW}} = 178 \frac{\text{J}}{\text{m}^2}.$$

Es zeigt sich, dass der kritische Grenzwert für die Haut durch die Impulsfolge gegeben ist. Der Sicherheitsabstand für die Haut beträgt 24,3 m.

Schutzvorhang
Entfernung vom Strahlaustritt $z = 0{,}5$ m:
Strahlradius $r' \approx \frac{\varphi_z}{2} + r_{63} = 0,002 \cdot 0,5 \text{ m} + 0,0035 \text{ m} = 0,0045 \text{ m}.$

Bestrahlungsstärke $E = \frac{P}{A} = \frac{E}{\pi \cdot r'^2} = \frac{10}{\pi \cdot 4,5^2 \cdot 10^{-6}} \frac{\text{W}}{\text{m}^2} = 1,57 \cdot 10^5 \frac{\text{W}}{\text{m}^2}.$

Daraus erhält man nach DIN EN 12254 die Schutzstufe AB4.

Entfernung vom Strahlaustritt $z = 1$ m:

Strahlradius $r' \approx \frac{\varphi_z}{2} + r_{63} = 0,002 \cdot 1\text{m} + 0,0035 \text{ m} = 0,0055 \text{ m}$.

Bestrahlungsstärke $E = \frac{P}{A} = \frac{E}{\pi \cdot r'^2} = \frac{10}{\pi \cdot 5,5^2 \cdot 10^{-6}} \frac{\text{W}}{\text{m}^2} = 1,05 \cdot 10^5 \frac{\text{W}}{\text{m}^2}$.

Daraus erhält man ebenfalls die Schutzstufe AB4.

Zusammenfassung der Rechnungen für die Gefährdungsbeurteilung
Vorgegebene Werte:

- Wellenlänge 1064 nm
- Impulsbreite $t = 8$ ns
- Impulsfolgefrequenz $f = 30$ Hz
- Strahlradius bei Austritt aus dem Handstück $r_{63} = 3,5$ mm
- Strahldivergenz $\varphi = 2\text{mrad}$
- Mittlere Leistung: $P_\text{m} = 10\text{W}$

Berechnete Werte:

- Impulsspitzenleistung $P_\text{P} = 4,13 \cdot 10^7 \text{W}$
- Impulsenergie $Q = 0,33\text{J}$
- Expositionsgrenzwert Auge Einzelimpuls in Pulsfolge $H_\text{EGW} = 5 \cdot 10^{-3} \frac{\text{J}}{\text{m}^2}$
- Sicherheitsabstand für das Auge NOHD $= 4583$ m
- Schutzbrille IR LB 7 + D LB 5
- Expositionsgrenzwert für die Haut für $H_\text{EGW} = 178 \frac{\text{J}}{\text{m}^2}$
- Sicherheitsabstand für die Haut $= 24,3$ m
- Schutzstufe für Vorhang oder Wand in 1 m Entfernung AB4

Stichwortverzeichnis

© Springer-Verlag GmbH Deutschland, ein Teil von Springer Nature 2021
C. Schneeweiss et al., *Leitfaden für Laserschutzbeauftragte,*
https://doi.org/10.1007/978-3-662-63198-0

Printed in the United States
by Baker & Taylor Publisher Services